Energieversorgung
Probleme und Ressourcen

Von Mag. Dr. Ferdinand Cap
Professor an der Universität Innsbruck

Unter Mitwirkung von Dr. phil. Klaus Schöpf
wiss. Ass. an der Universität Innsbruck

Mit zahlreichen Figuren und Tabellen

B. G. Teubner Stuttgart 1981

Univ. Prof. Mag. Dr. Ferdinand Cap

Geboren 1924 in Wien. Studium der Physik und Promotion 1945. Habilitation 1949 in Innsbruck. Seit 1960 Universitätsprofessor für theoretische Physik in Innsbruck. 1967 Gastprofessor New York, 1971 Goddard Space Center der NASA, 1978/79 Princeton. Veröffentlichungen: Lehrbuch Physik und Technik der Atomreaktoren, Lehr- und Handbücher zur Plasmaphysik

Dr. phil. Klaus Schöpf

Geboren 1947. Studium der Physik und Promotion sub auspiciis presidentis rei publicae 1975 in Innsbruck. Seit November 1975 Universitätsassistent bei Prof. Cap. Mehrere Studienaufenthalte an der Mc Master University, Hamilton, Ontario/Canada.

CIP-Kurztitelaufnahme der Deutschen Bibliothek

Cap, Ferdinand:
Energieversorgung : Probleme u. Ressourcen / von Ferdinand Cap. Unter Mitw. von Klaus Schöpf. - Stuttgart : Teubner, 1981.
ISBN 978-3-519-03210-6 ISBN 978-3-322-92731-6 (eBook)
DOI 10.1007/978-3-322-92731-6

Gesamtherstellung: Beltz Offsetdruck, Hemsbach/Bergstraße
Umschlaggestaltung: W. Koch, Sindelfingen

Vorwort

Angesichts der steigenden Energiepreise und der bevorstehenden Erschöpfung der Erdölvorräte diskutiert die gesamte Welt Energieprobleme. Über die Vorteile und Nachteile der verschiedenen Energiearten wird heute viel gesprochen, doch handelt es sich meistens um Monologe und nicht um eine Sachdiskussion. Vorteile und Nachteile einzelner Energiequellen werden oft einseitig gesehen und nicht einander gegenübergestellt. Sehr oft werden auch Behauptungen vorgebracht, ohne daß hierfür eine Begründung oder ein Zitat aus dem Schrifttum angegeben wird.

Dieses Werk richtet sich an alle, die sich mit Problemen der Energieversorgung befassen oder ganz allgemein sich hierfür interessieren. Es ist ein Sachbuch in allgemeinverständlicher Form, das kritisch Vor- und Nachteile der einzelnen Energiearten darlegt und das den Leser einlädt, sich an Hand der zahlreichen Zitate selbst ein eigenes Bild zu machen. In diesem Sinn stellt das Buch auch ein Nachschlagwerk für den Fachmann dar.

Das Buch verdankt sein Entstehen den Diskussionen zwischen Befürwortern und Gegnern der Kernenergie, in denen immer wieder gegenseitig das Belegen und Beweisen von Aussagen gefordert wurde. Die in diesem Zusammenhang angestellten Recherchen führten zu einer umfangreichen Literatursammlung, die in eine Vorlesung "Energieversorgungsprobleme" mündete, die ich erstmals im Sommersemester 1980 an der Universität Innsbruck hielt. Auf Wunsch meiner Hörer und anderer Interessenten stellte ich meine Unterlagen für die Anfertigung eines umfassenden Skriptums zur Verfügung. Mein Mitarbeiter Dr. K. Schöpf und Herr Mag. G. Strasser unternahmen es, ein solches Skriptum herzustellen, das auch für einen breiteren Kreis von Interessenten als Informationsgrundlage zu physikalischen, technischen und ökologischen Fragen der Energieversorgung gedacht war. Dr. Schöpf hat mich auch teilweise in der Vorlesung vertreten. Die vorlesungsfreie Zeit zu Ostern 1981 bot mir die Gelegenheit, den Text zu überarbeiten und auf den neuesten Stand zu bringen. Für die nun in Buchform vorliegende Fassung trage ich allein die Verantwortung. Für die Anfertigung einiger Abbildungen danke ich Herrn Form vom Geographischen Institut der Universität Innsbruck. Ferner danke ich der Schulberatung der Hamburgischen Electricitätswerke AG und dem Springer Verlag Wien für die Erlaubnis, einige Abbildungen zu verwenden. Die Gesellschaft für Energiewesen und der Verband der Elektrizitätswerke Österreichs, beide Wien, waren bei der technischen Herstellung behilflich. Dem Verlag Teubner danke ich für die rasche Publikation, und meiner Gattin Dr. Theresia Cap und der Institutssekretärin G. Eder danke ich für die Anfertigung der reproduktionsreifen Druckvorlage.

Innsbruck, April 1981 F. Cap

Inhaltsverzeichnis

1 Energiebedarf und Wirtschaftswachstum

Trotz aller Sparmaßnahmen, trotz Erhöhung der Energiepreise steigt der Energieverbrauch fast aller Industrienationen. Energieprobleme, Ölkrise, Kernenergie und Alternativenergien sind daher heute ein aktuelles Gesprächsthema. Benötigen wir wirklich so viel Energie, und welche existentielle Bedeutung hat die Energie? Wir müssen die Frage beantworten, ob alle Menschen ein Recht auf Energie haben oder nur die heute Reichen.

Es geht um die Frage: Wirtschaftswachstum oder kein Wirtschaftswachstum? Ist eine "Entkoppelung" des Energiebedarfes und der Bruttosozialprodukts-Entwicklung möglich? Diese Fragen wurden in den letzten Jahren mehrfach von verschiedenen Standpunkten aus eingehend untersucht /1.1/ - /1.10/. Insbesondere Zischka widmete sich mit Temperament dieser Frage /1.2/. Er meint:

Nicht durch Mangel an Raum, an Rohstoffen oder an Energie droht uns der Untergang; nicht weil die Großstadtluft weniger rein ist als die des Hochgebirges, sondern weil mehr und mehr Menschen keine Ahnung davon haben, was sie am Leben erhält und worauf ihr Wohlstand beruht. Eine Verwirrung der Geister, die dazu führen kann, daß wir aus Angst vor eingebildeten Gefahren Selbstmord begehen.

Beweist Japan die ungeheure Bedeutung, die geistige Wandlungen für das Schicksal eines Volkes haben können, so nicht minder Indien, das heute ein ruiniertes Land ist. Hier wurde die Art des Wirtschaftens nicht den veränderten Gegebenheiten angepaßt. So wurde aus einem der höchstentwickelten und reichsten eines der ärmsten Völker und ein warnendes Beispiel für Europa. Denn auch bei uns wird heute verlangt, daß 400 Millionen Menschen leben sollen wie gestern 40 lebten.

Heute werden Erdöl und Erdgas knapp. Die Kernenergie könnte durch Kohlehydrierung und Kohletotalvergasung die Lebensdauer der natürlichen Kohlewasserstoffverbindungen vervielfachen. Aber heute entscheiden nicht Wirtschaftspioniere oder Techniker darüber, ob die nötigen Anlagen gebaut werden oder nicht, sondern letzten Endes Wähler, die oft nicht wissen, wem sie glauben sollen: denjenigen, die die Kernenergie einen "Pakt mit dem Teufel" nennen und von den Kernkraftwerken als den "sanften Mördern" reden, oder denjenigen, die in der raschen Nutzung der Kernenergie die einzige Möglichkeit sehen, den Rückfall in die Barbarei zu verhindern.

Die im Westen um sich greifende Geisteshaltung enthüllt eine Gefahr der Selbstzerstörung, wie es sie niemals zuvor gab. Zugleich aber betrachten die Menschen die materiellen Lebensgrundlagen als "selbstverständlich", vergessen aber, daß ohne diese materiellen Grundlagen kein menschenwürdiges Dasein möglich ist. Bestenfalls wird daran gedacht, daß man zum Autofahren Benzin braucht. Was müßte es z.B. bedeuten, wenn Ärzte oder die Feuerwehr keine Autos mehr haben?

Treibstoffmangel bringt den Luftverkehr zum Erliegen. Das Versiegen der Ölquellen muß das Ende der Schiffahrt und des Welthandels bedeuten, da 99 % aller Schiffe mit Heiz- oder Dieselöl betrieben werden. Wir können ins Segelschiffzeitalter ebensowenig zurückkehren wie Containerschiffe mit Sonnenkraft betreiben!

Der Satte, der nie gehungert hat, kann nicht ermessen, was Hunger bedeutet; und erst dem Kranken wird bewußt, daß Gesundheit nicht selbstverständlich ist. Lebensgefährlich ist weiter, daß die überwiegende Mehrheit der in den - heute - reichen Ländern Lebenden sich nicht der weltweiten Abhängigkeiten bewußt ist und nicht begreift, daß der Kampf um die Nutzung der Energie buchstäblich ein Kampf ums Überleben der gut zwei Milliarden Menschen ist, die heute noch fast ohne jede Maschinenhilfe auskommen müssen und ohne Naturkrafthilfe morgen zum Verhungern verurteilt sind. Beim Kampf um die Energie geht es deshalb keineswegs nur darum, ob dieses Kraftwerk gebaut werden darf und jenes nicht. Sondern es geht im Grunde um die Frage: Wer darf leben? Und wer bestimmt, wer leben darf?

Bereits im Jahre 1887 hatte der österreichische Physiker Ludwig Boltzmann erkannt: "Der Kampf ums Dasein ist vor allem und wird in immer stärkerem Maße ein Kampf um die Beherrschung oder Erzeugung von Energie."

"Wachstumsstopp" verewigt ja nicht nur das heutige Elend von gut zwei Milliarden Menschen, er müßte in Europa auch Arbeitslosigkeit ungeheuren Ausmaßes verursachen - und das Ende der "Kauffreiheit" würde natürlich auch das Ende jeder Freiheit bedeuten. Die Forderung extremen Umweltschutzes, die Forderung des Nullwachstums wie der Kampf gegen die Kernenergie mögen bei vielen Menschen ideelle Beweggründe haben. Praktisch führen sie zur totalen Staatswirtschaft, denn nur in einer völlig "gelenkten" Wirtschaft ist ja ein Wachstumsstopp, richtiger gesagt eine Stagnation, denkbar. Durch die Verhinderung rechtzeitiger Energieversorgungsmaßnahmen wird die Industrie-Wirtschaft tödlich getroffen.

Der sowjetische Bürgerrechtskämpfer, der Friedensnobelpreisträger Andrej Sacharow, erklärte am 19. Dezember 1977 im Spiegel: "Eine der notwendigen Voraussetzungen für die Bewahrung der wirtschaftlichen und politischen Unabhängigkeit eines Landes ist die Energieversorgung.... Und dabei geht es nicht nur um unsere eigene Freiheit, sondern auch um die Bewahrung der Freiheit unserer Kinder und Enkel...."

Was Wachstumsstopp wirklich bedeuten würde, wird einigen Gewerkschaftsführern langsam ebenso klar wie einigen Politikern, und so entwickelten die Gegner unseres Wirtschafts- und Sozialsystems eine neue Taktik: Der "harten Energie" aus Kohle, Öl und Uran, die für dieses System völlig unentbehrlich ist, wird die "sanfte Energie" entgegengesetzt. Die Ausschließlichkeit der "weichen" und "harten" Energiewege beruht nicht auf technischen, sondern auf sozialpolitischen Argumenten.

Es gab jahrtausendelang nur "weiche" Energien. Sie beherrschte das Leben der Menschheit während der Jahrtausende der Sklaverei und der regelmäßig wiederkehrenden Hungersnöte und Kriege.

Rein "biologisch", also "weich" und "sanft", wurde jahrtausendelang gewirtschaftet. Aber das genügte bereits zu Ende des 18. Jahrhunderts nicht mehr. Wiesen wurden zu Äckern gemacht, das Vieh bekam immer weniger zu fressen und lieferte immer weniger und schlechteren Mist. In Deutschland gab es 1709, 1740, 1771 und 1772 furchtbare Hungersnöte. Jeden Winter verhungerten ganze Herden. Vier deutsche Bauern waren nötig, um einen Städter mitzuerhalten. Um heute

22 Millionen Menschen der sechs größten Ballungsräume der Bundesrepublik zu versorgen, würden "rein biologisch wirtschaftend" 88 Millionen Bauern gebraucht. Nur weil heute jeder landwirtschaftlich Tätige bei uns 32 andere Menschen und in den USA 68 andere ernährt, werden wir satt.

Sollen wir Düngemittel durch Sonnen- und Windenergie gewinnen? Und zum Holzpflug zurückkehren, weil unsere Stahlindustrie "harte" Energie braucht? Die Welt ohne Kunstdünger war nicht gesünder. Hungersnöte waren die Regel. Erst die Dampfmaschine machte die Produktion unabhängig von der Menschenzahl. Wir wurden reich durch die beliebige Produktionssteigerung mit Hilfe des Energiekapitals der Erde. Erst als Erzeugung und Verbrauch nicht länger biologisch aneinandergekettet waren, konnte unsere heutige Welt entstehen, die Gütererzeugung rascher als die Menschenzahl zunehmen.

So betragen die Jahresarbeitsleistungen (in Kilowattstunden):

Mensch bei 8 Stunden Arbeit täglich	100
Windmühle	1.500
erstes öffentliches Elektrizitätswerk	170.000

Die Vertausendfachung der Menschenkräfte, die Wechselwirkung zwischen Energieversorgung und Grundstofferzeugung sind entscheidend wichtig. Mit Hilfe der sanften Energie ist z.B. niemals die Metall- und Baustoffgewinnung möglich. Das Verhältnis menschlicher Arbeitsleistung zur Maschinenleistung verhält sich heute wie 1 zu 176. Jedem Menschen stehen heute 176 unsichtbare Helfer zur Verfügung, eiserne Sklaven, die mit Energie gefüttert werden müssen.

Gandhi erkannte nicht, daß 200 Menschen auf einem Quadratkilometer nicht wirtschaften können wie 20. Er sah nicht, daß das Bevölkerungswachstum überall dazu zwang, neue Energiequellen zu erschließen. Zu behaupten, wir brauchen keine neuen Energiequellen, ist unmenschlich, solange sich Indiens Energieverbrauch zum westdeutschen wie 1 zu 26, seine Pro-Kopf-Gesamtwirtschaftsleistung zu unserer wie 1 zu 50 verhält.

Quintessenz der Vorschläge der Umweltextremisten ist die Dezentralisierung der Energieversorgung. Aber im Jahre 1800 lebten von den damals rund tausend Millionen Menschen nur 4 % in Städten, 1978 von 4.2 Milliarden Menschen 48 %. Sie können heute nicht anders als zentral versorgt werden. Diese Entwicklung hat ihre Hauptursache nicht in der Industrialisierung, sondern in sozialpsychologischen Veränderungen. In Venezuela z.B. beschäftigt die Industrie heute nur knapp ein Zehntel der Bevölkerung, aber mehr als deren Hälfte wohnt in Städten. Sollen die Städter also gewaltsam aufs Land zurückgebracht werden, wie das in Kambodscha geschah?

Ein unerbittlicher Frist-Einhaltungszwang beherrscht alles Leben. Wir sind an eine bestimmte Zeit gebunden, innerhalb welcher etwas geschehen muß. Wie ein Verdursteter auch durch noch so viel Wasser nicht mehr zum Leben zu erwecken ist, so helfen auch die leistungsstärksten und billigsten Solarzellen im Jahre 2020 niemandem mehr, wenn unsere Wirtschaften bereits im Jahre 2000 durch Öl- oder Strommangel zusammenbrachen.

Ferner: gerade wenn wir die Umwelt respektieren und sparsam wirtschaften sollen, brauchen wir nicht weniger, sondern mehr Energie. Abwasserreinigungsanlagen, Entstaubungsanlagen kosten ebenso Energie wie umweltfreundliche chemische Verfahren. Statt des Durchschnitts von etwa der Hälfte können Elektrostahlöfen 90 % Schrott verwenden. Aber die brauchen sehr viel Strom, und jede Art "Recycling" und jede sorgsame Naturschätzeverwendung erfordert Energie, und zwar in einer Form, die Wind und Erdwärme und Sonnenstrahlen nicht zu liefern vermögen.

Die Ölmacht der "Großen" verging. Heute müssen die USA so viel Öl einführen, daß ihre Handlungsfreiheit weit beschränkter als die der energieautarken Sowjetunion oder Chinas ist. Nun sind es nicht länger die Ausbeuter, sondern die Besitzer der Ölfelder, die darüber entscheiden, wer Öl verbrauchen darf, und da die westlichen Industrieländer sich durch ihre falsche Energiepolitik selbst verstümmelten, haben nun die niemandem als Allah verantwortlichen Beherrscher der Scheichtümer am persichen Golf eine Macht, wie sie vor ihnen niemand jemals auf der Erde besaß.

Darum müssen wir unsere Ölabhängigkeit verringer. Jeden Tag kann uns ein lokaler Zwischenfall, der sich tausende Kilometer entfernt ereignet, das Lebensblut unserer Wirtschaft abschneiden. Endlos wird diskutiert, ob Terroristen Plutonium in ihre Gewalt bringen können und ob der Schutz der Kernanlagen nicht zu einem Polizeistaat führen muß. Aber diese Polizeistaaten gibt es am persischen Golf längst, und da das dort jeden Tag einen Umsturz auslösen kann, sind diese die echte Gefahr, und nicht imaginäre westliche "Atomstaaten". Soweit Zischka u.a.

Es ist nicht Angelegenheit des Naturwissenschaftlers, politische Strömungen und die Frage, ob weiteres Wirtschaftswachstum notwendig ist, zu untersuchen. Maßgebliche Sozial- und Volkswirtschaftler sind jedoch der Meinung, daß ein leichtes Wirtschaftswachstum zur Sicherung der Konkurrenzfähigkeit der Industrie, zur Sicherung der Arbeitsplätze und des bisher erreichten Wohlstandes notwendig sei. Es wird daher noch ein weiteres Wirtschaftswachstum, insbesondere in den Entwicklungsländern, und damit auch ein weiterer Anstieg des Energieverbrauches erwartet. Auch eine Entkopplung von Wirtschaftswachstum und Energieverbrauch scheint auf lange Sicht gesehen ebenso möglich wie eine langsame, in manchen Ländern sich durch Absinken der Steigerungsraten andeutende Sättigung des Energieverbrauches. An sich zeigten bisherige Erfahrungen, daß jede starke Erhöhung der Energiepreise zu einer Wachstumsverzögerung führten /1.74/. Ein gebremstes Wirtschaftswachstum ohne Mehrverbrauch an Energie /1.73/, /1.70/ konnte bisher nicht erreicht werden. (Österreich 1980: Wirtschaftswachstum 3.5 %, Steigerung des Energieverbrauches 0.9 % /1.75/.)

2 Energiearten, Energieverbrauch und Energieumwandlung

Wir müssen nun einige grundlegende physikalische Tatsachen über Energiearten und Energiemaßeinheiten besprechen. Energie ist die Fähigkeit, Arbeit zu leisten. Dies bedeutet auch, daß jede Energieform gefährlich sein und zerstören kann.

Man kann folgende Energieformen unterscheiden:

1) Bewegungsenergie (kinetische Energie)
2) Energie der Lage (potentielle Energie), z.B. im Schwerefeld der Erde
3) Chemisch gebundene Energie (Atomhülle)
4) Kernphysikalisch gebundene Energie (Atomkern)
5) Wärme (Bewegungsenergie vieler kleiner Teilchen, der Atome und Moleküle)
6) Elektromagnetische Energie: dazu gehören elektrischer Strom, Radiowellen, Licht, Röntgenstrahlen, magnetische Energie usw.
7) Energie der schwachen Wechselwirkung (in der Physik der Elementarteilchen).

Die hier angeführte Liste entspricht einer physikalischen Einteilung; eine praktisch-technische Einteilung trifft man besser nach Energiequellen.

Die Umwandlung von Energiearten ineinander gehorcht zwei unabänderlichen physikalischen Gesetzen. Diese millionenfach bestätigten Naturgesetze werden erster und zweiter Hauptsatz der Thermodynamik genannt:

Der erste Hauptsatz, der sogenannte "Energiesatz", lautet:

> Energie kann weder verloren noch aus dem Nichts gewonnen werden.

Der zweite Hauptsatz, der sogenannte "Entropiesatz" lautet:

> Bei jeder Energieumwandlung kommt es unvermeidbar zu Verlusten. Wärmeenergie kann nur bei Vorhandensein von zwei oder mehr Wärmereservoirs verschiedener Temperatur in andere Energieformen und nur

z u e i n e m g e w i s s e n P r o z e n t s a t z u m g e w a n - d e l t w e r d e n.

Man spricht vom Wirkungsgrad einer Energieumwandlung. Der Wirkungsgrad gibt an, welcher Teil der ursprünglich vorhandenen Energie in eine andere Energieform umgewandelt wird. So beträgt z.B. der Wirkungsgrad eines Benzinmotors ca. 25 %. Dies bedeutet, daß nur 1/4 der im Benzin gebundenen chemischen Energie in mechanische Energie umgewandelt wird. Der Wirkungsgrad eines Sonnenkraftwerkes (Turm- oder Farmkonzept) beträgt maximal etwa 30 %, d.h. nur 1/3 der in Form von elektromagnetischer Strahlung auftreffenden Sonnenenergie kann letztlich in elektrische Energie umgewandelt werden. Der Wirkungsgrad eines Kohlekraftwerkes beträgt etwa 40 %, wogegen bei elektrischen Maschinen Wirkungsgrade zwischen 80 - 98 % möglich sind. Weitere Angaben über die Wirkungsgrade verschiedener Energieumwandlungssysteme finden sich in den einzelnen Kapiteln.

Wir müssen nun auch Maßeinheiten der Energie besprechen /2.5/. Ein erster wichtiger Begriff, welcher mit der Energie zusammenhängt, ist die Leistung. Sie gibt an, wieviel Energie pro Zeiteinheit verbraucht oder erzeugt wird. Die Leistung ist damit ein Maß für den Energiebedarf eines Verbrauchers bzw. gibt sie an, wieviel Energie pro Sekunde von einem "Energieerzeugungssystem" (Kraftwerk) bereitgestellt werden kann.

Der Energieverbrauch ergibt sich als Produkt von Leistung und Zeit. Wenn eine Glühlampe mit einer Leistung von 100 Watt 6 Stunden lang brennt, so ist der Energieverbrauch gleich 100 × 6 = 600 Wh (Wattstunden).

Bei Angaben über den Energieverbrauch treten häufig folgende Abkürzungen auf:

k (kilo) = Tausend 10^3
M (Mega) = Million 10^6
G (Giga) = Milliarde 10^9
T (Tera) = Billion 10^{12}
P (Peta) = Billiarde 10^{15}
E (Exa) = Trillion 10^{18}

Vielleicht ist es nützlich, einige Beispiele zur Veranschaulichung des Energiebedarfs und der Leistung zu geben:

elektrische Glühlampe	100 Watt
Waschmaschine	2000 Watt = 2 kWatt
Hausheizung	20 - 30 kWatt
Heizung Einfamilienhaus pro Jahr	50.000 kWh
Auto	50 kWatt
menschliche Arbeitsleistung	100 kWh/Jahr
menschlicher Ernährungsbedarf /2.5/	0.1 kWatt
jährliche Nahrungsaufnahme des Menschen	ca 1.000 kWh
Leistung von Kraftwerken:	
Donaukraftwerk Jochenstein	130 MW
Kernkraftwerk (GK-Tullnerfeld)	700 MW
gesamte im Jahre 1980 in Kraftwerken installierte elektrische Leistung in Österreich /2.35/	11.146 MW
ganze Erde	8 TW

Für einen 4-Personen-Haushalt kann man folgenden Jahresverbrauch an elektrischer Energie annehmen /2.34/:

	Leistung in W	Energieverbrauch in kWh
Beleuchtung	800	1.160
Elektroküche	8.000	1.000
Kühlschrank	120	440
Gefriertruhe	200	1.000
Wäschetrockner	2.000	1.000
Waschmaschine	3.300	510
Farbfernsehgerät	200	140
Warmwasserbereitung	variabel	4.000

Es gibt allerdings eine nicht zu geringe Anzahl von Familien, die 600 - 1.200 kWh im Monat verbrauchen. Im Haushalt wird etwa 20 % der Energie in Form des elektrischen Stromes verbraucht, während für die Heizung ca 80 % des gesamten Energieverbrauches eines Haushaltes verwendet werden /1.73/.

In einem Beschluß der Generalkonferenz für Maß und Gewicht (CGPM 1946) wurde das Joule (Symbol J) als Maßeinheit für die Energie im "Internationalen Einheitssystem (SI)" festgelegt. Die Maßeinheit für Leistung ist das Watt (Symbol W), welches als 1 Joule pro Sekunde definiert ist. Damit ist eine Wattsekunde (Ws) identisch mit einem Joule.

In der Praxis verwendet man häufig statt der kleinen Einheit Ws das $3{,}6 \times 10^6$ fache, die Kilowattstunde (kWh). Daneben werden aber auch eine Reihe anderer Energieeinheiten verwendet wie:

kcal: (Nahrungsmittel, Wärmetechnik)

tSKE: Vergleich mit jener Menge Steinkohle, bei deren Verbrennung die angegebene Energiemenge frei wird

EÖE: "Erdöleinheiten" (tep)

Btu: "British thermal units"

Die verschiedenen Einheiten lassen sich gemäß folgender Tabelle ineinander umrechnen:

	Joule	kWh	cal	tSKE	Btu
1 Joule =	1	$2{,}78\times10^{-7}$	0,239	$3{,}4\times10^{-11}$	$9{,}48\times10^{-4}$
1 kWh =	$3{,}6\times10^{6}$	1	$8{,}6\times10^{5}$	$1{,}2\times10^{-4}$	3410
1 cal	4,187	$1{,}16\times10^{-6}$	1	$1{,}4\times10^{-10}$	$3{,}97\times10^{-3}$
1 tSKE =	$2{,}9\times10^{10}$	$8{,}2\times10^{3}$	$7{,}0\times10^{9}$	1	$2{,}7\times10^{7}$
1 Btu =	1054	$2{,}93\times10^{-4}$	252	$3{,}6\times10^{-8}$	1

Brennstoffe und Energiespeicher besitzen einen Energieinhalt. So ist der Energieinhalt von

Transistorbatterie (elektrische Energie)	0,0004 kWh
Autobatterie	0,5 kWh
1 Tonne Steinkohle (Wärmeenergie)	7.000 - 8.000 kWh
1 kg Erdöl	10.500 kWh
1 m^3 Erdgas	8.700 kWh
1 kg $Uran^{235}$ (Wärmeenergie)	23.000.000 kWh
ein Gewitter	30.000.000 kWh
Wetter der Erde	0,3 EW

Wir wollen nun einen Blick auf Energieaufbringung und Energieverbrauch werfen. Die Energieaufbringung für Industrie, Haushalt, Verkehr und Kleinverbrauch betrug 1976 in Österreich 700 PJ /1.60/, der Bruttoenergieverbrauch war 1979 1.158,8 PJ. Der größte Teil davon (3/4) wurde allerdings für die Transformation in Sekundärenergieträger aufgewendet und nicht als Primärenergie verbraucht. Der

Primärenergiebedarf für die ganze Welt lag 1976 bei 68.300 TWh /2.22/. In der BRD wurden 1978 an Primärenergie 388 Millionen tSKE verbraucht /1.73/. Wenn man dies mit der von der Sonne auf die Erde eingestrahlten Energie von 800 Millionen TWh pro Jahr vergleicht, so sieht man, daß der Mensch noch nicht merklich in den Energiehaushalt der Erde eingreift. Man erwartet, daß das Strahlungsgleichgewicht der Erde ernstlich gestört wird, wenn die vom Menschen freigesetzte Energie etwa 1 % der von der Sonne kommenden Energie erreicht.

In welcher Form wird nun Energie benötigt und wofür? Diese Frage ist auch von Bedeutung, wenn man sich die Einsatzmöglichkeiten neuer "Energiequellen" überlegt. Es gibt im wesentlichen folgende Arten des Energiebedarfes: mechanische Energie, Wärme für Raumheizung, Wärme für Industrie, chemische Energie.

Die Art des Verbrauches teilt man ein nach Energieverbrauchsgruppen: Verkehr, Industrie, Haushalt, Landwirtschaft etc. Für Österreich ergab sich folgende Verteilung des Energiebedarfes auf verschiedene Verbraucher:

	1971	1976	1980
Verkehr	13,5 %	13,8 %	18,73 %
Haushalt	42,5 %	45,1 %	36,29 %
Industrie	44 %	41,1 %	31,46 %
nicht energetisch	-	-	13,52 %

Die Tabelle zeigt, daß zwischen 1971 und 1976 der Energieverbrauch in den Haushalten am stärksten gestiegen ist, ein Trend, der sich nach 1976 noch ausgeprägter fortsetzte. Für das Jahr 1980 ergibt sich die folgende Übersicht /2.36/

Aufbringung		Verbraucher		%
9,5	Stromimport (Bandstrom)	Haushalte	345	36,29
124	Wasser - Elektrizität	Industrie	299	31,46
197	Erdgas	Verkehr	178	18,73
526,5	Erdöl + Derivate	nichtenerget. Verbrauch	128,5	13,52
158	Kohle, Koks	hiervon für Nahrung 30	950,5	100 %
218,5	Biomasse			
100	Nahrung, Futtermittel			
1.333,5	Summe (zusätzl. Müll 20)	Verluste (Umwandlung, Transport): 24 % (327 PJ)		

(alle Zahlenangaben in Petajoule)

Import:	∿56 % (742 PJ) - Erdöl, Erdgas, Kohle, Bandstrom		
Verbrauch im Inland		950,5	
Export: Spitzenstrom	19,5		
Holz	36,5		
Export gesamt		56	PJ = 4,5 %
Gesamtverbrauch		1.006,5	PJ

1980 stieg in Österreich der Stromverbrauch um 4,4 %

Welche Energiequellen versorgen nun welche Verbraucher? Die prozentuelle Beteiligung der einzelnen Energieträger an der Aufbringung der Primärenergie ergibt sich aus der folgenden Tabelle und aus Fig. 2.1 (nach /2.36/).

Österr. /1.60/	Kohle, Koks	Erdgas	Erdöl	Wasserkraft	Kernkraft
1975	19,0	17,4	51,2	12,4	-
1980	15,58	19,41	51,88	12,81	0,32 x)
Welt					x) Import
1970	36	18	40	6	
1976	31	19	44	6	

Seit 1950 hat sich der Weltenergieverbrauch mehr als verdreifacht. Bei seiner Deckung nimmt Erdöl erst seit 1967 die Vorrangstellung ein. 1950 lag der Anteil der Kohle noch bei 62 %.

Für die zeitliche Entwicklung des Energie- und Stromverbrauches ergibt sich folgendes Bild:

Primärenergie:	1950	1970	1975
Welt:	2,4 GtSKE	7,3 GtSKE	8 GtSKE
Österreich:	8,74 MtSKE	23,85 MtSKE	26,48 MtSKE
			29,59 MtSKE (1978)

Die Steigerungsraten des Primärenergieverbrauchs in den letzten Jahren lagen in Österreich bei 5,4 % (1978) bzw. 5,9 % (1979).

Elektrische Energie aus Wasserkraft /2.34/:

Österreich	1950	1960	1970	1979
Energieerzeugung	4.976	11.882	21.240	28.037 GWh
installierte Leistung			6.772	9.628 MW

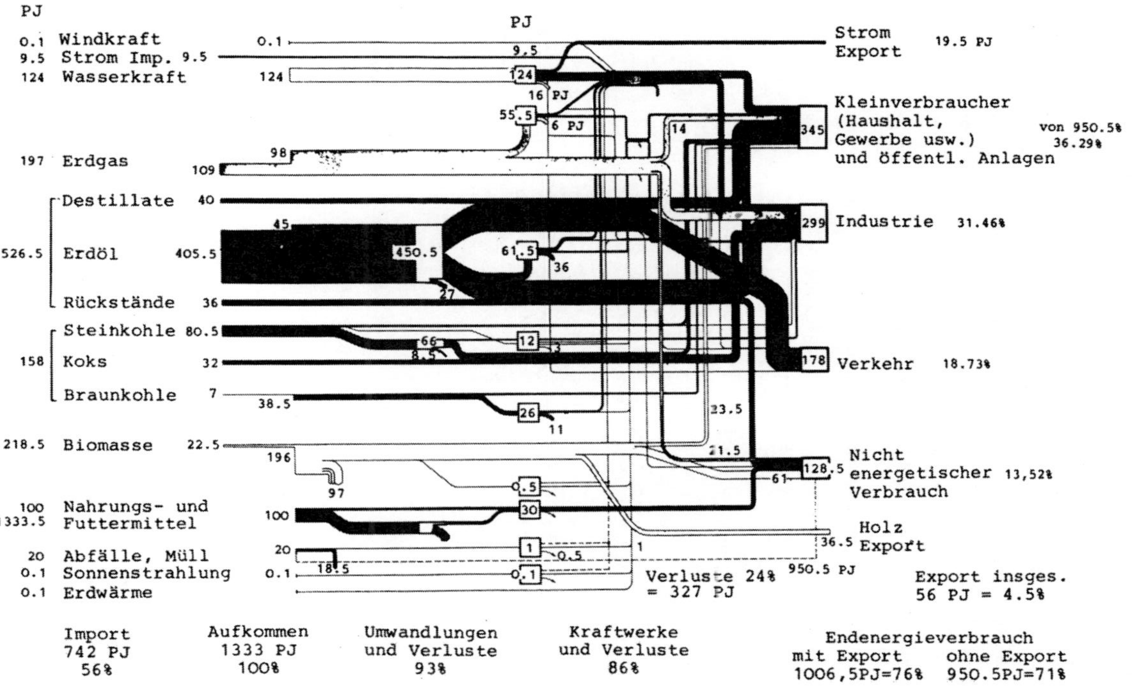

Fig. 2.1 Energiefluß in Österreich 1980

Elektrische Energieerzeugung in Österreich (in GWh)

	1976	1977	1978	1979		1979
hydroelektrisch	20.515	24.871	24.891	28.073	Import:	2.851
thermisch	14.816	12.813	13.178	12.605	Export:	5.703
gesamt	35.331	37.684	38.069	40.652	Verbrauch:	36.805

Interessant ist auch der jährliche Stromverbrauch je Einwohner:

Österreich	1976	3.683 kWh	Entwicklungsländer	200 kWh
USA	1970	8.004 kWh	Welt (Durchschnitt)	1.363 kWh

Der pro-Kopf Energieverbrauch und das Bruttosozialprodukt eines Landes sind korreliert. Man kann die folgende Proportionalität feststellen

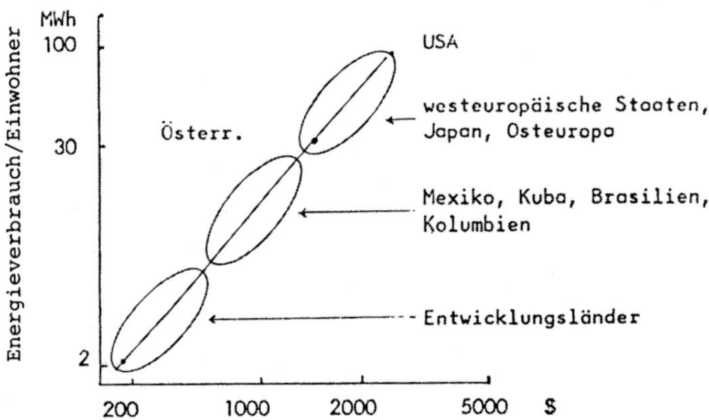

Fig. 2.2 Energieverbrauch und Bruttosozialprodukt

Spitzenreiter beim Energieverbrauch sind die Vereinigten Staaten von Amerika mit etwa 9 MWh/Einwohner und Jahr, gefolgt von den westeuropäischen Industriestaaten. Österreich rangiert dabei mit einem Energieverbrauch von ca 3 MWh/Einwohner und Jahr im unteren Mittelfeld dieser Staatengruppe mit hohem pro-Kopf Energieverbrauch, zu der auch die osteuropäischen Staaten zählen. Zu den Nationen, welche im internationalen Vergleich eine mittlere Stellung beim pro-Kopf Energieverbrauch und Bruttosozialprodukt einnehmen, gehören Länder wie Mexiko, Kuba, Brasilien, Kolumbien. In den unteren Rängen dieser Reihung finden sich die Entwicklungsländer. An unterer Stelle steht Indien, dessen Stromverbrauch pro Einwohner etwa 0,2 MWh pro Jahr beträgt, was weniger als ein Vierzigstel der Energie ist, welche durchschnittlich ein Nordamerikaner verbraucht. In USA verbrauchen 7 % der Weltbevölkerung 39 % der auf der Erde "erzeugten" Energie!

Dabei ist zu erwarten, daß sich dieses Verhältnis noch verschlechtern wird, da das stärkste Bevölkerungswachstum in den Ländern der "Dritten Welt" zu erwarten ist.

Über die Energiereserven gibt es stark variierende Schätzungen. Es werden angegeben /2.37/, /2.22/, /1.15/, /1.6/

Weltenergiereserven:

	sicher in 1.000 EJ	in tSKE	möglich in 10^3 EJ	technisch gewinnbar	reicht bei gleichbleibendem Verbrauch
Kohle	20 - 88	2.000 Gt	200	7	noch ca 200 a
Erdöl	10 - 11	127 Gt	20	12	ca 30 a
Ölsand /2.1/		50 Gt	34	21	
Erdgas	2,8	79 Gt	6,4	9	
Uran	2	2 Mt	4 Mill.	2-120	bei Uranbrüten 60 × soviel /12.6.24/

Dem steht ein Weltenergieverbrauch 1972 von 269 EJ gegenüber. Allerdings zeigt der Weltenergieverbrauch stark steigende Tendenz. In Österreich beträgt der Energieverbrauch gegenwärtig jährlich etwa 1 EJ (1978) /1.6/, /2.39/. Die österreichischen Kohlevorräte von ca 58 Millionen Tonnen und die österreichischen Erdölvorräte von ca 18 Milliarden Tonnen würden bei gleichbleibendem Verbrauch noch 16 bzw. 12 Jahre reichen.

Der praktische Einsatz einer physikalisch möglichen Energiequelle unterliegt einer Reihe von zum Teil nichttechnischen Einschränkungen /1.13/. Die Kriterien, in der Reihenfolge ihrer Priorität, sollten sein:

1) Die Auswirkungen auf Gesundheit und Umwelt.
2) Die potentielle Verfügbarkeit und technische Realisierbarkeit. Die gesicherte Rohstoffversorgung. Diversifizierung der internationalen Abhängigkeiten. Die technische Realisierbarkeit wird durch die Exergie (spezifische technische Arbeitsfähigkeit) bestimmt /2.38/.

3) Erst an dritter Stelle sollten wirtschaftliche Fragen für die Wahl einer Energiequelle ausschlaggebend sein.
4) Das Zeitproblem bei der Einführung neuer Energietechnologien /17.2/. Eine neue Technologie kann nur dann rasch eingeführt werden, wenn ihr Energieerntefaktor groß genug ist und ihre Energierückzahlzeit klein genug. Andernfalls kommt es in der Bilanz zu einem Energieverlust - dann nämlich, wenn das nächste Kraftwerk der neuen Technologie bereits gebaut wird, bevor das vorhergehende die durch den Bau verursachte Energieinvestition zurückgezahlt hat.

3 Wasserkraft

Die Wasserkraft stellt die bedeutendste der regenerierbaren Energiequellen dar, weil sie die höchste Effizienz bei der Energieumwandlung aufweist /2.38/. Ihr Anteil an der Gesamtaufbringung liegt aber weltweit bei nur 3 %. Ihre Ausbaumöglichkeiten sind begrenzt, und man erwartet, daß die Wasserkraft im Jahre 2.000 weltweit nur ca 5 % der benötigten Energie aufbringen wird. In absoluten Zahlen betrug die auf der Welt installierte elektrische Leistung der Wasserkraftwerke im Jahre 1962 2.857 GW, während es im Jahre 1978 bereits 3.960 GW waren. In Österreich waren 1978 9.000 MW ausgebaut, die 1978 28.185 GWh und 1979 28.047 GWh lieferten.

Einige Länder haben ihr Potential an ausbaufähigen Wasserkräften schon fast zur Gänze genutzt /2.5/, /2.22/, /2.34/, /3.3/, so z.B.

Schweiz	fast 100 %
BRD	ca 75 %
Österreich	ca 60 %
Europa gesamt	> 50 %
USA	ca 22 %

In Österreich betrug 1978 der Anteil der Wasserkraft an der elektrischen Energieerzeugung ∿64 % = 12 % der Gesamtaufbringung. In Österreich sind insgesamt noch ca 18.520 MW ausbaufähig, die im Normaljahr ("Regeljahr") ca 49.246 GWh Energie liefern würden! Allein das Wasser der Donau ersparte 1979 der österreichischen Volkswirtschaft 5 Ölmilliarden Schilling an Devisen pro Jahr, im Jahr 1980 waren es 6,64 Milliarden, entsprechend ca 9.000 GWh Energie.

Wasserkraftwerke lassen sich in zwei verschiedene Typen einteilen:
A) Laufkraftwerke:
Ein Laufkraftwerk ist ein Wasserkraftwerk für die laufende (ungeregelte) Nutzung des zufließenden Wassers. Verwendet werden in dieser Kraftwerktype Kaplan- oder Francisturbinen. 1978 wurden in Österreich 17.506 GWh Strom elektrischer Energie durch Laufkraftwerke erzeugt.
B) Speicherkraftwerke:
Das sind Wasserkraftwerke, deren Zufluß mit Hilfe eines Speichers

geregelt werden kann. Meist werden große Höhendifferenzen ausgenutzt, etwa bei Gebirgsbächen. Bei Speicherkraftwerken wird die kinetische Energie des Wassers mit Hilfe von Peltonturbinen in mechanische Energie umgewandelt. Das äußere Erscheinungsbild eines Speicherkraftwerkes ist in der Regel durch große Talsperren bestimmt, z.B. Kaprun: Höhe der Staumauer >100 m, Maltatal (Kölnbreinsperre 200 m). Der Bauaufwand eines Speicherkraftwerkes ist daher sehr groß, da die Staudämme in ihrer Statik auch erdbebensicher ausgelegt werden müssen.

Ein großer Vorteil der Wasserkraft ist es, daß man bei ihr die höchsten Wirkungsgrade der Energieumwandlung erreicht. Man kann deshalb in Zeiten, wenn Überkapazitäten bestehen, also mehr elektrische Energie erzeugt wird, als abgenommen werden kann, die überschüssige elektrische Energie bei nur mäßigen Verlusten speichern, indem die Speicherkraftwerke Wasser hochpumpen. Diesen Stromaustausch praktiziert Österreich mit der BRD und anderen Ländern. Es wird daher Bandstrom (Grundlast) im Tausch (1:4) gegen Spitzenstrom aus dem Ausland importiert. Im Jahre 1979 wurden in Österreich in Speicherkraftwerken 7.939 und in Laufkraftwerken 20.108 GWh erzeugt /2.34/. Die derzeit im Bau befindlichen Lauf- und Speicherkraftwerke werden ein Leistungspotential von 3.353 GWh/a haben /1.60/.

Wir wollen noch Vorteile und Nachteile kurz zusammenfassen:

Vorteile der Wasserkraft:

1) Ein bereits erwähnter Vorteil liegt in den hohen Wirkungsgraden dieses Energieumwandlungssystems.
2) Außerdem zeigen Risikostudien (vergl. Abschnitt 15), daß Wasserkraft zu den sichersten Energiequellen zählt.

Nachteile der Wasserkraft:

1) Der von der Natur vorgegebene Standort eines Wasserkraftwerkes. In Afrika oder Asien bleiben riesige Wasserpotentiale ungenutzt, da die Entfernungen zu den Energieverbrauchern für einen effizienten Transport der elektrischen Energie zu groß sind.
2) Nur ein Drittel des weltweiten Wasserkraftpotentials wäre technisch ausbaufähig.
3) Schwankendes "Rohstoffangebot". Die Niederschlagsmengen sind sowohl jahreszeitlichen wie auch langjährigen Schwankungen unterworfen, wodurch die Sicherheit der Energieversorgung beeinträch-

tigt wird.

4) Obwohl die Wasserkraft als relativ "umweltfreundlich" eingestuft werden kann, gibt es auch hier eine Reihe von Problemen. Dazu gehören:
   a) Veränderungen des Grundwasserspiegels und Verschotterung der Flüsse.
   b) Gefahr von Dammbrüchen /1.2/, die aber infolge der laufenden Überwachung durch Dehnungsmeßgeräte und Erschütterungsmessungen (insbesondere in Österreich durch die Staubeckenkommission streng kontrolliert) ein sehr geringes Risiko darstellen.
   c) Großer Landbedarf; dafür aber bessere Erschließung. Der Bau des Kariba-Staudammes in Zentralafrika machte z.B. die Umsiedlung von 50.000 Menschen notwendig. (5.000 km^2 Stauwasseroberfläche.)
   d) Verminderung, zum Teil aber auch Erhöhung (Kaprun!) des Erholungswertes von Landschaften.

Da die Wasserkräfte in den Industrieländern weitgehend ausgebaut sind, wird trotz der Errichtung neuer Wasserkraftwerke der Anteil der Lauf- und Speicherwasserenergie an der Gesamtenergieaufbringung, die ja noch steigt, einer degressiven Tendenz unterliegen.

4 Fossile Brennstoffe: Kohle, Öl, Erdgas

4.1 Rohstoffsituation

Wenn man die heute gültigen Verbrauchsziffern zugrundelegt, dann sind die auf der Erde lagernden Vorräte an Erdöl und Erdgas nach einer Generation, man rechnet in 20 - 30 a, erschöpft. Bei der Kohle ist die Situation günstiger, man schätzt, daß sie mehr als zwei Jahrhunderte reicht. Ein Vergleich verschiedener Brennstoffe ergibt:

Heizwerte:	(= Energieinhalt)	Notwendige Brennstoffmengen zum Betrieb eines Kraftwerkes mit 1.000 MW elektrischer Leistung /5.77/:
Wasserstoff	3 kWh/m^3	-
Kohle	7.000 - 8.200 kWh/t	10.000 t pro Tag
Erdöl	11.900 kWh/t	1 Supertanker/Woche
Erdgas	14.700 kWh/t	1 Schiff/5 Tage
Uran 235	23.000.000 kWh/t	3 kg/Tag
Deuterium (in zukünftigen Fusionskraftwerken).	66.000.000 kWh/t	1 kg/Tag

Beim Verbrennen eines fossilen Brennstoffes werden die angegebenen Energieinhalte frei; der Umwandlungsgrad in elektrische Energie (Wärme → mechanische Energie → Turbine → Generator) ist dabei gering und liegt in der Größe von etwa 40 %. Der bereits zitierte zweite Hauptsatz der Thermodynamik sagt aus, daß dieser Wirkungsgrad nicht wesentlich verbessert werden kann; man müßte dazu nämlich die Arbeitstemperaturen im Kessel um vieles erhöhen. Die bei der Verbrennung freigewordene Energie, welche nicht in elektrische Energie übergeführt werden kann, muß abgeführt werden. Diese sogenannte Abwärme wird entweder durch einen Fluß aufgenommen oder durch Kühltürme an die Atmosphäre abgegeben. Dabei werden große Energiemengen ungenutzt frei, die aber nicht unbedingt schädlich sind: Hummer wachsen größer /4.45/, wärmeliebende Fische wandern zu. Man hat sich deshalb überlegt, wie man die Abwärme von Kraftwerken nutzen könnte: Es entstand die Idee der Wärme-Kraft-Kopplung: In diesem Konzept wird die ungenutzte Wärme in ein lokales Fernwärmenetz eingespeist /4.77/. Um für Heizzwecke die Effizienz zu steigern, sollte die Auskupplung der Wärme bei höherem Temperaturniveau erfolgen. Obwohl dadurch die elektrische Leistung des Kraftwerkes abnimmt, lassen sich durch Kraft-Wärmekopplung Gesamtwirkungsgrade bis zu 80 % erreichen. Die Reichweite eines solchen Netzes ist je nach Kraftwerkstype und Siedlungsdichte auf 15 - 50 km Radius um ein Kraftwerk begrenzt; andererseits stehen aber Kraftwerksanlagen meist getrennt von Wohngebieten. Auch ein Anschluß von Industrieanlagen an das Fernwärmenetz scheitert derzeit an den hohen Investitionskosten eines Fernwärmenetzes (Amortisationszeit ca 15 - 20 a). Eine zweite Möglicheit besteht im Einsatz sogenannter Wärmepumpen (siehe Abschnitt 5). Die Abwärme der Erde liegt zwischen 0,02 bis bis 600 W/m^2 (New York).

In diesem Zusammenhang mag ein Vergleich der Ausbaukosten pro installierter Leistung für verschiedene Typen großer Kraftwerke (Stand 1978) von Interesse sein /1.60/:

Laufwasserkraftwerk	9.000	öS/kW
Speicherkraftwerk	12.000	öS/kW
Kohlekraftwerk	9.000	öS/kW
Ölkraftwerk	7.000	öS/kW
Gasturbinenkraftwerk	4.200	öS/kW

Ein fossiles Kraftwerk gibt an seine Umgebung große Mengen von zum Teil sehr gesundheitsschädlichen Stoffen ab. Emittiert werden unter anderem CO_2, CO, Benzpyren, SO_2, nitrose Gase, Radioisotope und Flugasche.

4.2 Kohlendioxyd

Kohlendioxyd (CO_2) ist zwar ungiftig, wird aber bei der Verbrennung in großen Mengen frei. (1.000 MW Kohlekraftwerk: 6×10^6 t CO_2/a), vgl. /4.34/, /4.6/, /4.8/, /4.28/, /4.29/, /4.33/, /4.34/, /4.38/, /4.39/. Die Erdatmosphäre enthält $2,5 \times 10^{12}$ Tonnen CO_2. 1/5 davon hat der Mensch in den letzten 100 Jahren durch das Abbrennen fossiler Energie-Träger erzeugt. Derzeit werden jährlich 26 Milliarden Tonnen CO_2 emittiert. In den Jahren 1960 - 1976 stieg der CO_2-Gehalt von 314 auf 325 ppm (partes per million). Die Auswirkungen des steigenden CO_2-Gehaltes auf die Strahlungsbilanz der Erde waren früher umstritten, heute wird das Problem als geklärt angesehen: Trotz verschiedener Rückkoppelungseffekte wird zufolge der erhöhten Absorption von langwelliger Strahlung auf der Erde eine Erhöhung der mittleren Temperatur erfolgen (Treibhauseffekt)! Mit der heutigen CO_2-Ausstoßrate ergäbe sich bis zum Jahre 2030 eine Verdoppelung des vorindustriellen CO_2-Pegels und eine Temperaturerhöhung von etwa 2 ^{o}C /4.7/, /4.8/, /4.28/, /4.38/, /4.39/, /4.48/, /4.52/, /4.73/. Das ist viel, wenn man bedenkt, daß 3 - 5 ^{o}C weniger die letzte Eiszeit verursachten. Die Temperaturerhöhung der Atmosphäre könnte zu einem Abschmelzen von Gletschern und Polkappen führen. Die daraus resultierende Anhebung des Meeresspiegels betrüge etwa 60 Meter. Die Folge wäre eine Überflutung der Küsten; alle Hafenstädte und wertvoller Siedlungsraum würden damit im Meer versinken. Zu erwarten ist weiters eine großräumige Verschiebung der Niederschlagszonen, das Entstehen neuer Wüsten und ein Rückgang der Weltnahrungsmittelproduktion.

4.3 Kohlenmonoxyd

Kohlenmonoxyd stellt ein Atemgift dar, da es die Sauerstoffaufnahme des Hämoglobin blockiert. Die Toleranzgrenzen liegen bei
10 $\mu g/m^3$ 9 ppm (Standardwert für 8 Stunden Aufenthalt)
40 $\mu g/m^3$ 35 ppm (Maximalwert für 1 Stunde) /2.5/.
Allerdings stammt nur ein geringer Teil der CO-Emission (21 %) /4.22/, /4.62/ aus dem Bereich Kraftwerke, Industrie und Hausbrand, die restlichen 79 % gelangen durch den motorisierten Verkehr in die Atmosphäre. Insgesamt betrug die CO-Emission im Jahre 1977 in Österreich 1.047.000 t/2.21/. Ein 1.000 MW (el) Kraftwerk emittiert zwischen 500 und 1.000 Tonnen CO pro Jahr. (Weltemission siehe /4.35/).

4.4 Schwefeldioxyd

Durch Kraftwerke werden auf der ganzen Erde jährlich etwa 150×10^6 Tonnen Schwefeldioxyd (SO_2) emittiert /4.4/, /2.5/ (Österreich 1977 /2.2/ 284.000 t SO_2/a). Aber bereits eine Anhebung des SO_2-Gehaltes in der Atemluft um 10 % erhöht die Mortalität um 0,5 %! Dafür gibt es konkrete Beispiele, wie etwa die Smog-Katastrophe in London 1952: 3.900 zusätzliche Tote in einer Woche (1955, 1956, 1957, 1959, 1962 und später auch mit geringeren Folgen), /1.2/, /4.21/, /4.41/, /4.51/, /4.58/, /4.72/, /5.2/. Seit in Voitsberg ein weiteres Braunkohlekraftwerk in Betrieb genommen wurde, soll nach Zeitungsnachrichten die Erkrankungsrate der Kleinkinder an Bronchitis auf das Zwanzigfache gestiegen sein. SO_2 kommt auch als Krebserreger in Frage (p. 20 in /12.1.35/). In USA kommt es jährlich als Folge der Verwendung von Kohle zur Stromerzeugung zu 20.000 Todesfällen /4.76/.

Die maximal tolerierbare Konzentration von SO_2 beträgt 365 $\mu g/m^3$ oder 0,14 ppm /2.5/. In Österreich werden 200 $\mu g/m^3$ toleriert. SO_2 hat die unangenehme Eigenschaft, daß es durch Reaktion mit Wasser Schwefelsäure bildet, also eine überaus aggressive chemische Substanz. So ist es z.B. in Schweden schon wiederholt zu schwefelsäurehaltigen Regenfällen und zum Angriff auf Beton gekommen /4.71/ - /4.73/. Der SO_2-Gehalt in der Abluft von Kraftwerken kann durch "Rauchgasentschwefelung" /2.5/, /4.13/, /4.24/, /4.40/, /4.50/, /4.73/ herabgesetzt werden, allerdings ist dieses Verfahren teuer und nur zu 80 - 90 %, je nach Anfangsgehalt, wirksam; außerdem sind bestimmte Methoden der Rauchgasentschwefelung zum Teil umweltschädigend /4.49/. Innerhalb einer 80 km Zone um ein 1.000 MW Kraftwerk ist jährlich mit 20 - 450 zusätzlichen Todesfällen zu rechnen /4.30/.

4.5 Nitrose Gase /4.14/

Die Emissionsmengen eines 1.000 MW (el) Kraftwerkes liegen bei etwa 20.000 t NO_2/Jahr /4.14/, /4.61/, /4.73/. Insgesamt wurden 1977 in Österreich 116.000 t NO_2 emittiert /2.21/; die Emission durch alle fossilen Kraftwerke der Erde liegt bei etwa 50×10^6 t/Jahr /4.35/. Die Entfernung von NO_x aus der Abluft von Kraftwerken ist nicht möglich /2.5/ p 215. Nitrose Gase, N_xO_y, also auch NO_2, bilden Nitrosamine, welche als Krebsursache /4.14/ bekannt sind, außerdem tritt NO_2 bei der bereits geschilderten Bildung von H_2SO_4 aus SO_2 und H_2O als Katalysator auf. Die Toleranzgrenze liegt bei $\sim 100 \mu g/m^3$, 0,05 ppm /2.5/, p 201.

4.6 Benzpyren

Diese stark krebserregende Substanz ist vor allem in den Auto-Auspuffgasen enthalten, entsteht aber auch bei der Verbrennung von Kohle /4.73/. Mit jedem Milliardstel g Benzpyren/m^3 in der Atemluft erhöhen sich die tödlichen Lungenkrebsfälle um 5,5 %. Unsere Großstadtluft enthält bereits ca 4×10^{-9} g/m^3 /4.36/, was einer biologischen Belastung von 960 Strahlungseinheiten entspricht /4.46/, siehe auch Abschnitt 12.3. Vergleiche mit Kernkraftwerken: Belastung mit maximal 2 Strahlungseinheiten = 2 mrem pro Jahr!

4.7 Flugasche, Staub

Weltweit gelangen pro Jahr etwa 250 Millionen Tonnen Staub aus fossilen Kraftwerken in die Atmosphäre /4.35/. Ein einziges 300 MW (el) Kraftwerk emittiert ca 500 Tonnen Flugasche im Jahr /4.11/, /4.59/, /4.71/. 20 % der gesamten Luftverschmutzung durch Staub erfolgen durch den Hausbrand /4.43/, /4.44/; in Österreich: 36 % /1.79/. Im Staub sind einige mutagene (erbändernde) Substanzen sowie Gifte und Schwermetalle enthalten /4.42/, /4.73/. Flugasche enthält beispielsweise Arsen (8kg/t), Be, Zr, Se, V, Hg, Th, Pb, Ra usw. /1.2/ p 267. Darüber hinaus verstärkt eine Verstaubung der Atmosphäre den bereits erwähnten Glashauseffekt.

4.8 Radioaktive Stoffe

Allgemein zu wenig bekannt ist die Tatsache, daß auch bei der Verbrennung der Kohle bedeutende Mengen von Radionukliden frei werden /4.5/, /4.11/, /4.12/, /4.26/, /4.54/, /4.67/, /4.73/. Steinkohle enthält die natürlichen Radionuklide ^{238}U, ^{236}Ra, ^{228}Ra, ^{232}Te, ^{210}Pb, ^{210}Po, wobei je nach Herkunft der Steinkohle das eine oder andere dieser Elemente fehlen kann. Auch Braunkohle enthält Radionuklide. Die bei Kohleverbrennung freigesetzte Radioaktivität führt dazu, daß in manchen Großstädten (New York, London) die von der Internationalen Atomenergiebehörde festgesetzten Grenzwerte für die Strahlenbelastung überschritten werden /2.5/, p 258. Messungen in der BRD haben ergeben, daß ein Kohlekraftwerk (1.000 MW (el)) etwa 30 mCi an ^{210}Pb bzw. 4 mCi ^{226}Ra freisetzt. Die jährliche Strahlenbelastung durch diese Stoffe beträgt im ungünstigsten Fall in unmittelbarer Nähe des Kraftwerkes in Hauptwindrichtung ca 19 mrem/a (siehe Abschnitt 12.3). Unter gleichen Voraussetzungen beträgt die Strahlenbelastung durch ein Kernkraftwerk etwa 0.4 mrem/a /4.11/, /4.12/.

Nach Untersuchungen der russischen Wissenschaftler Ilyin und Knishnikov /4.74/, der amerikanischen Professoren Lave und Cohen, des Kanadiers Inhaber, der Atombehörde in Wien und nach kürzlich in der Bundesrepublik Deutschland durchgeführten Messungen ist die Krebsgefährdung durch Radioaktivität der Asche und des Rauches sowie durch die emittierten chemischen Schadstoffe in der Umgebung von Kohlekraftwerken 70 - 800 mal so groß wie bei Kernkraftwerken. Die von Kernkraftwerken emittierte Radioaktivität liegt (einschließlich des Störfalles von Harrisburg) weit unter der natürlichen Strahlenbelastung durch Umwelt und Nahrung und entspricht der Strahlenbelastung durch das Fernsehen; sie liegt daher nach dem Strahlenbiologen und Nobelpreisträger F. Macfarlane Burnet unter jener Grenze, oberhalb der biologische Wirkungen auftreten können. Die mehrhundertfach größeren gesundheitlichen Belastungen durch die von Kohlekraftwerken emittierte Radioaktivität und durch die emittierten krebserzeugenden chemischen Stoffe liegen aber insgesamt, wie die eingangs erwähnten Untersuchungen bewiesen, zum Teil oberhalb der Gesundheitsschwelle, so daß zu erwarten ist, daß sich nach Inbetriebnahme eines Kohlekraftwerkes Zwentendorf in der Umgebung das Auftreten von Krebskrankheiten leicht vermehren würde.

4.9 Gesundheitsschäden beim Bergbau

Etwa 1/4 der im Bergbau beschäftigten Arbeiter erkrankt an der sogenannten Staublunge ("Schwarze Lunge") /4.37/, /2.5/. Allein in den USA sterben dadurch pro Jahr an die 4.000 Menschen. Daneben kommen in den Vereinigten Staaten jährlich durchschnittlich 200 Bergleute durch Unfälle in Kohlebergwerken zu Tode. Beim Kohletransport kommt es in USA jährlich zu 110 Unfällen /1.2/, /4.30/, /4.32/.

4.10 Kohleveredelung

Diese Art der Verwendung von Kohle ist umweltfreundlicher und emittiert weniger SO_2. Durch verschiedene Verfahren (hydrierende Vergasung, Methanisierung, Hydrierung) werden umweltfreundliche gasförmige und flüssige Brennstoffe erzeugt: Synthesegas, Methanol, Kohlenwasserstoffe. Zu diesen Prozessen wird Hochtemperaturwärme benötigt, welche am wirtschaftlichsten durch die Kernenergienutzung (z. B. Hochtemperaturreaktoren) bereitgestellt werden kann /4.27/, /4.56/, /4.68/, /12.2.21/. Es gibt Kohlevergasung unter Tag /2.1/, p 116, über Tag, p 95 und Erdölerzeugung aus Kohle, p 111.

4.11 Erdöl

In den letzten 25 Jahren wurde fast die Hälfte der bekannten Rohölvorräte aufgebraucht, die die Natur während Millionen von Jahren abgelagert hat. Es zeigen sich bereits deutlich Erschöpfungstendenzen (bei der heutigen Produktionssteigerungsrate würde 1995 der Zusammenbruch in der Erdölversorgung erfolgen /2.5/). Bei der Verbrennung von Erdöl und seinen Produkten ergeben sich gleichartige Umweltprobleme wie bei Kohle (SO_2, CO_2-Emission). Schweröle sind stark schwefelhältig. Entschwefelungsmaßnahmen sind begrenzt: bei leichtem Heizöl ist nur eine Reduzierung von 0,5 % Schwefel auf 0,3 % möglich. Bei hohem Schwefelgehalt sind dagegen Abscheidegrade von 80 % erreichbar. Große Gefahren bestehen beim Öltransport (Unfälle, Verschmutzung der Weltmeere und Küsten, ökologische Bedrohung, Fischsterben usw.) /1.15/, /2.5/. Jährlich gehen 500.000 t Erdöl in die Weltmeere verloren /2.5/ p 162. Beachtenswert ist weiters die Kohlenwasserstoff-Emission der Verkehrsmittel und der Industrie. Allein in Westeuropa werden jährlich durch Verkehrsmittel 4,7 Millionen Tonnen unverbrannte Kohlenwasserstoffe emittiert. Die Industrie emittiert 5,8 Millionen /4.75/.

4.12 Ölschiefer und Teersande

Der Abbau dieser Rohstoffe ist nur in gigantischen Maßstäben wirtschaftlich (Synchrude-Projekt, Alberta, Kanda: 100 km^2 Land zerstört). Ölschiefer stellen 1/5, Teersande ca 2/3 der verbliebenen Ölvorräte dar. Die tägliche Produktion von 150.000 t Öl ist bei Produktion aus Ölsanden mit $1{,}7 \times 10^6$ t festen Abfällen pro Tag verbunden.

4.13 Erdgas

Etwa 20 % der Welt-Vorräte wurden bis heute verbraucht, und zwar geschah das vornehmlich in den letzten 25 Jahren. Die Erdgasverwertung ist technisch einfach und auch umweltfreundlich (größere Gefahren bestehen nur beim Transport). Aber gerade deswegen ist eine vermehrte Erdgasnutzung zu erwarten, was zur baldigen Verknappung führen wird. Es gibt auch eine Erdgaserschließung durch Kernenergie /1.8/ p 77, /4.2/.

4.14 Gefahren bei der Energieerzeugung aus fossilen Brennstoffen

Energieerzeugung aus fossilen Brennstoffen ist die Ursache für zahlreiche Todesfälle /2.5/, /1.2/. In USA kommt es jährlich bei der Brennstoffförderung zu folgenden Todesfällen:

	durch Unfall	durch Krankheit	Tote/1000 MWa
Kohle	259	4.000	8,8
Erdöl + Erdgas	78	-	0,06

Das Risiko für die allgemeine Bevölkerung durch die Stromerzeugung von 10^{10} kWh aus fossilen Brennstoffen (von 2 Kraftwerken von je 750 MWe bei 75 % Verfügbarkeit in 1 Jahr erzeugt) beträgt

	Tote	Kranke
Kohle	20 - 180	300 - 500
Erdöl	3 - 150	110 - 270
Erdgas	0,2 - 0,4	20
Wasserkraft	4 - 6	-
KKW	0,5 - 2	8 - 28

4.15 Dezentralisierung

Um Verluste gering zu halten, wurde vorgeschlagen, die Versorgung mit elekrischer Energie und Heizenergie zu dezentralisieren /1.73/. Ein Beispiel hierfür ist das von der Firma Fiat erzeugte Blockheizkraftwerk Totem (Total Energy Module), das 15.000 DM kostet und aus einem Dieselmotor mit Generator besteht. Es liefert 15 kW elektrische Leistung und etwa 40 kW Heizleistung. Von der durch die Dezentralisierung bedingten höheren Umweltverschmutzung und den hohen Betriebskosten, bedingt durch den Umstand, die elektrische Leistung dauernd zur Verfügung zu haben, wird jedoch nicht gesprochen.

5 Sonnenenergie

5.1 Einstrahlung

Global gesehen werden von der Sonne (Strahlungsleistung 16 MW/m^2, insgesamt $3{,}9 \times 10^{20}$ MW) riesige Energiemengen auf die Erde eingestrahlt: $1{,}72 \times 10^{14}$ kW oder $1{,}5 \times 10^{18}$ kWh/Jahr. Das ist ungefähr das 20.000-fache der von den Menschen derzeit produzierten Energie. Die geschätzten Weltölreserven sind äquivalent der in 12 h eingestrahlten Sonnenenergie /1.17/. Allerdings ist die Energiedichte sehr gering und die Exergie der Sonnenstrahlung minimal /2.38/. Die extraterrestrische Solarkonstante beträgt 1,35 kW/m^2, bezogen auf senkrechte Einstrahlungsrichtung und ohne Einfluß der Erdatmosphäre. Je nach Witterung gelangt im günstigsten Falle inklusive diffuse Strahlung 1 kW/m^2 Sonnenenergie auf die Erdoberfläche. In Seibersdorf wurden 1979 insgesamt 1.128 kWh/m^2 gemessen /5.87/. Auf horizontale Flächen bezogen gilt das Cosinusgesetz. Für eine bestmögliche Ausnützung empfiehlt sich daher das Mitdrehen der Empfangsfläche /5.8/.

5.2 Umsetzung der Sonnenstrahlungsenergie

Die Umsetzung der eingestrahlten Sonnenenergie ersieht man aus Fig. 5.1.

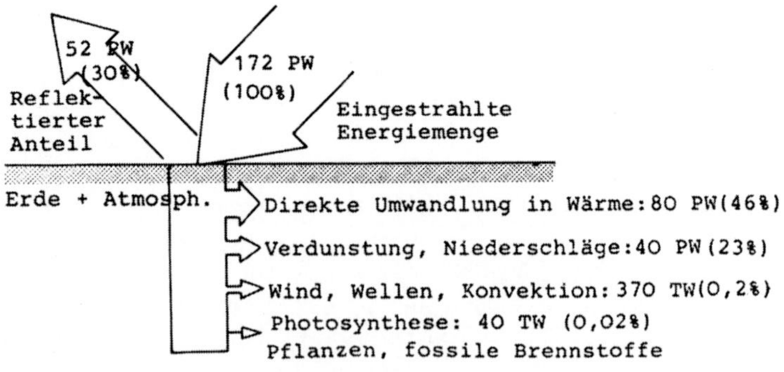

Fig. 5.1 Umwandlung der Sonneneinstrahlung

Der Jahresgang der Sonneneinstrahlung ist aus Fig. 5.2 ersichtlich.

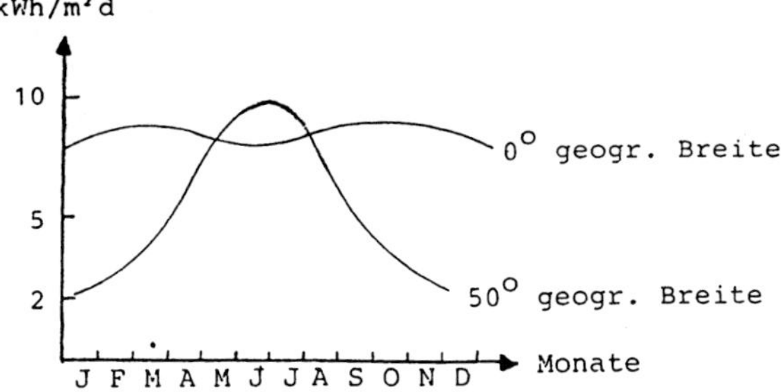

Fig. 5.2 Jahresgang der Sonneneinstrahlung

In unseren Breitengraden empfangen wir von der jährlich von der Sonne eingestrahlten Energiemenge etwa 75 % im Sommer und 25 % in den Monaten von Oktober bis März. Die Globalstrahlung in Österreich beträgt zwischen 900 - 1.250 kWh/m^2. Es erhalten: Innsbruck: 1.200 kWh/m^2a, Sonnblick: 1.400 kWh/m^2a. In der jährlichen Sonnenscheindauer ergibt sich naturgemäß ein Nord-Süd-Unterschied: Rom: 2.491 h/a, Graz: 1.903 h/a, Hamburg: 1.559 h/a, Innsbruck: 1.765 h/a. Der zu nutzende Jahresmittelwert der eingestrahlten Sonnenenergie liegt in Europa bei ca 100 W/m^2. Der derzeitige Anteil der Sonnenenergie an der Gesamtenergieaufbringung in der Welt ist sehr viel kleiner als 1 %. Für die Zukunft (2000 - 2020) wird eine Erhöhung dieses Anteiles auf ca 5 - 15 % (je nach Szenario) geschätzt (ERDA Studien 1976 - 78, /5.10/).

5.3 Arten der Sonnenenergienutzung

Folgende Arten der Nutzung der Sonnenenergie sind möglich:

1) Erzeugung von Wärme: Warm- und Heißwasserbereitung (besonders Raum- und Schwimmbadheizung). Dies erfolgt meist mit Sonnenkollektoren oder mit Wärmepumpen.
2) Stromerzeugung: Entweder auf thermischer Basis (Turm- oder Farmkonzept) oder durch direkte Umwandlung von Sonnenlicht in elektrischen Strom (Solarzellen).
3) Wasserstoffproduktion: Photolyse.
4) Indirekt: Wind, Wasserkraft, Meerwärme, Biomasse, fossile Brennstoffe.

5.4 Erzeugung von Wärme

Die Bedarfsstruktur der Industrieländer sieht heute so aus, daß 40 % der Primärenergie für Niedertemperaturwärme (bis 100 °C) und etwa 36 % für Prozeßwärme (über 100 °C) verwendet werden. Ein überaus großes Problem bei der Sonnenenergienutzung ergibt sich durch den entgegengesetzten Verlauf von Angebot an Sonnenenergie und Bedarf an Heizenergie, vgl. Fig. 5.3

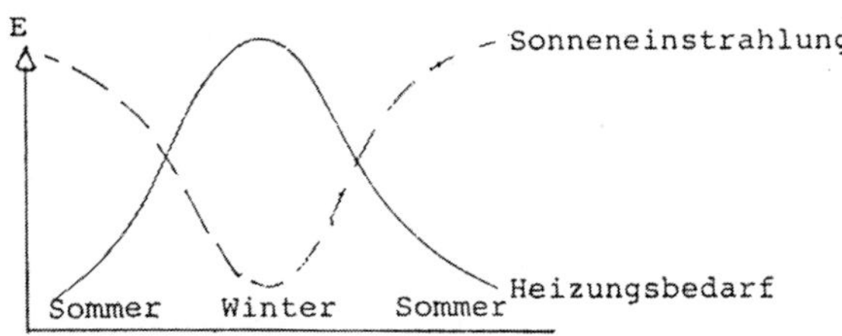

Fig. 5.3
Heizungsbedarf und Energieangebot

Durch Verluste bei der Umsetzung im Kollektor ist das effektive Heizwärmeangebot besonders im Winter noch geringer. Eine erhebliche Senkung des Heizenergiebedarfes ist oft mittels passiver Sonnenenergienutzung durch architektonische und bautechnische Gestaltung zu erzielen: z.B. durch Glaswände, große Wärmespeicherkapazität verschiedener Baumaterialien u.a.m. /5.12/. Die Methoden zur Produktion von Niedertemperaturwärme sind heute relativ gut entwickelt und sind besonders in Verbindung mit der Solarenergienutzung sehr interessant (aktive Sonnenenergienutzung). Je nach Anwendung, Auslegung und Jahreszeit sind dabei Wirkungsgrade von 20 - 60 % erreichbar /5.1/ - /5.7/, /5.11/, /5.15/, /5.17/, /5.18/, /5.30/, /5.35/.

Sonnenkollektoren absorbieren Sonnenstrahlung und wandeln sie in Wärme um, die an ein geeignetes Wärmeträgermedium abgegeben wird. In unseren Breiten verwendet man vorwiegend Flachkollektoren oder -absorber, denn konzentrierende Kollektoren müßten dem Sonnenstand laufend nachgeführt werden, um die Vorteile der Konzentration auszunützen. Als günstigste Neigungswinkel der Kollektorfläche ergeben sich in Mitteleuropa:

Winter ..... 55°
Sommer ..... 25°
Jahresdurchschnitt ..... 43°

Flachkollektoren (vgl. Fig. 5.4) nützen sowohl direkte als auch diffuse Einstrahlung und müssen daher dem Sonnenlauf nicht nachgerichtet werden. Sie sind leicht in die Gebäudearchitektur zu integrieren, z.B. als Dach- und Fassadenelemente. Ihre übliche Arbeitstemperatur liegt zwischen 40 und 80 °C. Heute am Markt erhältliche Kollektoren liefern pro Jahr 350 kWh/m^2 /5.90/. Ihre garantierte Lebensdauer ist 3 Jahre. Die eingestrahlte Energie wird im Kollek-

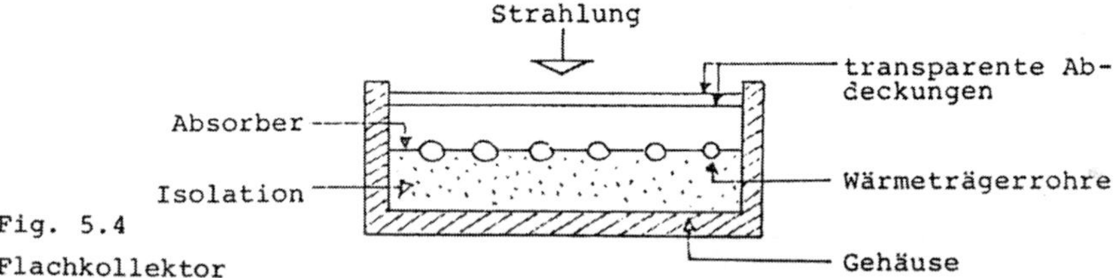

Fig. 5.4
Flachkollektor

tor direkt in Wärme umgewandelt und über einen Wärmeträger (Wasser mit Frostschutzmittel, Öl, Frigen, Luft) in ein Heizungssystem eingespeist. Zu beachten ist bei Verwendung von Frostschutzmitteln eine oftmals höhere erforderliche Pumpleistung (z.B. Glykol besitzt höheres spezifisches Gewicht und größere Viskosität).

Je flacher die Strahlung einfällt, desto höhere Reflexionsverluste treten auf. Diffuse Strahlung erleidet daher im Mittel größere Verluste als direkte. Die meisten derzeit verwendeten Abdeckungsmaterialien (Glas und Kunststoffe) zeigen 10 % Reflexionsverluste bei senkrechtem Einfall. Verbessert man die Wärmeisolation durch 2 Abdeckgläser, so erhöht sich der Reflexionsverlust auf 16 %. Außerdem treten noch Absorptionsverluste in den Folien und Platten aus Glas und Kunststoff auf. Ein doppelt verglaster Kollektor (4 mm Glas) absorbiert 8 % der senkrechten Strahlung in den Deckgläsern.

Zusätzlich ist mit Wärmestrahlungsverlusten zu rechnen. Jeder Körper, der Strahlung absorbiert, emittiert auch selbst wieder! Bei 70 °C Arbeitstemperatur und 15 °C Umgebungstemperatur werden 350 W/m^2 Wärme abgestrahlt. Das ist fast die Hälfte der optimalen Einstrahlung!

Selektive Absorber zeichnen sich durch ein großes Verhältnis von Absorptionsvermögen zu Emissionsvermögen (A/E) aus. Es gelten folgende Werte: Teer: A = 0,86, E = 0,86, A/E = 1; "Nickel Black" (Oxyde und Sulfide von Nickel und Zinn): A = 0,94, E = 0,11, A/E = 8,5; verschiedene Legierungen (siehe /5.7/, p 21) erreichen ein A/E von 10 - 20. Der Absorber soll auch ein guter Wärmeleiter sein, um die aufgenommene Wärme effizient an das Wärmeträgermedium abgeben zu können. Staub und Verschmutzung vermindern die Lichtdurchlässigkeit bis zu 2 % und mehr. Eine stetige Reinigung der Kollektorflächen ist daher notwendig. Ein Kollektor wird in seiner Effizienz nach der "Wirkungsgradkurve" beurteilt, vgl. Fig. 5.5.

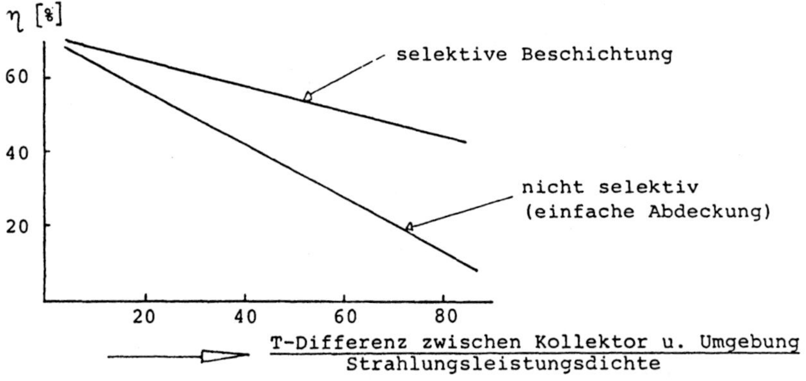

Fig. 5.5 Wirkungsgradkurve für Sonnenkollektoren

Die gängigen Kollektoren weisen in der Praxis Wirkungsgrade zwischen 25 und 45 % bei Arbeitstemperaturen zwischen 30 und 75 °C auf /5.88/. Folgende spezielle Kollektortypen sind heute bekannt:

Wärmerohrkollektor: Organische Substanz mit niedrigem Siedepunkt verdampft im Wärmeträgerrohr. Über einen Wärmeaustauscher wird die zu nutzende Wärme gewonnen.

Vakuumkollektor: Zur Ausschaltung von konvektiven Wärmeverlusten befindet sich zwischen Absorber und transparenter Abdeckung eine Vakuumisolierung.

Konzentrierende Kollektoren (zylinderförmige, sphärische oder parabolische Spiegel) sollten dem Sonnenstand nachgeführt werden und sind für den Niedertemperatur-Wärmebereich höchstens sinnvoll in den Sommermonaten zur Aufladung größerer Saison-Wärmespeicher (z.B. in Schweden: 10.000 m^3 Wasser über ein Jahr lang gespeichert). Das

Anlegen geeigneter Speicher von großen Volumina ist ein noch nicht **bewältigtes Problem** bei der Solarheizung. Es gibt keine guten Latentspeicher! (siehe Abschnitt 16).

Wärmepumpen: Ihr physikalisches Prinzip besteht in folgendem: Unter Aufwendung von Arbeit wird Wärme von einem niederen auf ein höheres Temperaturniveau angehoben (umgekehrte Kühlschrankfunktionsweise). Die dabei tansportierte Wärmemenge (= Nutzwärme) beträgt ein Vielfaches der aufgewendeten Energie zum Antrieb der Wärmepumpe (elektrisch oder mit Diesel oder Gas) /5.21/, /5.13/, /5.16/, /5.39/, /5.80/, /5.85/. Ein sich durch Sonnenenergie erneuerndes Wärmereservoir, aus dem mit einer Wärmepumpe Wärme entnommen werden kann, stellen Wasser, Luft und Erdreich dar.

Die Effizienz einer Wärmepumpe wird durch ihre Leistungsziffer ε (auch: Leistungszahl) beschrieben. Sie gibt das Verhältnis von der Nutzwärme zu der der Wärmepumpe zugeführten Energie an.

$$\varepsilon = \frac{\text{Nutzwärme (transportierte Wärmemenge)}}{\text{zugeführte Energie (Arbeit)}}; \quad \varepsilon < \eta_{th}.$$

Aus der Thermodynamik folgt: $\eta_{th} = T_2/(T_2 - T_1)$, wobei $T_2 > T_1$; (umgekehrter Carnot-Prozeß). Das bedeutet, daß die Leistungsziffer umso größer ist, je geringer die Temperaturdifferenz der beiden Wärmeniveaus ist. Ist z. B. $\varepsilon = 3$, so heißt das, daß bei Zuführen von 1 kWh elektrischer Energie an den Kompressor die Wärmepumpe 3 kWh Wärme an das höhere Temperaturniveau abgibt. Ein weiteres Kriterium ist die volumetrische Heizleistung, die die Wärmeabgabe am Kondensator pro m^3 angesaugtes Arbeitsmedium angibt. Es gibt heute bereits DIN-Normen für Kollektoren und Wärmepumpen /5.78/.

Es gibt verschiedene Arten von Wärmepumpen:

Kompressionswärmepumpe: Sie besteht aus einem elektrisch oder mechanisch getriebenen Kompressor, Kondensator, Drosselventil, Verdampfer und einem Arbeitsmedium mit niedrigem Siedepunkt (z. B. Frigen),

Absorptionswärmepumpe: Ihr Kompressor wird mit thermischer Energie angetrieben. Sie enthält Ammoniak als Kühlmittel und Wasser als Absorptionsmittel; ihre Leistungsziffer ist geringer ($\varepsilon < 2$),

Kaltgaswärmepumpe: umgekehrter Dampfprozeß, sehr geringe Leistungsziffer wegen der schlechten Wärmeübertragungseigenschaften,

Heißflüssigkeits- und Dampfstrahlwärmepumpe: Abgabe von Verdampfungswärme nach der Expansion,

Peltier-Wärmepumpe: Sie beruht auf dem thermoelektrischen Effekt. Es werden Thermoelemente aus Halbleitern verwendet (hohe Herstellungskosten, geringste Leistungsziffern).

Von den verschiedenen Wärmequellen sind bei ausreichender Verfügbarkeit See-, Fluß und Grundwasser die günstigsten Wärmeentzugsmedien, wobei ein Wasserbedarf von einigen m^3/h für eine Heizleistung von 19 kW erforderlich wäre /5.84/. Für einen wirtschaftlichen Betrieb sollte die Temperatur der Wärmequelle 4 °C nicht unterschreiten. Weiters kann Quellwasser als Wärmeentzugsmedium dienen, wobei aber wegen des hohen Gehaltes an CO_2 und Eisenoxiden an einen Korrosionsschutz der Pumpen gedacht werden sollte. Besonders für eine Nutzung mit Wärmepumpen geeignet erscheinen abwärmebelastete Gewässer aus thermischen Kraftwerken, chemischen Anlagen und aus dem Haushalt. Hohe Leistungsziffern können bei der Heizenergieaufbringung durch Kombination von Kollektoren, die Speicherwasser aufheizen, mit einer Wärmepumpe erzielt werden. Auch der Einsatz einer Luftwärmepumpe ist nur bei Temperaturen oberhalb Null Grad Celsius sinnvoll, da sonst die Leistungsziffer zu sehr absinkt und Probleme mit der Vereisung auftreten. Luft besitzt eine geringe spezifische Wärme und Dichte und hat daher eine geringe Wärmekapazität. Es müssen daher große Luftmengen gepumpt werden, was wiederum große Aggregate bedingt. Eine Formel für die für eine bestimmte Nutzwärme Q zu fördernde Luftmenge V_L ist:

$$V_L = 3 \times 10^3 \frac{Q[kW]}{T_E - T_A} [m^3/h].$$

$T_E - T_A$ ist hier die Differenz zwischen Eintritts- und Austrittstemperatur der Arbeitsluft.

Eine günstige Wärmequelle mit großem Speichervermögen und guter Temperaturkonstanz stellt das Erdreich dar. Die daraus mögliche Wärmenutzung ist im Dauerbetrieb 12 W/m^2.

Die derzeit mit Wärmepumpen erreichbaren Temperaturen liegen durchwegs unterhalb 60 °C. Daher verwendet man sie nur für Niedertemperaturheizsysteme wie z.B. Fußbodenheizung mit einer Vorlauftemperatur von 35 - 50 ^{o}C oder für Warmluftheizungen. Radiatoren benötigen vergleichsweise Vorlauftemperaturen von 80 - 90 ^{o}C. Dies gilt allerdings nur für monovalenten Betrieb. Wird der gesamte Wärmebedarf über eine Wärmepumpe aufgebracht, so spricht man von einer monovalenten Wärmepumpen-Heizanlage. Bei niedriger Außentemperatur ist bei dieser Anlage eine höhere Kompressorleistung erforderlich und es besteht die Gefahr der Vereisung. Die bei niederen Temperaturen zusätzliche Kompressorleistung kommt bei derzeitigen Strompreisen teurer als eine Ölheizung. Ein bivalentes Heizsystem besteht aus einer Wärmepumpe plus einer Zusatzheizung (Kohle, Öl, elektrisch). Diese Zusatzheizung übernimmt bei zu niedrigen Außentemperaturen (< 2 ^{o}C) die Wärmeversorgung zur Gänze! Das trivalente Heizsystem ist eine Kombination von einer Wärmepumpe plus einer konventionellen Heizung plus einer Solaranlage. Beispiel: Zweifamilienhaus in Göfis (Vorarlberg), 1.300 m^3 umbauter Raum, 26 Gcal Wärmebedarf pro Jahr: 60 m^2 Kollektorfläche, 47° gegen Süden geneigt, 60 m^3 Wasserspeicher, 2,2 kW elektrische Wärmepumpe, Fußbodenheizung, Kachelofen als Zusatzheizung. Dieses Haus hatte sehr hohe Investitionskosten. 64 % des Energiebedarfes konnten durch Solaranlage + Wärmepumpe abgedeckt werden. Ein Kostenvergleich der Anschaffungs- und Betriebskosten einer elektrisch angetriebenen Wärmepumpe mit 15 kW Heizleistung mit denen einer äquivalenten Ölheizung ergibt folgendes Bild:

	Luft-Wasser	Luft-Luft	Wasser-Wasser	Ölheizung
Investitionskosten (öS)	178.000	213.000	62.000	93.000
Betriebskosten (öS/a)	8.890	10.120	7.525	14.890
Amortisationszeit der Mehrkosten gegenüber der Ölheizung (a)	14,2	25,2	--	--

Von den steirischen Wasserkraftwerken (STEWEAG) wurde 1977 ein Modellhaus für Sonnenheizung entworfen /5.44/. Es ergibt sich bei 150 m^2 Wohnfläche folgender Aufwand:

Heizung mit Kollektoren + Wärmepumpe: 464.000 öS Investitionskosten
Heizung mit Öl: 138.000 öS
Heizung mit Tagstrom: 94.000 öS

Jahresenergiebedarf: 26.680 kWh, davon 35 % für den Wärmepumpenantrieb (65 % durch Sonnenenergie gedeckt) und 500 kWh für die Wasserpumpen. Daraus entstehen jährliche Stromkosten von ca 10.000 öS für den Pumpenantrieb. Unter Berücksichtigung des Zinsverlustes für die Mehraufwendungen gegenüber den Installationskosten bei der Elektroheizung ergeben sich folgende

Jahresbetriebskosten: (einschließlich Abschreibung)	42.194 öS für Solaranlage
	15.567 öS für Ölheizung
	17.342 öS für Elektroheizung.

Wärmepumpen mit Solaranlagen sind also auf Grund der hohen Anschaffungskosten noch keine Alternative zu Strom, Kohle und Öl. Ein weiterer Nachteil ist die geringe Verfügbarkeit von Sonnenenergie für Heizzwecke. Insgesamt sind bisher in Österreich mehr als 50 Solarversuchshäuser verschiedener Größe an verschiedenen Standorten errichtet worden.

Der Einsatz von gas- oder öl-betriebenen Wärmepumpen für Warmwasserbereitung oder für Schwimmbadbeheizung könnte bereits heute wirtschaftlich sein, jedoch sind noch recht erhebliche Investitionskosten anzusetzen. Im Einsatz für Raumheizung ist eine einigermaßen tragbare Wirtschaftlichkeitsgrenze noch nicht erreicht! Derzeit kann jedenfalls als gesichert angenommen werden /1.24/, daß eine ganzjährige Deckung des Wärmebedarfs im privaten Haushalt durch Sonnenkollektoren für Raumheizung und Warmwasserbereitung nicht zu erreichen ist. Bestenfalls läßt sich bei bivalenter Heizung eine gewisse ins Gewicht fallende Einsparung an Primärenergieträgern erwarten wie folgende Energieflußdiagramme für ein Haus zeigen /1.24/ (immer auf Heizwärme 100 GJ bezogen):

Brennstoffheizung: (Kohle, Öl, Gas)	Aufwand	173 GJ
	Heizwärme	100 GJ
	Verluste	73 GJ
	(davon 61 GJ Heizkesselverlust)	
Bivalente Heizung: (Luftwärmepumpe)	Aufwand el. Energie	111 GJ
	Aufwand aus Luft	49 GJ
	Heizwärme	100 GJ
	Verluste	60 GJ
Bivalente Heizung: (Erdgas betriebene Wärmepumpe)	Aufwand Erdgas	70 GJ
	Aufwand aus Luft	39 GJ
	Heizwärme	100 GJ
	Verluste	9 GJ
Sonnenkollektorheizung: (bivalent)	Aufwand Öl	88 GJ
	Aufwand Sonne	40 GJ

	Heizwärme	100 GJ
	Verluste	28 GJ.

Grundlage dieser Aufstellung ist ein Haus mit 20 kW Heizleistung, einem jährlichen Verbrauch von 53 MWh, das sind 9.390 l Öl (ca. 50.000 öS) /5.86/.

Vergleicht man die Endenergieproduktion bei verschiedenen Heizungsarten, so ergibt sich nach /1.73/, /5.85/ folgendes Bild (bei jeweils 100 % Primärenergieeinsatz):

reine Elektroheizung:	Heizwärme	25 %
	Verluste	75 %

(67 % Abwärmeverlust im Kraftwerk, 3 % Leitungsverlust, 5 % Speicherverlust)

Ölheizkessel:	Heizwärme	80 %
	Abwärmeverlust	20 %
elektrische Wärmepumpe:	aus Umwelt	60 %
(Aufwand 100 + 60 = 160 %)	Abwärmeverlust Kraftwerk	67 %
	Heizwärme	90 %
	Leitungsverlust	3 %

Die Heizwärme besteht zu 30 % aus elektrischer Energie, zu 60 % aus der von der Wärmepumpe aus der Umwelt gelieferten Energie.

Erdgas betriebene Wärmepumpe:	Heizwärme	185 %
(90 % aus Umwelt)	Verluste	5 %.

Die solare Schwimmbadheizung ist deshalb günstig, weil Energiebedarf und Angebot zeitlich zusammenfallen. Die geringe Temperaturdifferenz zwischen Beckenwasser und Umgebungsluft erlaubt gute Wirkungsgrade. Da bei dauernd offenem Becken 70 % der Gesamtverluste durch Verdunstung verursacht werden, ist eine Abdeckung (insbesondere über Nacht) zu empfehlen. Weiters sollten wegen der chemischen Aggressivität des Chlorwassers Kunststoffrohrleitungen verwendet werden. Eine sinnvolle Dimensionierung liegt vor, wenn die Kollektorfläche mindest ca 30 - 50 % der Wasseroberfläche ausmacht. Im Jahre 1978 gab es in den USA etwa 100.000 solar beheizte Schwimmbäder.

Für die solare Brauchwasserbereitung benötigt man ein System aus Kollektoren + Wärmeaustauscher + Speicher. Erfahrungen für Ein- und

Zweifamilienhäuser mit 4 - 12 m^2 Kollektorfläche (45° nach Süden geneigt, ca 500 l/h Umlaufmenge, 600 l Speichervolumen, Warmwassertemperatur von 45 °C) zeigten, daß nur etwa 25 % der gesamtjährlichen Sonneneinstrahlung nutzbar sind (ca 250 kWh/m^2a), und daß 55 % Kollektorverluste sowie 20 % Systemverluste vorlagen. Die Amortisationszeit liegt bei ca 25 Jahren unter der Annahme, daß Warmwasserbereitung mit Sonnenenergie ab einem Heizölpreis von 10 öS/l wirtschaftlich wird.

Die solare Raumheizung /5.7/ erweist sich als ungünstig, da Energieangebot und -bedarf um 6 Monate zeitverschoben sind. Es sind daher dazu effiziente Latentspeicher erforderlich. Bei Wasserspeichern kann pro Liter und 1 °C nur eine Energiemenge von 0,00116 kWh gespeichert werden! Um 10 % des jährlichen Heizwärmebedarfs eines Einfamilienhauses (18 MWh/a) zu speichern, benötigt man ohne Verluste 50 m^3 Speichervolumen. Als Latentspeichermedien mit großer thermischer Speicherkapazität eignen sich Salzhydrate. Die Erdspeicherkapazität ist 3,7 MJ/m^3 °C je nach Boden und Wassergehalt, während Grobkies 1,2 - 1,5 MJ/m^3 °C speichert. Im Jahre 1978 gab es in den USA 40.000 Solaranlagen für Raumheizung und Klimaanlagen, in der BRD etwa 5.000 solche Anlagen. In Mitteleuropa wäre ein solares Raumheizungssystem aber mit mehr als 25 Jahren Amortisationszeit verbunden, wobei aber die Kollektorlebensdauer viel kürzer ist!

Über multivalente Solarheizungssysteme wurde eine Untersuchung in der Projektstudie "Österreichisches Sonnenhaus" von der ASSA gemacht /5.17/, /5.18/. Der Bedarf dieses Hauses sind 12 kW Heizleistung und 720 l Warmwasser von 50 °C pro Tag. Eine Kollektoranlage mit einer Fläche von 80 m^2, ein Langzeitspeicher mit 55 m^3 Wasser sowie ein Kurzzeitspeicher mit 5 m^3 Wasser vermögen den jährlichen Wärmebedarf nur zu 40 - 50 % zu decken. Für den Rest wurde eine elektrische Zusatzheizung projektiert. In Österreich erspart man sich im Jahr etwa 50 l Öl pro m^2 Kollektorfläche. Die Kosten für eine Solarheizung sind abhängig vom Anteil der Sonnenheizung an der Gesamtenergieaufbringung (= solarer Deckungsgrad). Will man beispielsweise ein Einfamilienhaus, zu dessen Errichtung 1,8 Millionen öS aufgewendet wurden, zu 50 % solar beheizen, so muß man mindestens 180.000 öS (10 % der Baukosten) für die Solaranlage auslegen. Will man einen höheren Deckungsgrad, so steigen die Anlagekosten sehr stark an bis zu 80 % der Hausbaukosten! Deswegen wird man in Zukunft nicht mehr als höchstens 10 % des Heizungsbedarfes mit Sonnenenergie abdecken. Aber auch dann ist die Solarheizung je nach den Umständen noch 2 - 3 mal so teuer wie die konventionellen Methoden!

Wärme mit Temperaturen über 100 °C läßt sich sinnvoll nur über konzentrierende Systeme unter Verwendung von Spiegeln oder Linsen erzeugen, die die einfallenden Sonnenstrahlen auf einen Absorber fokussieren. Diesbezügliche Nutzungsmöglichkeiten sind Kochen, Meerwasserentsalzung, Erzeugung mechanischer oder elektrischer Energie über thermodynamische Prozesse.

Eine jüngste Neuentwicklung ist das Energiedach. Dieses sammelt mit Hilfe einer Wärmepumpe Sonnenenergie, Luftwärme und Kondensationswärme der Luftfeuchtigkeit. Sein Nachteil ist die Bildung von Tropfwasser an seiner Unterseite, so daß Bauschäden entstehen. Angeblich zeigen Erfahrungen, daß ca. 200 Watt pro Quadratmeter Energiedach gewonnen werden können /5.86/.

Eine ökonomisch vertretbare Verwertung der Sonnenenergie ist derzeit nicht einmal die Warmwasserbereitung. Gegenwärtig werden in Österreich ca 6 % des Primärenergieaufwandes zur Aufbereitung von Warmwasser verbraucht. Würde man 70 % davon durch Sonnenenergienutzung ersetzen - das ist der maximal mögliche Einsatz - so könnte man, verbunden mit sehr hohen Kosten, 4,2 % vom Gesamtprimärenergiebedarf einsparen.

5.5 Solare Stromerzeugung

5.5.1 Stromerzeugung auf thermischer Basis

Dafür gibt es derzeit zwei Konzepte, das Farm- und das Turmkonzept.

1) Farmkonzept: geeignet für kleine Anlagen unter 1 MW Leistung. Das Wärmeträgermedium wird über konzentrierende Kollektoren erwärmt und, eventuell in verdampftem Zustand, über Sammelleitungen dem Wärmekraft-Maschinenprozeß direkt oder über einen Wärmeaustauscher indirekt zugeführt. Als Wärmeträger können auch organische

Substanzen verwendet werden.

2) Turmkonzept: Die einfallende Sonnenenergie wird über eine Vielzahl, dem Sonnenstand nachgeführter Spiegel (Heliostaten) auf einen an einer Turmspitze befindlichen Absorber konzentriert und in ihm das Wärmeträgermedium erwärmt, welches der Turbine zugeführt wird. Um auch Nachtbetrieb zu ermöglichen, wird die erzeugte Wärme zum Teil gespeichert, was sich dann aber durch eine geringere Normalleistung ausdrückt.

Kleinere Sonnenkraftwerke im Bereich von einigen kWe sind bereits in Erprobung und könnten eventuell in Entwicklungsländern eingesetzt werden, die eine höhere Einstrahlungsdichte und eine längere jährliche Sonnenscheindauer haben. Österreich entwickelte ein derartiges 10 kWe-Sonnenkraftwerk für diese Länder: Es hat 300 m^2 Kollektorfläche (Parabolspiegel mit Konzentrationsfaktor 10). Seine Absorberrohre produzieren Heißwasser von 135 °C. Der die Turbine antreibende Sekundärkreislauf enthält Freon. Sein Wirkungsgrad ist ca. 5 % /5.76/ - die Sonneneinstrahlung ist 0,6 kW/m^2.

In Almeria in Spanien entstehen derzeit 2 Sonnenkraftwerke mit je 500 kW Leistung (ein Farm- und ein Turmkonzept). Das Farmsystem arbeitet mit elektronisch gesteuerten Parabolspiegeln. Ein Spezialöl wird in den Absorberröhren auf 295 °C erhitzt und treibt dann die Dampfturbine an, die über den Generator Strom erzeugt. Der Wirkungsgrad der Anlage beträgt 22,4 %, ihre geschätzte Verfügbarkeit 2.000 h/a. Das Turmkonzept besteht aus nachgesteuerten, um zwei Achsen drehbaren Flachspiegeln, die eine 450-fache Konzentration der Sonnenstrahlen auf den zentralen Empfänger ermöglichen, wo Natrium auf 530 °C erhitzt wird. Über Wärmeaustauscher wird Energie entzogen, die eine Dampfturbine antreibt. Der Anlagewirkungsgrad ist 27,2 %, die Verfügbarkeit wird auf 2.500 Betriebsstunden im Jahr geschätzt.

In Barstow in Kalifornien (USA) wird ein 10 MWe Sonnenkraftwerk gebaut, das 1981 fertig werden soll. Sein Landbedarf ist 300.000 m^2. 1.700 Heliostate zu je 38 m^2 ergeben eine Spiegelfläche von 65.000 m^2. Die Turmhöhe beträgt 130 m. Das Arbeitsmedium ist Wasserdampf bei 510 °C und 100 at (10 MPa). Angeschlossen ist ein

6h-Speicher. Die Kosten belaufen sich auf 10.000 $/kWe. In Arizona bei Phoenix wird auf 3 km^2 Fläche ein 60 MW-Werk geplant.

Die Firma Boeing bietet ein 100 MWe-Solarkraftwerk an, das einen Flächenbedarf von 2,6 km^2 aufweist, aus 30.800 Heliostaten zu je 32,4 m^2 besteht, was allein eine Spiegelfläche von 1 km^2 ausmacht! Der Kollektorwirkungsgrad wird mit 70 % angegeben, die Turmhöhe ist 260 m, der Empfänger hat Abmessungen von 40 × 40 m und eine Masse von 1.500 t. Der Empfängerwirkungsgrad sei 83 %. Als Arbeitsmedium wird Helium verwendet. Es sollen Temperaturen bis 816 °C erreicht werden. Die angenommene Verfügbarkeit des Kraftwerkes ist im jährlichen Mittel 63,4 %. Der Gesamtwirkungsgrad der Anlage ergibt sich zu 16,9 %, und die Kosten belaufen sich auf 1.445 $/kWe. Diese Kostenschätzungen sind auf mitteleuropäische Verhältnisse nicht übertragbar. Für Österreich kommen solche solaren Elektrizitätswerke nicht in Frage. Außerdem ist das Speicherproblem nicht gelöst. Die Speicherung der in Österreich im Winter benötigten Energie mittels Pumpspeicher und künstlicher Stauseen würde 90 Kaunertalseen (zu je 265 GWh) erfordern!

Ein Sonnenkraftwerk in den Alpen zu errichten, das die eingestrahlte Sonnenenergie auf hohem Temperaturniveau nutzt, ist wegen des großen Flächenbedarfes und der hohen Kosten äußerst problematisch. Nach dem derzeitigen Stand der Entwicklung sind dafür Investitionen von 150 öS/W erforderlich. Das entspricht dem 10- bis 15-fachen Wert eines konventionellen Großkraftwerkes. (KW-Voitsberg: 10.000 S/kW; Malta-Speicher: 14.000 S/kW; Laufkraftwerk: 10.000 S/kW). In einem Projekt zur Errichtung eines Sonnenkraftwerkes nach dem Turmkonzept mit einer installierten Leistung von 50 MW innerhalb Österreichs sind ein 260 m hoher Turm und 15.000 Spiegel von jeweils 32 m^2 - also eine Spiegelfläche von einem halben Quadratkilometer und ein zugehöriger Landbedarf von etwa 1,8 km^2 - vorgesehen /5.84/.

Die Nachteile der solaren Stromerzeugung sind /5.76/:

Enormer Landbedarf: Beim Turmkonzept erfordert eine aus mehreren Blöcken bestehende 1000 MWe-Anlage 40 km^2 Land, wenn sie im Südwesten der USA errichtet würde, oder 80 km^2 Land in unseren Breitengraden.

Schlechter Wirkungsgrad: unter 20 %, und geringe technische spezifische Arbeitsfähigkeit /2.38/,

Energiespeicher erforderlich: thermische oder mechanische Speicherung bedingt wieder schlechteren Wirkungsgrad,

Klimatologische und biologische Folgen: Durch die Abdeckung von riesigen Landflächen werden auch die bakterizid wirkenden UV-Strahlen abgeschirmt, was Anlaß zur Entwicklung gefährlicher Mikroorganismen geben kann,

Lokale Störung des Wärmegleichgewichtes: Absorption und Verbrauch von Energie (bzw. sehr konzentrierte Freisetzung der Verlustwärme) geschieht an verschiedenen Orten /5.76/,

Reinigung der Spiegelflächen: Sie ist erforderlich, da sonst ein Effizienzverlust eintritt,

Enormer Material- und Energieaufwand: Zur Herstellung der Anlagenteile wird viel Stahl und Aluminium benötigt, die wiederum in sehr energieaufwendigen Prozessen gefertigt werden. Meist wird dazu Energie aus Kohle verwendet, was letztlich in einer vermehrten Umweltverschmutzung resultiert /5.19/, /5.76/,

Kosten: Die Stromkosten bei Solarkraftwerken dürften bei großen Einheiten um 5 - 7,3 öS/kWh, bei kleineren Anlagen über 10 öS/kWh betragen (somit das 25-fache von Atomstrom).

5.5.2 Photoelektrische Nutzung der Sonnenenergie

Eine direkte Umwandlung der Sonneneinstrahlung in elektrische Energie geschieht mittels Solarzellen /5.40/, /5.41/, /5.53/, /5.77/. Unter dem lichtelektrischen (auch photovoltaischen) Effekt versteht man die Absorption von Lichtquanten in Halbleitern, in denen dadurch eine elektrische Spannung hervorgerufen wird; schließt man daran einen äußeren Widerstand an, so fließt Strom. Diese Energieumwandlungsmethode ist zwar recht elegant, jedoch ist sie mit sehr niedrigen Wirkungsgraden verbunden (8 - 15 %). Es sind wiederum riesige Absorberflächen erforderlich. Da der Wirkungsgrad mit steigender Temperatur sinkt, rechnet man in der Praxis im Mittel mit 5 % /5.77/.

Geeignete Halbleiter sind relativ teuer. So sind wegen der teuren Zellenproduktion für Solarzellen Investitionskosten von über 1.000 öS pro Watt Stromleistung zu veranschlagen (bei Serienproduktion geringer). Daher wird diese Methode derzeit nur in der Raumfahrt angewendet. Solarzellen weisen eine geringe Lebensdauer auf, vor allem wegen auftretender Strahlungsschäden und Korrosion. Heute sind etwa 100 Elemente und Legierungen als Baustoffe für Photozellen bekannt, deren theoretischer Wirkungsgrad zwischen 3 und 26 % berechnet wurde /1.73/. Am weitesten verbreitet sind monokristalline Siliziumzellen, deren theoretischer Wirkungsgrad 25 % beträgt, die aber praktisch nur einen Wirkungsgrad von 10 - 15 % (Ergebnis aus der Raumfahrt) erreichen. Sie sind noch lange nicht mit anderen Stromerzeugungsmethoden konkurrenzfähig. Eine andere Halbleiterzelle ist die Cadmium-Sulfid-Zelle mit einem theoretischen Wirkungsgrad von 18 % und einem praktischen von 8 - 16 %. In Entwicklung stehen Dünnschichtzellen (0,1 mm) mit Galliumarsenid, die strahlungsresistenter sind und einen relativ hohen praktischen Wirkungsgrad bis 19 % erreichen. Ihr Preis ist 750 $/kg. Dünnschichtzellen gibt es auch mit Galliumphosphid und Cadmiumtellurid, wobei zu bemerken ist, daß Cadmium nur begrenzt verfügbar und giftig ist (Nierenschäden). Die derzeitigen Stromerzeugungskosten mit Solarzellen belaufen sich auf 130 öS/kWh, die Investitionskosten für Siliziumzellen sind 5.000 DM/kW /5.77/.

In den USA ist für den Bau von Sonnenzellen mit einer Gesamtfläche von 5 Millionen m^2 (Si-Kosten: 18 $/$m^2$) die jährliche Produktion von 2.000 Tonnen Silizium geplant. Insgesamt soll diese Solarzellenfläche 500 MWe erzeugen. Als Vergleich sei die Jahresproduktion von Silizium im Jahr 1974 mit 1.250 Tonnen zu 35 - 60 $/kg erwähnt. Zu diesen reinen Rohmaterialkosten kommen aber noch die Fertigungskosten der Sonnenzellen sowie die elektrischen Einrichtungen. Gehofft wird, daß in Zukunft 1 m^2 Solarzellen etwa 185 kWh Energie pro Jahr liefern werden /5.77/. Nachteilig sind die Verluste durch Schlechtwetter und Nacht, die eine Energiespeicherung notwendig machen, sowie die Verluste durch Staub auf den Solarzellen, die eine dauernde Reinigung erfordern. Wegen der Strahlungsschäden empfiehlt es sich, die Halbleiter in Glas einzukapseln, um so ihre Lebensdauer zu erhöhen.

Als Durchschittlicher praktischer Wirkungsgrad von Solarzellen kann man 5 - 10 % bei 1 kW/m^2 Einstrahlung angeben; d.h. im besten Fall brennt eine 100 W-Glühbirne pro m^2 zusammenhängende Sonnenzellenfläche! Ein 100 MWe-Kraftwerk würde daher 1 km^2 zusammenhängende

Zellenfläche plus Kontakte zwischen den einzelnen Zellen benötigen. Dafür wären im billigsten Fall 30 Tonnen Cadmium notwendig! In der Praxis (1980) liefert 1 m^2 Sonnenzellen 10 - 30 Watt.

Folgende Entwicklungen sind zu erwarten:

a) Aufbringen von photoaktiven dünnen Schichten durch chemische Spray-Verfahren. Solche Sonnenzellen haben einen Wirkungsgrad von 5 %.

b) Einkristalline Solarzellen mit Ionen-Implantationstechnik und Elektronenstrahl-Oberflächen-Wärmebehandlung: Wirkungsgrad 12 %.

c) "Sandwich-Solarzellen" (US-Firma): Wirkungsgrad 30 %.

In den Sandia-Laboratorien in Albuquerque (New Mexico, USA) erprobt man eine Kombination von thermischer und direkter Sonnenenergiegewinnung: Die einfallenden Sonnenstrahlen werden über 135 Fresnel-Kunststofflinsen auf wassergekühlte Siliziumzellen konzentriert. Der thermische Nutzungsgrad ist 50 %, während der elektrische Umwandlungsgrad 14 % beträgt; der Gesamtwirkungsgrad der Anlage, die 1 kW elektrische Leistung und 5 kW an Wärmeleistung erzeugt, liegt bei 64 %.

Derzeit werden Solarzellen nur als Energiequelle für Satelliten verwendet. Um sie auf der Erde einzusetzen, wäre eine Kostensenkung um den Faktor 100 und eine Verlängerung ihrer nutzbaren Lebensdauer notwendig. Trotzdem wären Sonnenzellen wegen der teuren elektrischen Zusatzeinrichtungen aber noch immer unwirtschaftlich. Wegen der Korrosion durch Feuchtigkeit und anderer Umweltfaktoren sollten die Zellen in Glas oder transparenten Kunststoff eingekapselt werden, was aber dann wieder den Wirkungsgrad verringert. Weniger Korrosionseinflüsse sind im Weltraum vorhanden, weshalb auch schon Pläne für Sonnenkraftwerke im Weltraum bestehen. Riesige Flächen könnten so stationiert werden, daß sie dauernd von der Sonne beschienen werden, daß sie also keine Abschattung über Nacht erleiden. Die Energieübertragung auf die Erde würde mittels Mikrowellen erfolgen. Diesbezügliche Auswirkungen auf den Menschen müssen aber erst noch untersucht werden.

Ein etwas utopisches Projekt ist das Synchron-Satelliten-Kraftwerk in 36.000 km Höhe, mit 6×10^9 Sonnenzellen aus Silizium, mit

50.000 Tonnen Gewicht (inklusive des Strukturmaterials Aluminium), mit einer Fläche von 2 mal 25 km^2, das 5.000 MW Leistung erzeugen sollte /5.47/, /5.38/, /5.57/, /5.83/. Der Durchmesser der Sendeantenne im Weltraum wäre 1 km, der der Empfangsantenne auf der Erde mindestens 7 - 10 km. Die Sendefrequenz betrüge 2,45 GHz. Die Verwirklichung eines solchen Projektes käme gigantisch teuer; geeignete Raumtransporter, die das 10-fache der Nutzlast von Space Shuttle transportieren können, müßten erst dazu entwickelt werden. Außerdem ist die Lebensdauer der einzelnen Komponenten fraglich. Der theoretische Wirkungsgrad vom Solargenerator bis zum Ausgang der Empfangsantenne wäre 61 %. Zu bedenken ist der unheimliche Energieaufwand zur Errichtung dieser Anlage und folglich die Frage nach der Energieamortisationszeit!

Ein anderes Projekt ist ein solares Wärmekraftwerk in Erdumlaufbahn. Hierbei konzentrieren 4 Parabolspiegel von je 5,5 km Durchmesser die Sonnenstrahlen auf einen Brennpunkt, in dem das Arbeitsgas erhitzt wird und Turbo-Generatoren antreibt. Dafür wären 100.000 Tonnen Material, das ist das 13-fache des Eiffeltumres, erforderlich.

Nachteilige Umweltauswirkungen sind das Verbrauchen begrenzter Rohstoffe, die sehr energieaufwendig und zum Teil umweltschädlich verarbeitet werden (Aluminium, Stahl), das Abdecken großer Flächen durch die Empfangsantenne (Abschirmung der UV-Strahlung). Für die Mikrowellenübertragung müßten hunderte km^2 Land im Empfangsbereich für Menschen gesperrt werden.

Die ERDA (USA Energy Research and Development Agency) schätzte im Jahr 1978 den zukünftigen Anteil der Sonnenenergie an der Gesamtenergieaufbringung folgend: 1985: 0,8 %; 2000: 7 %; 2020: bis 25 %, wenn extraterrestrische Kraftwerke verwirklicht werden.

5.6 Photochemische Nutzung der Sonnenenergie

Mittels Sonnenenergie gelingt indirekt die Erzeugung von Wasserstoff:

Sonnenenergie ↗ elektr.Energie → Elektrolyse von Wasser ↘ Wasserstoff
Sonnenenergie ↘ therm. Energie → therm. Dissoziation ↗ Wasserstoff
(Wärmezufuhr: 115 kcal/mol)

Man hofft /5.77/ mit 1 m^2 Solarzellen 185 kW/a, d.h. 53 m^3 Wasserstoff pro Jahr erzeugen zu können. Das würde 13 kg Öl einsparen. Wasserstoff ist ein sehr effizienter, gut transportierbarer und umweltfreundlicher Brennstoff (siehe auch Abschnitt 14). Die Wasserstoffherstellung ist eine überaus energieintensive Technik; es sind dazu Temperaturen über 1000 ^oC erforderlich. Es wird daher das Auffinden und die Erzeugung geeigneter photobiologischer und photochemischer Katalysatoren für diesen Prozeß durch die Sonnenenergie angestrebt.

In der Photosynthese werden von Pflanzen mit Hilfe des Chlorophylls aus aufgenommenem Kohlendioxid über verschiedene Prozeßstufen Kohlenwasserstoffe erzeugt. Der dafür benötigte Wasserstoff wird durch Photolyse aus Wasser produziert. Bei der Photolyse geht der folgende Prozeß vor sich: $2H_2O$ + Licht → $2H_2$ + O_2. Damit Wasserstoff und Sauerstoff nach ihrer Trennung nicht sofort wieder miteinander reagieren, werden geeignete Absorber, sogenannte Photosensibilisatoren (z.B. Chlorophyll, Cer- und Eisensalze, Halbleitersubstanzen) beigefüht. Die Fujishima-Honda-Zelle (mit Titandioxid) erzeugt Wasserstoff durch Photolyse mit einem maximalen Wirkungsgrad von 0,2 %; der Wirkungsgrad ist dabei als Verhältnis der Energie des erzeugten Wasserstoffs zur eingestrahlten Sonnenenergie definiert. Die Titandioxid-Elektrode kann nur 10 % der auftreffenden Strahlung nutzen; bei Dotierung mit Strontium kann der Wirkungsgrad auf 4 % erhöht werden. Auch Ruthenium-Verbindungen sind dafür geeignet. Die gegenwärtig bei der direkten Zersetzung von Wasser erreichten Wirkungsgrade liegen bei 0,1 %. Für eine großtechnische Anwendung wären aber mindestens 5 - 10 % notwendig.

Sogenannte selbstgetriebene Zellen enthalten Strontium-Titanoxid als Anode und eine Gallium-Phosphor-Verbindung als Kathode in 1-molarer Natriumlauge. Ihre Leistung beträgt 851×10^{-6} Watt/cm^2; das sind nur 8 Watt pro m^2! Sie erzeugt 98 % der Energie in Form chemischen Potentials und 2 % als elektrischen Strom. Steigert man die Elektrizitätserzeugung auf Kosten des chemischen Potentials, so sinkt der Wirkungsgrad. Halbleiterelektroden weisen eine sehr instabile Oberflächenschicht auf. Als Rekord bei der oben angeführten Leistung von 851×10^{-6} W/cm^2 war Stabilität für längstens 10 h festzustellen.

Auch Algen haben hervorragende photolytische Eigenschaften: Aus Algenkulturen könnten täglich pro 4.000 m^2 Fläche ca 31 kg Wasserstoff und 250 kg Sauerstoff (diese Menge Sauerstoff vermag die Haushaltsabfälle von 2.500 Personen zu verbrennen) durch Sonneneinstrahlung erzeugt werden.

Die Wasserstoffverwertung erfolgt in Brennstoffzellen. Es gibt bereits Batterien mit 2 kW Leistung (BRD), sogar bis 14 kW (USA). Ferner existiert ein Prototyp eines Wasserstoff verbrennenden Testautomobils, das 32 kW Leistung erbringt. Auf der Basis von Hochtemperaturbrennstoffzellen, die feste Elektrolyte enthalten, ist eine Stromerzeugungsanlage von 20 MW Leistung aus Wasserstoff-Sauerstoff -Reaktionen geplant. Weiters kann Wasserstoff auch über die Erzeugung von Methylalkohol, Methan und anderen Kohlenwasserstoffen genutzt werden.

Es sind noch viele Jahre Entwicklungsarbeiten nötig (etwa 20 a), aber im Prinzip ist H_2 ein unerschöpflicher und extrem umweltfreundlicher Energieträger. Bei seiner Verbrennung entsteht Wasser. Er ist zur direkten Elektrizitätserzeugung (Brennstoffzellen) und zur indirekten Nutzung durch Herstellung von Kohlenwasserstoffen geeignet. Seine Transporteigenschaften sind günstig (Pipelines!). Außerdem liegen gute Energiespeichermöglichkeiten in Steinsalzkavernen, aufgelassenen Erdgas- und Öllagerstätten etc. vor. Auch eine Speicherung in flüssiger Form ist möglich.

6 Geothermische Energie (Erdwärme)

Das zu nützende Potential der geothermischen Energie auf der Erde reicht aus, um höchstens einmal 0,5 % Beitrag zur Gesamtenergieaufbringung zu leisten. Im Erdmittelpunkt herrscht eine Temperatur von ca 6.000 °C. Durch Wärmeleitung, Wärme aus radioaktiven Zerfällen und durch heiße magmatische Gebiete wird in der Erdkruste ein Temperaturgradient erzeugt, der an der Erdoberfläche 3 °C pro 100 m ausmacht (die normale geothermische Tiefenstufe wird mit 30 m/°C angegeben). Da die Wärmeleitfähigkeit der Erdkruste sehr gering ist, beträgt die Wärmestromdichte vom Erdinneren an der Erdoberfläche im Mittel nur 63 mW/m^2; das ist 1/20.000 der Sonneneinstrahlung und natürlich viel zu gering für eine direkte Energienutzung. Die geothermische Energiereserve ist 3×10^{24} kWh. Bei einer Wärmeabgabe von 63 kW/km^2 wären für ein 200 MWe-Kraftwerk also 16.000 km^2 Land erforderlich; das ist 1/5 von Österreich. Es ist die Nutzung der Erdwärme daher nur in geothermisch anomalen heißen Zonen (300 - 1.000 °C) in der Erdkruste nahe der Oberfläche (10 - 50 km tief), in vulkanischen Gebieten, Thermalquellen, Geysiren etc. sinnvoll. Die geologischen Voraussetzungen für geothermische Energie ist das Vorhandensein eines Aquifers; das ist eine poröse wasserhältige Schicht, welche Wärme aus tieferen Zonen aufnimmt und durch Konvektion in höhere Schichten bringt (Fig. 6.1). Wasseraustritt wird verhindert durch eine undurchlässige Erdoberflächenschicht (Caprock). Über künstliche oder natürliche Austritte kann die geothermische Energie in Form von Heißwasser oder Dampf gewonnen werden.

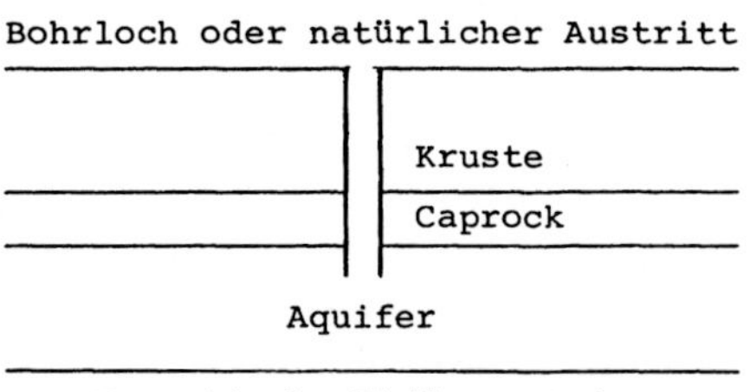

Fig. 6.1 Aquifer

In Mitteleuropa gibt es keine nennenswerten natürlichen geothermischen Zonen, wohl aber entlang bestimmter seismischer Bruchlinien: Westküste von Amerika (Kalifornien, Mittelamerika bis Südamerika), Dampfquellen in Italien, Geysire in Island, USA u.a. Ländern.

Im Jahre 1975 wurde Erdwärme zur Stromerzeugung wie folgt verwendet:

Land	Installierte Leistung	
Italien:	406 MWe	(Lardarello: Trockendampfaustritt schon seit 60 Jahren)
USA:	516 MWe	(Kalifornien: Trockendampf; geschätztes Leistungspotential: 1 - 2 GW)
Neuseeland:	145 MWe	
Japan:	30 MWe	
Mexiko:	75 MWe	
USSR, Island	< 10 MWe	
Welt total:	∿ 1.200 MWe	(siehe auch /2.5/ p 49)

Die aus natürlichen Bruchzonen austretenden Wasserdämpfe bzw. Wasser haben meist eine Temperatur von 50 - 110 °C. Dies reicht nicht aus zur Stromerzeugung, sondern nur für Heizzwecke. Eine Schätzung der weltweiten geothermischen Energienutzung für Heizung und Prozeßwärme gibt den Wert von 5 GWe an /1.22/. Das sind 0,07 % des gesamten geothermischen Energiepotentials auf der Erde. Bis 1990 ist höchstens ein Ausbau auf 0,1 % möglich. Die 500 aktiven Vulkane auf der Erde machen weniger als 1/10.000 des Weltenergiepotentials an Erdwärme aus.

Für die Bundesrepublik Deutschland ergaben Forschungen, daß geothermische Anomalien nur an wenigen Stellen vorhanden sind (Wasser in 1000 m Tiefe mit einer Temperatur von 70 °C). Bei Förderung dieses Warmwassers wäre an der Erdoberfläche eine noch niedrigere Temperatur zu erwarten. Die Nutzung für die elektrische Energieerzeugung wäre unwirtschaftlich; das Warmwasser wäre höchstens für landwirtschaftliche Zwecke geeignet. Versuchsprojekte für Heizzwecke gibt es bei Freiburg und im Saulgau. Weiters hat man in der Eifel in 3 - 5 km Tiefe 300 °C heiße Gesteinsschichten entdeckt.

In Österreich führt das Institut für Geothermie und Hydrologie im Forschungszentrum Graz einige Versuchsprojekte durch. Bei einer Ölaufschlußbohrung bis 1553 m Tiefe in Waltersdorf in der Steiermark entdeckte man zwar kein Öl, dafür aber einige warmwasserführende Zonen (145 m dicker Dolomitaquifer, 62 - 64 °C) mit einer geothermischen Tiefenstufe von 20 m pro 1 °C. Es wurde eine Unterwasserpumpe in 150 m Tiefe mit 7-Zoll Stahlverrohrung bis zum Dolomitaquifer eingebaut. Sie fördert 10 l Wasser pro Sekunde mit einer maximalen Temperatur von 61 °C. Seit 1979 läuft ein Dauerpumpversuch mit 12 l/s. Daraus resultiert ein Energiegewinn von 1 MWth. Eventuelle Nutzungsmöglichkeiten sind in der Verwendung als Vorlaufwasser in Flächenheizungen oder für landwirtschaftliche Zwecke (Glashaus, Heutrocknung, Fischzucht etc.) zu sehen.

Die Kriterien für eine wirtschaftliche Nutzung geothermischer Energie sind:

1) Austrittstemperatur
2) Ergiebigkeit (erforderliche Pumpleistung)
3) chemische Zusammensetzung des Wärmeträgers (Salze verursachen Korrosion, Umweltbelastung).

In Waltersdorf sind pro Liter gefördertes Wasser 1,45 g feste Stoffe (Salze, Mineralien) gelöst und weiters große Mengen von Chloriden, Kohlenwasserstoffen, Schwefel und Kohlensäure.

Es gibt 3 Typen von geothermischen Energieträgern:
Wasserdampf, Heißwasser, heiße Gesteine.

Der aus geothermischen Zonen geförderte Wasserdampf ist zumeist Naßdampf und ungeeignet für den direkten Turbinenantrieb. Durch Druckabsenkung werden z.B. Dampf und Heißwasser abgetrennt und ihr Energieinhalt durch Wärmeaustausch auf einen Sekundärkreis übertragen, was aber den Wirkungsgrad deutlich absenkt. In Kalifornien wird ein geothermisches Großkraftwerk mit Trockendampf von 7 at, 205 °C, mit einer Förderleistung von 90 t/h betrieben (vergleichsweise betragen Arbeitsdruck und -temperatur in einem fossil beheizten Kraftwerk etwa 210 at bzw. 550 °C). Der Wirkungsgrad dieser geothermischen Anlage ist mit 22 % relativ schlecht. 20 % des kondensierten Wasserdampfes wird wegen der in ihm enthaltenen schädlichen Spurenstoffe wieder durch tiefe Bohrlöcher zurückgepumpt.

Bei austretendem heißen Wasser bzw. Dampf (bis 200 °C) wird die Wärme auf eine Sekundärflüssigkeit (z.B. Isobutan) mit niedrigem Siedepunkt übertragen, deren Dampf die Turbinen antreibt. In den USA gibt es viele bekannte Heißwasserquellen, es wird aber noch keine kommerziell genutzt. In Mexiko soll ein 75 MW-Kraftwerk mit Dampf aus Heißwasserquellen in Betrieb gehen. Das austretende Wasser enthält zu 25 % Mineralien (vgl.: Meerwasser enthält 3 % Mineralstoffe). Eine 1000 MWth-Anlage würde 570 Millionen Liter Wasser pro Tag fördern, das mit 12.000 Tonnen von Salzen beladen ist; es würde ferner mehr Schwefel (H_2S) freisetzen als ein fossil beheiztes Kraftwerk mit schwefelhältigem Brennstoff!

Zur Nutzung trockener geothermischer Lager (heiße Gesteine) wird das sogenannte "Hot-Dry-Rock-Verfahren" erprobt. Dabei soll Energie aus trockenen heißen Gesteinen in etwa 5 km Tiefe durch künstliches Einleiten von Wasser gewonnen werden. Um einen innigen Kontakt zwischen Wasser und Gestein herzustellen, wird das Gestein durch hydraulisches und anschließend thermisches Brechen durchlässig gemacht. Beim hydraulischen Brechen wird der Druck in einem Bohrloch bis über die Festigkeit des Gesteins und über den Felsdruck hinaus erhöht. Das thermische Brechen besteht in einem Abschrecken des heißen Gesteins mit Wasser. Das in die künstlich gesprengten Kavernen eingeleitete Kaltwasser nimmt Wärme vom heißen Gestein auf, steigt zur Oberfläche auf bzw. wird dorthin gepumpt und tritt als Warmwasser aus. Mit dieser Technik sind jedoch noch viele ungelöste, möglicherweise unlösbare Probleme verbunden. So entstehen bei der Energieentnahme Hohlräume durch thermische Kontraktion des Gesteins. Für 100 MW thermische Leistung beträgt die Kontraktion etwa 86 m^3 pro Tag. Schwierigkeiten bereitet auch das Auffinden der geeigneten Region für das Niederbringen des Bohrlochs, die Korrosion der Anlagenteile, die Vermeidung von Bodensenkungen und unkontrollierten Ausbrüchen sowie der Wärmenachschub aus den umliegenden Gesteinsschichten während eines über Jahre dauernden Betriebes solcher Anlagen. Auch bei dieser Erdwärmenutzung enthält der Wasserkreislauf feste, flüssige und gasförmige Beimengungen, die beseitigt werden müssen, weil sie einerseits die Anlagenteile angreifen und andererseits sonst als Schadstoffbelastung in die Atmosphäre geraten. Von einer technologischen Nutzung ist man noch weit entfernt. Außerdem ist wegen der hohen Bohrkosten für tiefe Lagerstätten die Wirtschaftlichkeit dieser Technik noch nicht geklärt. Bei gleichen Bohrkosten ist es wirtschaftlicher, das viel energiereichere Erdöl heraufzupumpen.

In Los Alamos (Neumexiko) gibt es eine Hot-dry-rock-Teststelle am Rande einer Magmakammer (2.300 m tief, 300 $^{\circ}C$). Dabei wurde die Erkenntnis gewonnen, daß hydraulisches Brechen auch in Granit möglich ist. In der BRD gibt es ein Projekt in der Schwäbischen Alb: Durch eine 3.300 m tiefe Bohrung soll kaltes Wasser in heißes Gestein gepumpt werden.

Die geothermische Energienutzung ist mit großen Umweltproblemen verbunden:

1) Beseitigung der stark salzhaltigen Abwässer (bis zu 20 % Salzgehalt); Zurückpumpen in die Borhlöcher,
2) Grund- und Oberflächenwasserverschmutzung,
3) Luftverunreinigung durch Abgase von Kondensat, Schwefelwasserstoff, Kohlendioxid, Schwefel, Arsen, Quecksilber etc.,
4) Bodenabsenkungen, unkontrollierte Ausbrüche, Erdbeben u.ä.,
5) Landbedarf (viele unbenutzte Bohrlöcher, weil das einzelne unergiebig ist),
6) Belastung der Umgebung mit Wärme- und Feuchtigkeitsmengen aus Kühltürmen auf Grund des schlechten Wirkungsgrades.

Liegt die Temperatur des geförderten Wasserdampfes wesentlich über 100 °C, so kann er zur Elektrizitätserzeugung herangezogen werden; allerdings ist mit einem schlechten Wirkungsgrad zu rechnen. Ist die Temperatur des geförderten Wärmeträgermediums geringer als 100 °C, ist nur eine Verwendung für Zwecke der Raum-, Schwimmbad- oder Glashausheizung sinnvoll. Es gibt auch eine kombinierte Öl-Geothermalheizung (bivalent). In Frankreich werden damit z.B. 3.000 Schul-, Wohn- und Geschäftsgebäude geheizt. (Dort besteht auch eine Kombination von Wärmepumpen und Erdwärme.) Die Weiterleitung von geothermisch erhitzten Wärmeträgern ist meist nur über eine Strecke bis zu 4 - 5 km ökonomisch. Die Mehrkosten nehmen ab dieser Distanz linear mit der Entfernung zu. Eine Trocknungsanlage für landwirtschaftliche Zwecke mit einer Leistung von 50×10^6 Btu/h direkt bei der geothermischen Energiequelle kostet 1,5 - 3 \$ pro 10^6 Btu. Der Hauptkostenanteil wird durch die Bohrkosten verursacht. Diese sind /2.5/ 600.000 \$ für 2 km Tiefe, 1 Million \$ für 4 km, 2,8 Millionen \$ für 6 km. Für ein geothermisches Kraftwerk sind mehrere Versuchsbohrungen notwendig! Eine Rohrleitung für Trockendampf oder Heißwasser ist im Mittel für 5 MW geothermische Förderleistung geeignet. Um eine Rohrleitung verlegen zu können, sind mindestens zwei Bohrversuche erforderlich. Zur Errichtung eines 1000 MW-Kraftwerkes wären 400 Bohrversuche anzustellen, die einige hundert Millionen

Dollar kosten würden.

Gegenwärtig wird weltweit 0,07 % der Energie aus geothermischen Energiequellen gewonnen, und es wird geschätzt, daß sich dieser Anteil kurz- bis mittelfristig auf etwa 0,1 % erhöhen wird. Es sind noch enorme Entwicklungs- und Investitionskosten notwendig, um auch nur einen kleinen Bruchteil der geothermischen Weltenergiereserven nutzbar zu machen. Unter günstigen geologischen Voraussetzungen (heiße Quellen, Naturdampf) bietet geothermische Energie eine Möglichkeit, Ölimporte für Wärme- und Stromerzeugung zu ersetzen. Allerdings kann eine solche Energienutzung nur an bevorzugten lokalen Standorten verwirklicht werden. Realistisch eingeschätzt, wird sie weltweit jedoch kurz- und mittelfristig keinen wesentlichen Beitrag zur Energiebedarfsdeckung leisten können. Langfristig können einige kleine Energiebeiträge aus der Erdwärmenutzung erwartet werden, insbesondere wenn es gelingt, die wirtschaftliche Marktreife von Geothermalanlagen auf der Basis des Geo-Druckzonen-Typs und des Hot-dry-rock-Verfahrens zu erlangen.

In Österreich kämen für die Nutzung von geothermischer Energie in erster Linie in Frage: das Wiener Becken (und die Thermenlinie), die Molassezone in Ost- und Oberösterreich und in Vorarlberg sowie das Gebiet der Südoststeiermark. Nach heutigem Wissens- und Prospektionsstand wird aber das Temperaturniveau meist um oder unter 100 °C liegen, wodurch die Stromerzeugung aus dieser Geothermalenergie derzeit nicht wirtschaftlich sein kann.

Die geothermische Energie wird in der nahen Zukunft sicher weder die fossilen Brennstoffe noch die Kernspaltung bei der Stromerzeugung verdrängen.

7 Meereswärme

Der zweite Hauptsatz der Thermodynamik (siehe Abschnitt 2) besagt, daß die Umwandlung von Wärme in mechanische oder elektrische Energie nur möglich ist, wenn Wärmereservoire verschiedener Temperatur genutzt werden können. Da die Oberflächentemperaturen der tropischen Ozeane 25 - 27 ^{o}C, die Tiefentemperaturen (500 - 800 m) aber nur 5 - 7 ^{o}C betragen, könnte man auf Grund dieser Temperaturdifferenz aus der Meereswärme Energie gewinnen. Auf Grund der geringen Temperaturdifferenz ist der Wirkungsgrad einer solchen Energiegegewinnung aber außerordentlich niedrig (nämlich etwa 2 - 3 %, /7.1/, /7.5/, /7.7/). Der Strom aus solchen Kraftwerken wäre viel teurer als jener aus Kohlekraftwerken.

Der Energieinhalt des Golfstromes beträgt zwar ca 10^{14} kWh/Jahr, der Verbrauch der USA beträgt 10^{13} kWh/Jahr. Eine Nutzung der Energie des Golfsstromes ist aber mit einer Reihe von Problemen verbunden:

1) Eine Abkühlung des Golfstromes hätte z.B. klimatische Änderungen in Nord und Westeuropa zur Folge /7.2/.
2) Der CO_2-Gehalt der Atmosphäre würde ansteigen, da große Mengen von CO_2-gesättigtem Tiefenwasser an die Meeresoberfläche gelangen würden /7.2/.
3) Man hat noch keinerlei technische Erfahrungen mit dem Betrieb von Meereswärmekraftwerken. (Pumpen für große Wassermengen wären notwendig.)

8 Bioenergie, Biosprit

Um aus Biomasse Energie zu gewinnen, bieten sich im wesentlichen drei Prozesse an:

1) Biokonversion (Faulprozesse)
2) Pyrolyse (Schwelen = trockene Erhitzung)
3) Gärung

Einige Beispiele für Bioenergiegewinnung mögen folgen. 5 Rinder liefern etwa 250 kg Dünger/Tag. Es läßt sich daraus eine Methanmenge gewinnen, welche für die Kochzwecke eines 4-Personenhaushaltes ausreicht /8.5/, /8.2/. Methan bzw. Biogas hat einen Heizwert von etwa 21.000 kJ/m^3. In Österreich mit einer theoretisch möglichen Biogasproduktion von 2 G m^3 wären 40 PJ erzeugbar /8.40/. In Indien werden auf diese Weise angeblich 35.000 Haushalte versorgt /8.13/. Solches Faulgas enthält ca 60 % Methan. Eine Bioenergieerzeugung wäre auch durch Verbrennung von Algen in sogenannten "Energiefarmen" denkbar. Dabei beträgt die erzeugte Nutzenergie bis zu 1,3 % der eingestrahlten Sonnenenergie /8.18/. Die Occidental Pyrolytic Plant in El Cajon bei San Diego, Kalifornien, verarbeitet 200 Tonnen Müll pro Tag. Das gewonnene Öl ist 25 % teurer als Erdöl. Ein Bioenergiekonverter in Horitschon (Burgenland) wird mit Traubentrester (Preßrückstände) betrieben /8.14/. Durch die bakterielle Zersetzung erreicht man Temperaturen zwischen 50 und 80 °C. Der Heizwert von 1 kg Trester beträgt 20.000 kJ (vergleichbar mit Braunkohle); in Österreich fallen pro Jahr 80.000 Tonnen feuchter Trester an. Diese Energiequelle eignet sich wegen der geringen Arbeitstemperaturen aber nicht zur Stromerzeugung. Darüber hinaus ist auf Grund der Transportkosten nur an einen lokalen Einsatz solcher Biokonverter zu denken. (Heizung von Gemüsebeeten; der Rest kann als Dünger verwendet werden). Das geschätzte Biogasenergiepotential beträgt in Österreich ca 12.000 TJ (allein aus Dünger)/8.14/.

Holz war jahrtausendelang die wichtigste Energiequelle des Menschen /8.26/. Sie hat den Vorteil, daß sie erstens regenerierbar ist (indirekte Sonnenenergie) und zweitens die CO_2-Bilanz unserer Atmosphäre nicht wesentlich stört. (Das bei der Photosynthese von der Pflanze aufgenommene CO_2 wird durch die Verbrennung wieder frei). Diesen beiden Vorteilen stehen aber einige gewichtige Nachteile gegenüber:

1) Das Nachwachsen des "Rohstoffes" Holz benötigt 20 - 50 Jahre,
2) Großer Landbedarf der Wälder (ein 400 MWth-Kraftwerk benötigt 350 Quadratmeilen Energiewald),
3) Viel Wasser und Millionen Tonnen Pottasche sind als Dünger notwendig /8.24/.
4) Um die 6.000 l Heizöl, die ein Einfamilienhaus im Jahr zur Heizung benötigt, zu ersetzen, wären 17.000 kg Holz nötig, was in der BRD derzeit noch teurer als Öl wäre.

Die Verwendung von Stroh zum Betrieb von kalorischen Kraftwerken setzt zunächst einmal ein ökonomisch vertretbares Sammel- und

Transportsystem für Stroh voraus /8.25/. Elektrische Energie aus Stroh würde 1,20 öS/kWh kosten /9.38/.

Aus Haushaltsmüll läßt sich durch Pyrolyse eine Art schweres Heizöl ("Bunker-C-Öl") mit einem Heizwert von 7.000 - 10.000 kcal/kg herstellen /8.16/. Schweres Heizöl läßt sich durch Kraken in leichtere Kohlenwasserstoffe überführen. Energieerzeugung durch Direktverbrennung in Fernheizwerken wird auch in Österreich praktiziert. Die Müllverbrennungsanlage in Hempstead, New York, verarbeitet 1.200 t Müll/Tag und erzeugt 68.000 kg Dampf/Tag. In Nashville, Tennessee, werden durch eigenen Müll 32 Gebäude geheizt /8.36/. Das Müllverbrennungskraftwerk St.Louis, Montana, hat pro Tonne 5 $ Aufbereitungskosten (Eisen entfernen). Resultat: 4.000 Btu/Pfund Müll (Kohle hat 13.000 Btu/Pfund).

Eine Beimischung von 5 - 25 % aus Pflanzen (Zuckerrohr) gewonnenem Methanol und Äthanol zu Benzin wird in Brasilien praktiziert. 1978 konnten dadurch 10 % an Benzinimporten eingespart werden (1979: $3{,}5 \times 10^9$ l). Die Erzeugung des Bioalkohols erfolgt z.B. durch Vergärung stark zucker- und stärkehältiger Pflanzen (Zuckerrübe, Getreide, Kartoffeln, Mais, Unkraut etc.) und anschließender Destillation /8.11/, /8.14/, /8.19/. Der Umwandlungswirkungsgrad von der eingestrahlten Sonnenenergie über die verschiedenen Prozesse bis zum Brennwert des Biosprits beträgt 0,5 % /2.2/, /8.18/. Der Zusatz von Alkohol zum Benzin erhöht dessen Klopffestigkeit; damit läßt sich der sonst nötige Bleizusatz senken. Ab 8 - 15 % Alkoholbeimischung kann auf Bleizusatz verzichtet werden. Weiters entsteht bei der Verbrennung des Alkohol-Benzin-Gemisches weniger CO. Das Gemisch ist allerdings teurer als Benzin und hat einen kleineren Heizwert. Andererseits bringt die Erzeugung von Biosprit keinen echten Energiegewinn. Forschungen in USA zeigten folgendes /8.17/: Zur Erzeugung einer Tonne Getreide sind $2{,}1 \times 10^6$ Btu nötig (Düngemittel, Treibstoff für landwirtschaftliche Geräte, Pflanzenschutz). Weitere $5{,}1 \times 10^6$ Btu müssen für die Destillation des Alkohols aufgewendet werden /8.17/. Da die Verbrennung der dabei gewonnenen Alkoholmenge nur $4{,}1 \times 10^6$ Btu liefert, resultiert also ein Nettoenergieverlust von $3{,}1 \times 10^6$ Btu pro Tonne Getreide /8.15/. Eine Verbesserung der Situation ist durch kombinierte Prozesse wie Abwärmenutzung möglich. Die Zahlen differieren auf Grund unterschiedlicher

Anbaumethoden von Land zu Land. Mit Hilfe von photosynthetischen Purpurbakterien wäre etwa 30 % mehr Alkohol aus Zucker zu gewinnen als bei der normalen Gärung /12.6.12.20/. In Österreich braucht man zur Erzeugung von 1 l Alkohol 23 MJ /8.11/ und österreichisches Benzin würde um 50 g/l teurer. Es werden auch die Gummidichtungen des Motors angegriffen; Alkohol, der Wasser anzieht, würde im Winter den Vergaser einfrieren lassen. Bei der Verbrennung des Alkohols entsteht etwas giftiges Azetaldehyd. Es soll auch möglich sein, durch "Benzinbäume" (Euphorbia Lathyrus) Treibstoff zu gewinnen: Für 10 Faß Öl (Jahresbedarf eines PKW) wären 4000 m^2 nötig. (Auf dieser Fläche könnten 1,5 Tonnen Getreide geerntet werden.)

Die Verwendung von Stroh und anderen biogenen Abfällen für die Erzeugung elektrischer Energie ist ebenfalls diskutiert worden /8.38/. Da in Österreich an Stroh ca 90 PJ, an Gras und Grünfutter 250 PJ und insgesamt etwa 750 PJ an Biomasse anfallen, könnte rein rechnerisch der gesamte Primärenergieverbrauch der kalorischen Kraftwerke (∿90 PJ) gedeckt werden. Eine echte Energiebilanz in dem Sinne, daß mehr Energie aus Biomasse gewonnen werden kann, als für die Erzeugung der Biomasse aufgewendet werden muß, ist allerdings zweifelhaft. Zwar wird angegeben /8.38/, daß nur 0,35 GJ nötig seien, um eine Tonne Holz oder Stroh (14 GJ) zu erzeugen, aber bei der Erzeugung von Bioalkohol als Treibstoffzusatz sieht es anders aus /8.39/. Während brasilianisches Zuckerrohr 34 Erdöleinheiten Energie pro Hektar liefert, würden Zuckerrüben nur 2,1 Erdöleinheiten liefern, während die Treibstoffalkoholerzeugung insgesamt auch zwei Einheiten verbraucht. Ist aber ein eventuell möglicher Energiegewinn von 0,1 Erdöleinheiten pro Hektar vertretbar, wenn Getreide ein Mehrfaches liefert und 1980 auf der Erde 500 Millionen hungerten und in Indien jährlich 6 Millionen den Hungertod sterben?

9 Windenergie

Etwa 0,2 - 2 % der auf die Erde treffenden Sonnenenergie wird in "Windenergie" umgewandelt: ca 10^{15} - 10^{16} kWh/a. Allerdings ist die Energiedichte dieser Energieform sehr gering (ca 40 Watt/m^2 Windradfläche). Nachteilig sind auch die zeitlichen Schwankungen (an der Nordseeküste maximale Betriebsdauer von 3.500 h pro Jahr /9.2/).

Bei Orkanen besteht die Gefahr des Umfallens der Windkraftanlage. Außerdem liegt durch das Rotorengeräusch eine Lärmbelästigung vor. Im Umkreis von 3 km einer Windturbine wird im UKW-Bereich auch der Fernsehempfang gestört. Für eine großtechnische Nutzung der Windenergie wären 50 - 300 m hohe Türme nötig /2.2/, /2.1/. Bodenwind ist unbeständig und ineffektiv. Für einen Einsatz der Windenergie eignen sich am besten Küstengebiete. In 70 m Höhe herrscht an der Ostseeküste eine Windgeschwindigkeit von 28 km/h.

An Windkraftanlagen (gebaut und projektiert) wurden bekannt: GROWIAN (Große-Wind-Anlage): 1,5 - 3 MW, 100 m hoch /9.12/, projektiert in Schleswig-Holstein, Kosten ca 3 Millionen DM /1.73/. NOAH (auf der Insel Sylt: 70 kW /9.24/, in Ungarn ist ein 200 kW-Werk geplant. In Gedser steht eine 200 kW-Anlage, eine 2 MW-Anlage steht in Boone, USA /9.39/. In Österreich stehen Versuchskraftwerke in Illmitz am Neusiedler See und in Seibersdorf (Leistung 10 kW), /9.19/. Das in Österreich nutzbare Windpotential wird mit 1 TWh/a, das sind 2,5 % des Stromverbrauches, angegeben. Elektrische Energie aus Wind würde 1,5 öS/kWh kosten.

Eine Energieerzeugung aus Windkraftwerken in der Größenordnung herkömmlicher Kraftwerke würde für Österreich folgendermaßen aussehen /9.14/, /9.38/: 270 Windtürme (Höhe 150 m) könnten bei starkem Wind etwa 400 MW liefern (Installationskosten 15 Milliarden öS).

Eine großtechnische Nutzung der Windenergie könnte das Wetter beeinflussen /9.15/, /9.28/. Aber auch eine dezentrale Versorgung von Einfamilienhäusern scheitert, ganz abgesehen von Gesichtspunkten des Landschaftschutzes, an mangelnder Wirtschaftlichkeit. Eine österreichische Studie /9.19/ ergab für die Energieversorgung eines Einfamilienhauses aus einem Windkraftwerk folgende Daten: Masthöhe: 20 - 80 Meter, Rotordurchmesser: 10 - 30 Meter, Platzbedarf: 500 m^2. Die Investitionskosten für eine 10 kW Windturbine (70 Meter Turm) betragen etwa 80.000 DM (angeboten von Messerschmitt-Bölkow-Blohm). Zusammengefaßt muß man folgende Nachteile der Windenergie anführen:

1) Geringe Energiedichte,
2) Diskontinuierlicher Betrieb,
   Beispiel USA: 965 Windkraftwerke (von je 2 - 4 MW Leistung) auf 60 Standorte verteilt, ergäben pro Jahr nur 500 MW Leistung über

75 % der Zeit,

3) Schlechter Umsetzungsgrad von Wind- in elektrische Energie: $\eta_{max} = 6$ % /9.17/, /9.18/.
4) Gefahr von Orkanen (Zerstörung der Anlage): In USA war 1941 ein 1 MW-Werk in Betrieb, es arbeitete 4 Jahre, dann erfolgte ein Bruch des 8 Tonnen schweren Rotorblattes, so daß das Werk jetzt still steht.
5) Lärmbelästigung,
6) Störung des Fernsehempfanges in 2 - 5 km Entfernung,
7) Höhere Investitionskosten als bei konventionellen Kraftwerken.

10 Gezeitenkraftwerke, Wellenkraftwerke

Ein Gezeitenkraftwerk ist ein Wasserkraftwerk, welches die Fallhöhe ausnützt, die sich durch Wasserspiegelschwankungen des Meeres zwischen dem Meer und einem von ihm abgetrennten Becken als Folge von Ebbe und Flut ergibt. Die Nutzung des unterschiedlichen Wasserstandes von Ebbe und Flut stellt die einzige Möglichkeit dar, Gravitationsenergie periodisch zu nutzen. (Leistung auf der ganzen Erde: ca 10^6 MW /10.1/ oder 30×10^{12} kWh/a /1.17/). Das bekannteste Beispiel ist das Flutkraftwerk an der Rance-Mündung (Frankreich) mit einer Leistung von 240 MW (elektrisch) und einer Energieerzeugung von 860×10^6 kWh pro Jahr. Der Gezeitenhub beträgt dort 4 - 8 Meter (maximal 10 Meter).

Die Vorteile der Gezeitenkraftwerke sind:

1) Sich regenerierende Energiequelle,
2) Einzige Möglichkeit, Gravitationsenergie zu verwerten.

Dem stehen folgende Nachteile gegenüber:

1) Nur an 24 Stellen der Erde realisierbar /10.9/,
2) Störung des Fischlebens (Laichplätze),
3) Änderung des Sauerstoffgehaltes im Wasser /10.1/,
4) In den Gezeiten stecken nur 2 % der vorhandenen Wasserkraftreserven der Welt /10.6/ und nur 1 % des Weltenergiebedarfes /10.10/, /10.11/,
5) Sehr hohe Investitionskosten /10.12/ (teurer als Öl und Kernkraft pro installierter Leistungseinheit).

Eine Nutzung der Energie von Meereswellen läßt sich nicht in größerem Umfang durchführen, auch bei kleineren Generatoren gibt es nur unzureichende Erfahrung /10.1/, /10.13/.

11 Schwerkraftmaschinen, Perpetuum Mobile, exotische Ideen

Wie erwähnt, stellen Gezeitenkraftwerke die einzige Möglichkeit dar, aus potentieller Energie periodisch Energie zu gewinnen. Trotzdem werden immer wieder Schwerkraftmaschinen verschiedenster Art, die nichts anderes als ein Perpetuum Mobile sind, vorgeschlagen. Unter einem Perpetuum Mobile versteht man eine Maschine, welche periodisch arbeitet und Energie aus einem Prozeß gewinnt, der den Erhaltungssatz der Energie verletzt, d.h. Energie aus dem Nichts erzeugt. Ein solcher Prozeß wurde noch nie beobachtet. Außerdem läßt sich die Gültigkeit des Energiesatzes aus sehr allgemeinen Überlegungen theoretisch ableiten. Trotzdem gab und gibt es immer wieder zahllose Versuche, eine solche Maschine zu bauen.

Einige Beispiele aus letzter Zeit sind das Kanister-Perpetuum Mobile, das Tauchturmkraftwerk, der Fliehkraftmotor, der Ballon mit H_2-Verbrennung und Wasserzersetzung usw. Es gibt aber auch Maschinen, welche "versteckte" Energiequellen besitzen und deshalb mit einem Perpetuum Mobile verwechselt werden. Ein Beispiel dafür wäre das sogenannte Filzfaden-Wasser-Perpetuum Mobile, bei welchem die erforderliche Verdunstungswärme der Umgebung entzogen wird, oder das sich durch die Zimmerwärme bewegende "Mobile" der Kinder. Schließlich gibt es auch exotische Ideen wie den parametrischen Stromgenerator /11.1/ oder das Projekt von Prof. Riedler, Graz: Windräder an Fesselballons in 2000 Meter Höhe zur Ausnutzung der Höhenwinde.

12 Energie aus Kernspaltung

12.1 Physikalische Grundtatsachen

Die mechanische Teilung der Materie führt uns zu Molekülen. Die Moleküle können mit chemischen Methoden in Atome zerteilt werden: $2\ H_2O \rightarrow 2\ H_2 + O_2$. Das Wasserstoff- (bzw. Sauerstoff-) Molekül kann weiters chemisch in 2 Wasserstoff- (bzw. Sauerstoff-) Atome zerlegt werden: $H_2 \rightarrow H\text{-}H$, $O_2 \rightarrow O\text{-}O$. Eine Zerlegung des Atoms (siehe Fig. 12.1) ist nur mit physikalischen Methoden möglich:

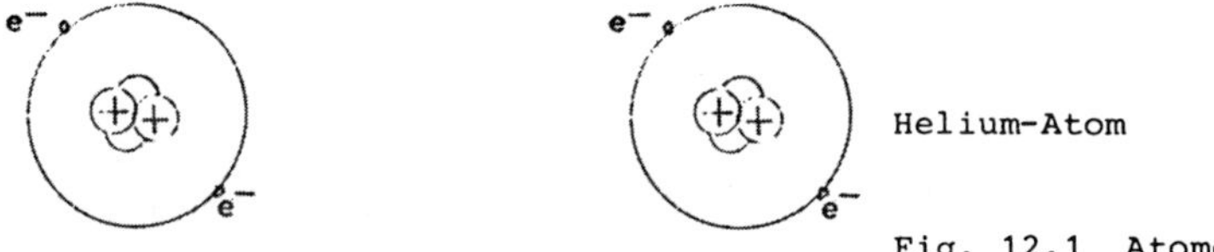

Fig. 12.1 Atome

Die positiv geladenen Teilchen im Atomkern heißen Protonen. Die Protonen im Atomkern stoßen sich nicht ab, weil im Kern noch ungeladene Teilchen, die Neutronen, vorhanden sind, die gleichsam die Funktion eines Bindemittels haben. (Ausnahme: Der Wasserstoffkern besteht nur aus einem Proton, er besitzt im normalen Zustand kein Neutron). Protonen und Neutronen faßt man unter dem Namen Nukleonen zusammen. Die Summe der Protonen- und Neutronenanzahl ergibt das Atomgewicht eines Stoffes, während die Ladungszahl nur durch die Anzahl der im Kern enthaltenen Protonen bestimmt wird. Da die Anzahl der Elektronen in der Atomhülle mit der Anzahl der Protonen im Kern übereinstimmt, ist jedes Atom nach außen hin neutral. Die Zahl der Elektronen in der Hülle ist maßgebend für die chemischen Eigenschaften des betreffenden Atoms.

Isotope sind chemisch gleich reagierende Atome, die aber verschieden viele Neutronen im Kern besitzen (vgl. Fig. 12.2). Beispiel: Uran 238 hat 238 Teilchen im Kern, besitzt aber gemäß seinen chemischen Eigenschaften nur 92 Protonen, muß also daher 146 Neutronen im Kern haben. Es wird in der Physik als $^{238}_{92}U$ bezeichnet. Ein Isotop zu diesem Uran 238 ist das Uran 235, das 143 Neutronen zu den 92 Protonen im Kern hat (s. Fig. 12.3). Ein Atomkern mit relativem Neutronenüberschuß kann bei Anregung in zwei neue Atomkerne gespal-

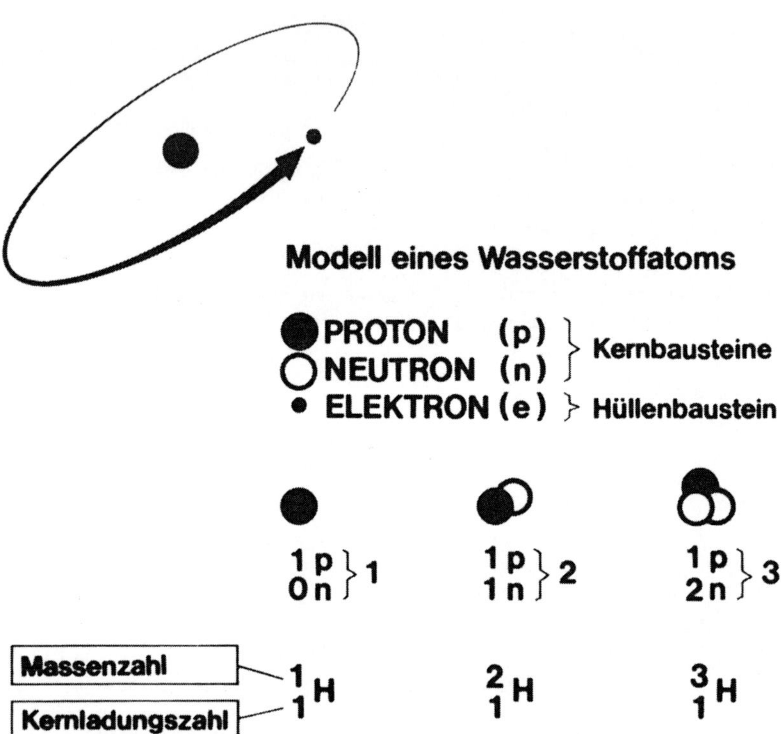

Fig. 12.2 Isotope des Wasserstoffs
(Bildgestaltung: Martin Volkmer, Hamburg)

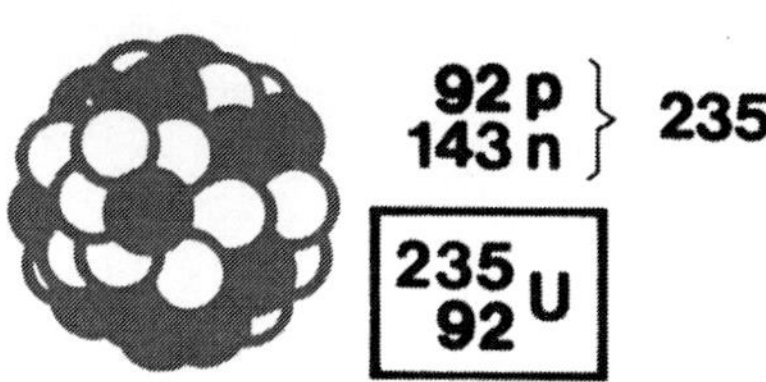

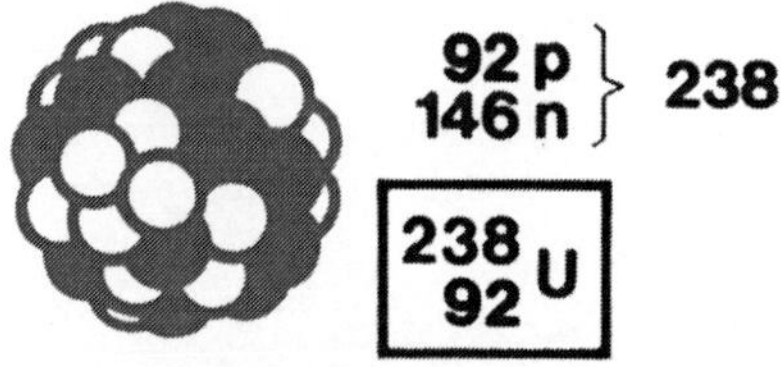

99,3 % U-238

0,7% U-235

Natürliche Isotope des Urans

Zusammensetzung des natürlichen Urans

Fig. 12.3 Isotope des Urans
(Bildgestaltung: Martin Volkmer, Hamburg)

ten werden, deren Massen sich ungefähr wie 2:3 verhalten, wobei 2 - 3 Neutronen frei werden, siehe Fig. 12.4.

Die bei der Kernspaltung frei werdende Energie von ca 200 MeV pro thermisch gespaltenem Uran 235-Atom ist 10^6 mal so groß wie die bei der Verbrennung gewinnbare chemische Energie ($1\,MeV = 4{,}450 \times 10^{-20}\,kWh$). Die bei Spaltung frei werdende Energie teilt sich auf in die kinetische Energie der Spaltprodukte und in die Energie schneller Neutronen (siehe Fig. 12.5). Uran (U), Plutonium (Pu) und einige andere schwere Atomkerne sind durch Neutronenbeschuß spaltbar. Dabei entstehen: kinetische Energie in Form von Wärme, 2 - 3 schnelle Neutronen, radioaktive Spaltprodukte und radioaktive Strahlung, im wesentlichen γ-Strahlung (Röntgen-Strahlen).

Die Gewinnung von Kernenergie ist prinzipiell möglich durch:

a) Verschmelzung von leichten Atomkernen bei extrem hohen Temperaturen = Kernfusion (siehe Abschnitt 13), und
b) Spaltung von sehr schweren Atomkernen (z.B. Uran) durch Beschuß mit Neutronen.

Nun einige wichtige Grundbegriffe:

Kettenreaktion: Die Spaltreaktion hat den großen Vorteil, gerade diejenigen Teilchen (Neutronen) in vermehrter Anzahl zu erzeugen, die die Reaktion wieder auslösen, wobei wieder Neutronen entstehen, die neue Spaltungen hervorrufen usw...., vgl. Fig. 12.6.

Kritisches Volumen: Jenes Volumen, das die Reaktormasse mindestens einnehmen muß, damit wenigstens so viele Neutronen in der Masse erzeugt werden, wie durch ihre Oberfläche entweichen und wieviel zur Aufrechterhaltung der Kettenreaktion notwendig sind.

Kritische Masse: Jene Mindestmasse, die der Kernbrennstoff haben muß, damit mehr Neutronen erzeugt werden, als durch nicht zur Spaltung führende Absorption und durch Entweichen verloren gehen.

Für eine Kettenreaktion mit schnellen Neutronen, wie sie bei der Kernspaltung entstehen, müßte man hochkonzentrierte Brennstoffe (> 90 % ${}^{235}_{92}U$) verwenden wie z.B. zur Herstellung von Waffenuran

Spaltung eines Kerns Uran - 235

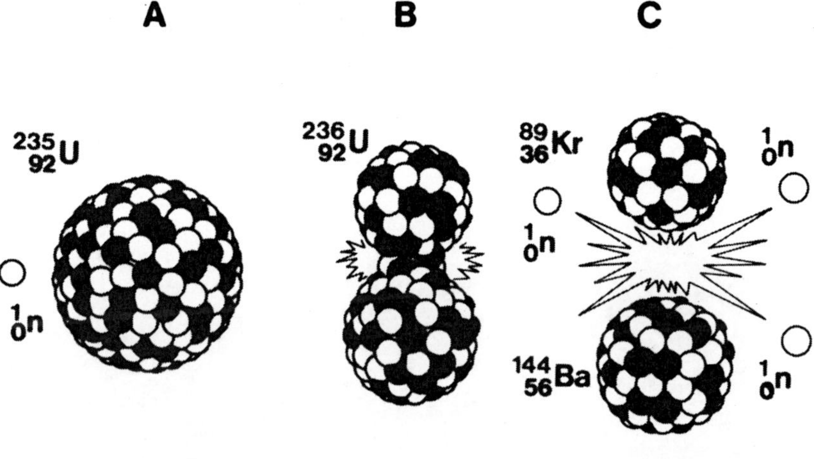

$$^{235}_{92}U + ^{1}_{0}n \rightarrow ^{236}_{92}U \rightarrow ^{89}_{36}Kr + ^{144}_{56}Ba + 3\,^{1}_{0}n + 200\ \text{MeV}$$

Fig. 12.4 Die Kernspaltung
(Bildgestaltung: Martin Volkmer, Hamburg)

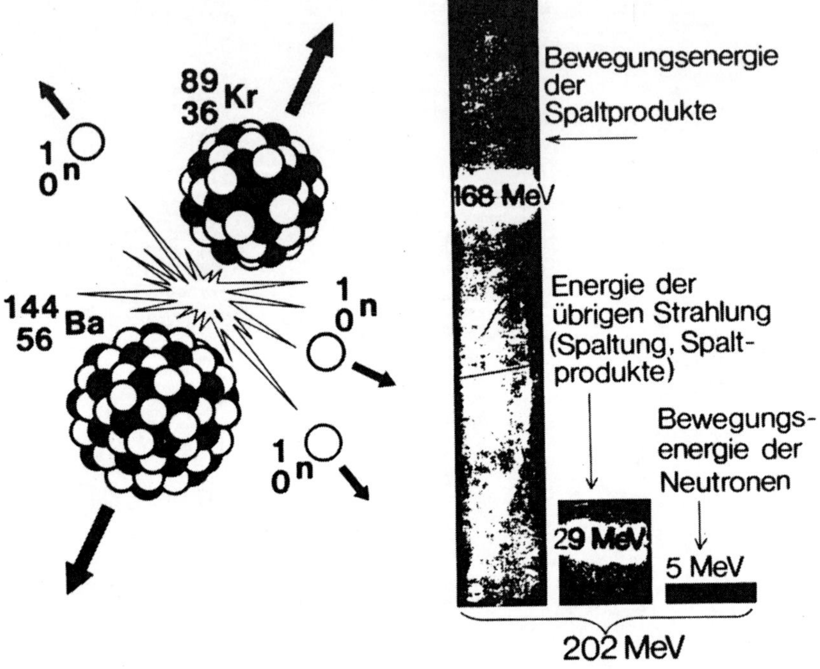

Fig. 12.5 Energieanteile bei der Kernspaltung
(Bildgestaltung Martin Volkmer, Hamburg)

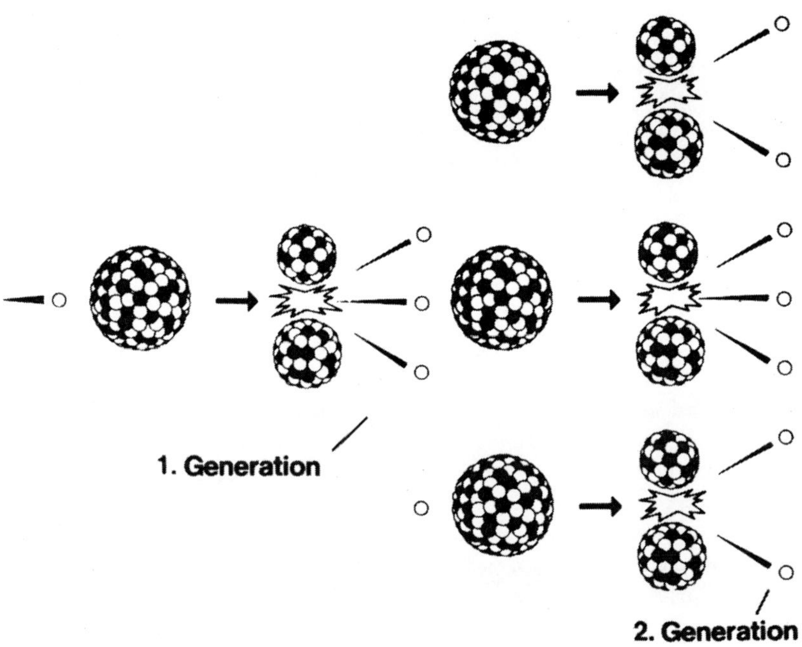

Fig. 12.6 Die Kettenreaktion
(Bildgestaltung: Martin Volkmer, Hamburg)

(Atombombe: über 90 % reines $^{235}_{92}$Uran oder $^{239}_{94}$Pu). Das natürliche Uran enthält das Isotop ^{235}Uran, welches durch "thermische Neutronen" viel besser als durch schnelle Neutronen spaltbar ist, nur zu 0,7 %. Daher müssen die Spaltneutronen abgebremst, d.h. moderiert werden. Man kommt so zum Konzept des thermischen Reaktors.

Thermischer Reaktor: Zur Spaltung von Atomkernen werden langsame Neutronen, die sich im thermischen Gleichgewicht befinden, verwendet. Da beim Spaltprozeß 2 - 3 schnelle Neutronen frei werden, die man gleich wieder zum Auslösen einer neuen Kernspaltung verwenden möchte, werden die schnellen Neutronen durch ein Bremsmittel (Moderator) zu langsamen Neutronen abgebremst, die nun zu neuen Spaltungen verwendet werden. Als Bremsmittel sind leichtes und schweres Wasser sowie Graphit geeignet. Günstig ist es, wenn das Bremsmittel zugleich auch Kühlmittel ist, was fast bei allen modernen thermischen Kernkraftwerken der Fall ist. Als Kühlmittel eignen sich Wasser (größte spezifische Wärme), Gase (große Pumpleistungen erforderlich) und flüssige Metalle (gute Wärmeleiter, hohe Kühlmitteltemperatur möglich). Die Steuerung dieser Kette von Spaltprozessen erfolgt durch neutronenabsorbierende Kontrollstäbe. Als thermischer Spaltstoff wird $^{235}_{92}$Uran verwendet, welches zu 0,7 % im natürlichen Uran (enthält 99,3 % $^{238}_{92}$U) vorkommt. Eine Kettenreaktion im natürlichen Uran ist nur in speziellen Reaktortypen (schweres Wasser als Moderator, z.B. CANDU-Reaktor) möglich. Die meisten heute arbeitenden Reaktoren sind Leichtwasserreaktoren mit normalem Wasser als Moderator, wobei für eine Kettenreaktion der Brennstoff auf 2 - 3 % mit thermisch-spaltbaren Kernen ($^{235}_{92}$U oder auch $^{239}_{94}$Pu) angereichert werden muß. (Hierfür sind etwa 800 kWh Energie pro Kilo nötig.)

Schneller Kernreaktor: Bei diesem werden zur Kernspaltung sogenannte epithermische Neutronen verwendet. Man braucht daher kein Bremsmittel, wohl aber wieder zur Steuerung und zur Verhinderung einer explosionsartigen, schnellen Kettenreaktion neutronen-absorbierende Kontrollstäbe. Brennstoff ist hier meist $^{239}_{94}$Pu, welches durch Brutreaktionen im selben Reaktor ebenfalls erzeugt werden kann. Auch ist das Isotop $^{238}_{92}$U durch schnelle Neutronen spaltbar, siehe später.

Die Obergrenze des Reaktorvolumens ist gegeben durch die Steuerbarkeit und durch die gewünschte Energieproduktion (theoretische Leistungsgrenze bei 15.000 MW).

Aus $^{238}_{92}U$ kann durch Neutroneneinfang über Zwischenstufen das sowohl durch thermische als auch durch schnelle Neutronen gut spaltbare Isotop $^{239}_{94}Pu$ entstehen. Im Reaktor werden dabei noch Plutoniumisotope höherer Massenzahl ($^{240}_{94}Pu$, $^{241}_{94}Pu$ etc.) erzeugt, die zum Teil durch parasitäre Neutronenabsorption die Kettenreaktion verschlechtern, sie wirken "neutronenvergiftend"; zum Teil sind sie spontan spaltend. Das Pu für eine Atombombe müßte 93 % $^{239}_{94}Pu$ enthalten. Wenn man das Pu nicht wöchentlich aus dem Reaktor entnimmt, kann dieser Wert nicht erreicht werden: Ein normaler Leistungsreaktor enthält zu etwa 30 % das neutronenvergiftende $^{240}_{94}Pu$, daher gilt der Satz: R e a k t o r p l u t o n i u m i s t u n g e e i g n e t f ü r d i e H e r s t e l l u n g e i n e r A t o m b o m b e ! Terroristen könnten also mit Reaktorbrennstoffstäben nichts anfangen, es sei denn, sie hätten Zugang zu einer technisch überaus aufwendigen Isotopentrennungsanlage!

Im schnellen Brüter wird Uran in Plutonium umgewandelt:
$^{238}_{92}U + n \rightarrow {}^{239}_{94}Pu$; $^{238}_{92}U$ ist der Brutstoff, $^{239}_{94}Pu$ ist der Brennstoff. Wird weniger Pu erbrütet als verbraucht, so spricht man von Konverterreaktoren; ist die Brütrate (Verhältnis von erbrüteter zu verbrauchter Brennstoffmenge) größer als 1, so ist der Reaktor ein "Brüter" (vgl. Fig. 12.7). Es gibt auch Brutreaktoren mit U 235. So hat der schnelle Brüter "Enrico Fermi" eine 25 %-ige Anreicherung von $^{235}_{92}U$, /12.37/ p 97. Brüter arbeiten meist im intermediären bzw. epithermischen Neutronenenergiespektrum.

Die bei der Kernspaltung entstehenden Spaltprodukte geben ihre kinetische Energie durch Stöße an die umgebenden Atome ab, was zu einer Erhitzung der Brennstäbe führt. Die so entstehende Wärme wird durch ein Kühlmittel abgeführt. Die weiteren Prozeßstufen verlaufen wie bei einem konventionellen Kraftwerk:
Dampferzeugung → Turbine → Generator → elektrischer Strom. Die Kettenreaktion wird mit neutronenabsorbierenden Kontrollstäben (Regelstäbe) gesteuert (Bor-Cadmiumstäbe) (siehe Fig.12.8 - 12.9).

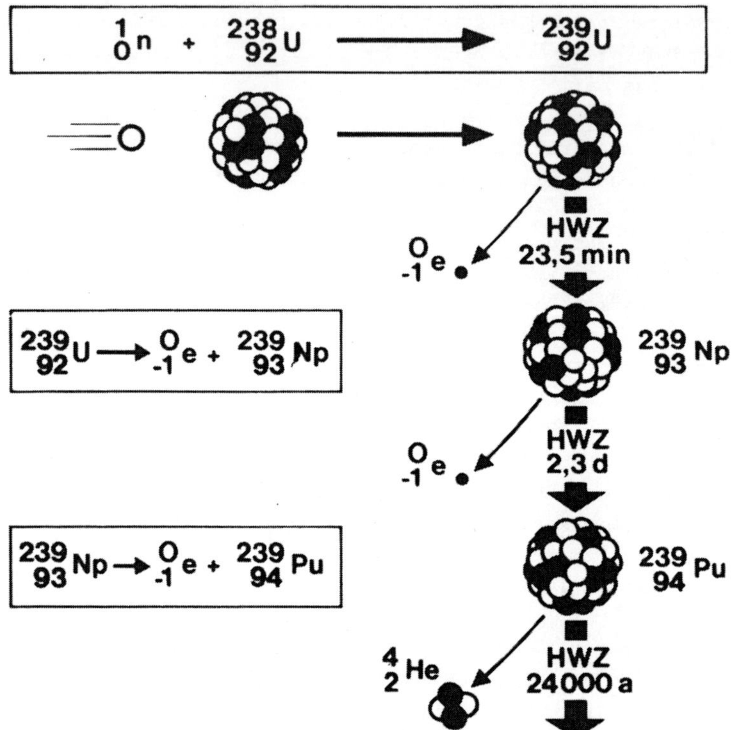

Fig. 12.7 Die Gewinnung von Plutonium
(Bildgestaltung: Martin Volkmer, Hamburg)

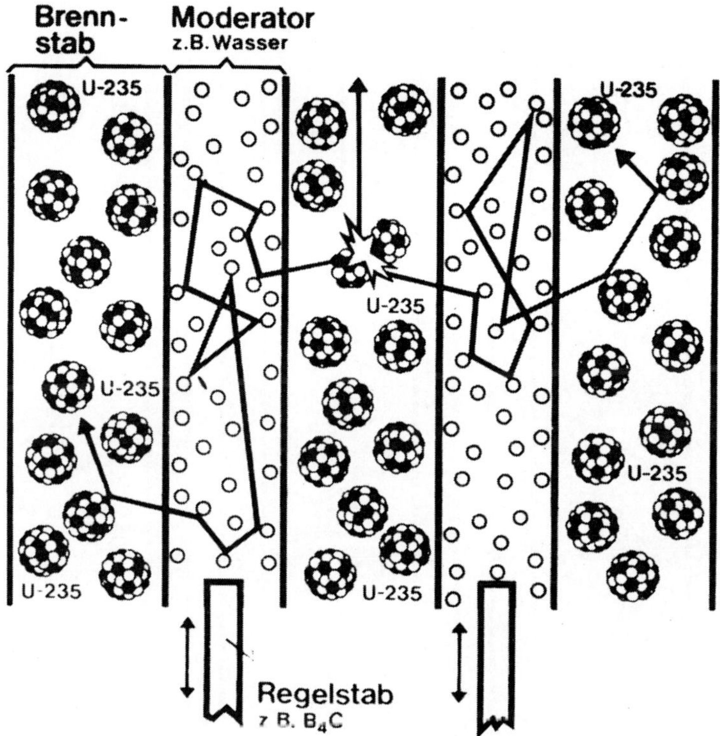

Fig. 12.8 Die Kettenreaktion bei ausgefahrenen Kontrollstäben
(Bildgestaltung: Martin Volkmer, Hamburg)

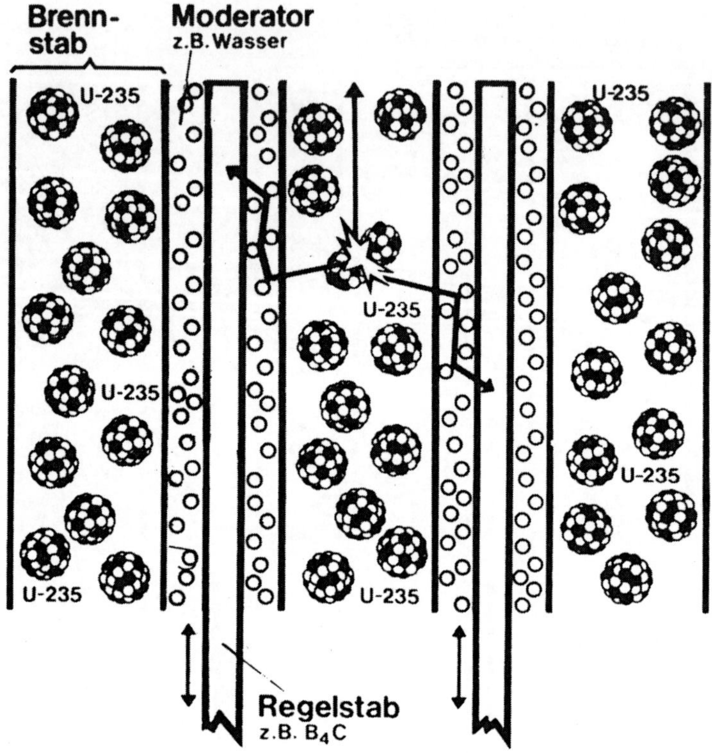

Fig. 12.9 Die Abschaltung der Kettenreaktion
(Bildgestaltung: Martin Volkmer, Hamburg)

Heute sind im wesentlichen zwei Typen von Leichtwasserreaktoren im Gebrauch:

Siedewasserreaktor: BWR (Boiling Water Reactor)
Das verdampfte Wasser wird direkt auf die Turbine geleitet, die dadurch etwas radioaktiv wird (siehe Fig. 12.10 - 12.12).

Druckwasserreaktor: PWR (Pressurized Water Reactor)
Das unter hohem Druck stehende Wasser gibt seine Energie an einen Sekundärkreislauf über einen Wärmeaustauscher ab, in welchem Dampf für den Antrieb der Turbine erzeugt wird. Der Sekundärkreislauf und somit auch die Turbine sind im Normalbetrieb nicht radioaktiv (siehe Fig. 12.13).

Als Brennstoff verwendet man:

1) Natururan: nur mit Graphit oder in Schwerwasserreaktoren verwendbar (Kanada, Indien).
2) Angereichertes Uran (von 0,7 auf 2 - 3 % $^{235}_{92}U$ angereichert). Verwendung in Leichtwasserreaktoren (BWR oder PWR). Folgende physikalische Methoden eignen sich für die Isotopentrennung: a) Gasdiffusion (UF_6), b) Trenndüsenverfahren, c) Gaszentrifuge, d) Laser-Gastrennung (gezielte Anregung eines Hyperfeinstrukturniveaus des $^{235}_{92}U$ und elektrostatische Absaugung nach Ionisation).
3) Plutonium 239: Dieses Isotop kommt in der Natur nur in Spuren vor. Seine Gewinnung erfolgt durch chemische Wiederaufbereitung abgebrannten Kernbrennstoffes bzw. des Brütstoffes.

Nach neuesten Angaben betragen die sicheren Uranvorräte der Welt bei Annahme von Gewinnungskosten bis zu 130 US $ pro Kilogramm Uran (= 50 $ pro Pfund U_3O_8) rund 3 Millionen Tonnen. Weitere 3 - 6 Millionen Tonnen werden geschätzt.

Am günstigsten erweist sich eine Verarbeitung des Brennstoffes in Form von Tabletten (UO_2 Pellets), die in Schutzrohren aus einer Zirkonium-Aluminium-Verbindung (Zirkalloy Hülle, 1,5 cm Durchmesser) zu Stäben zusammengefaßt werden, siehe Fig. 12.14. Mehrere solche Stäbe (z.B. 60) werden in ein Raster gestellt und ergeben ein Brennstoffelement.

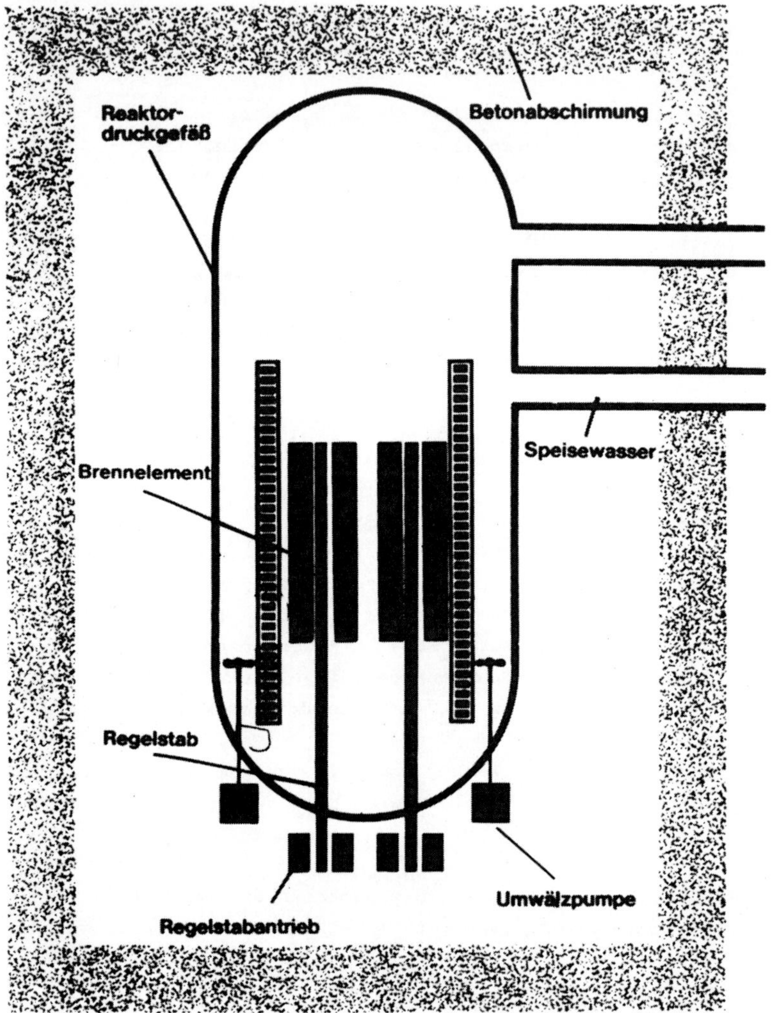

Fig. 12.10 Prinzip des Siedewasserreaktors
(Bildgestaltung: Martin Volkmer, Hamburg)

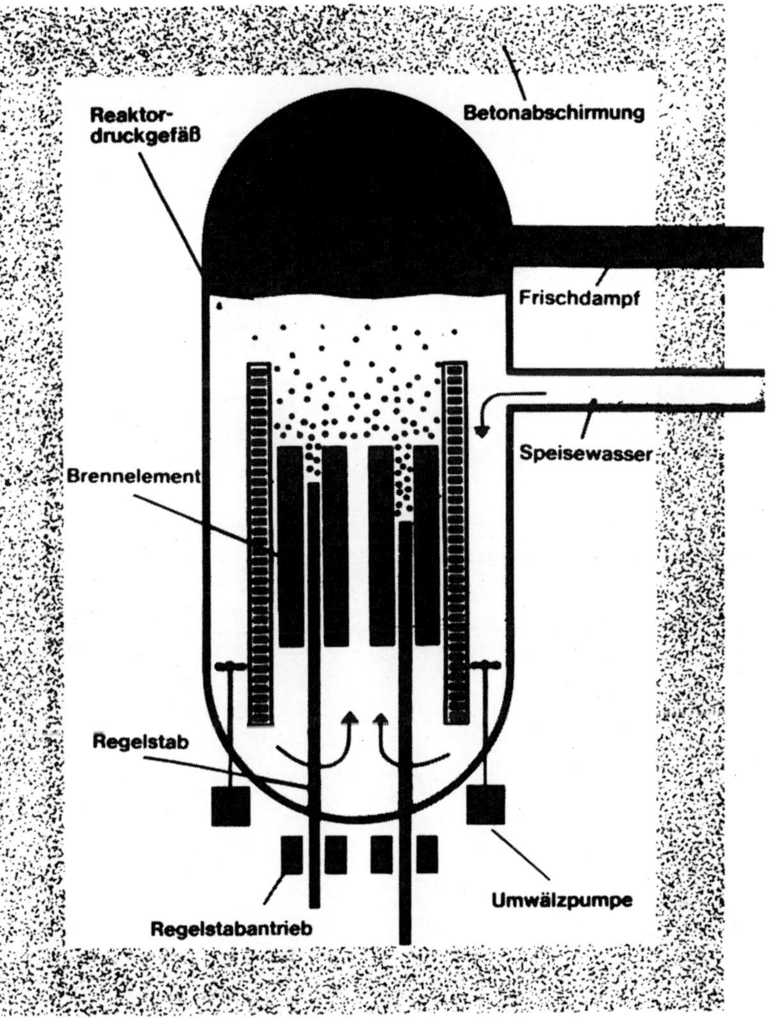

Fig. 12.11 Siedewasserreaktor in Betrieb
(Bildgestaltung: Martin Volkmer, Hamburg)

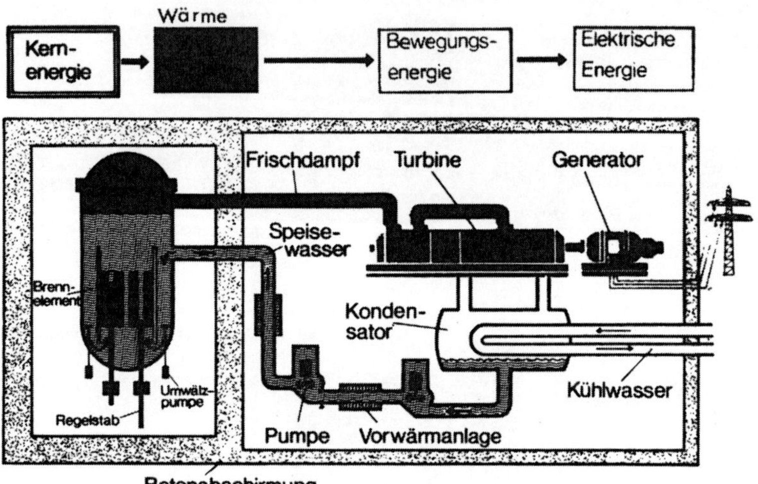

Fig. 12.12 Die Energieumwandlung im Kernkraftwerk (Bildgestaltung: Martin Volkmer, Hamburg)

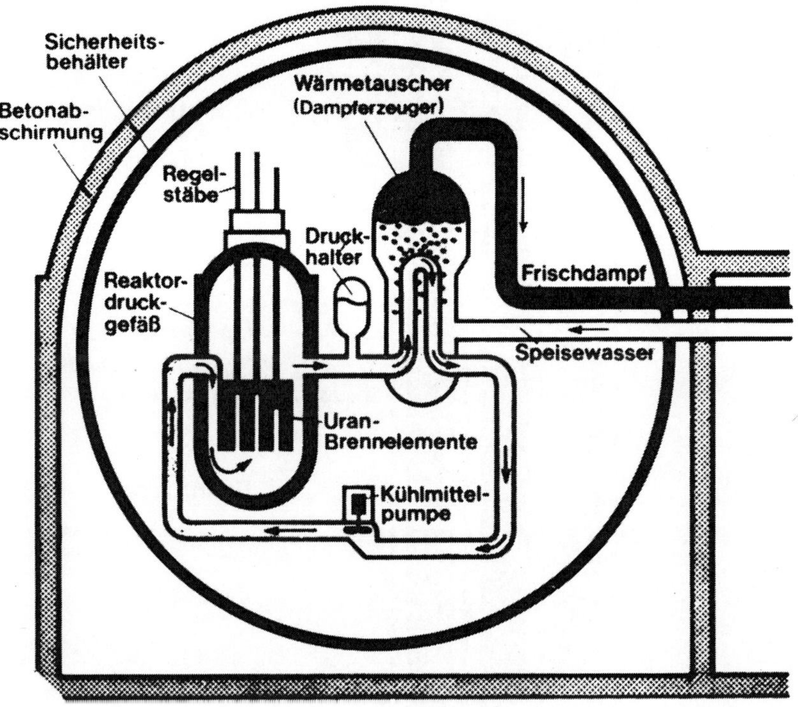

Fig. 12.13 Der Druckwasserreaktor
(Bildgestaltung: Martin Volkmer, Hamburg)

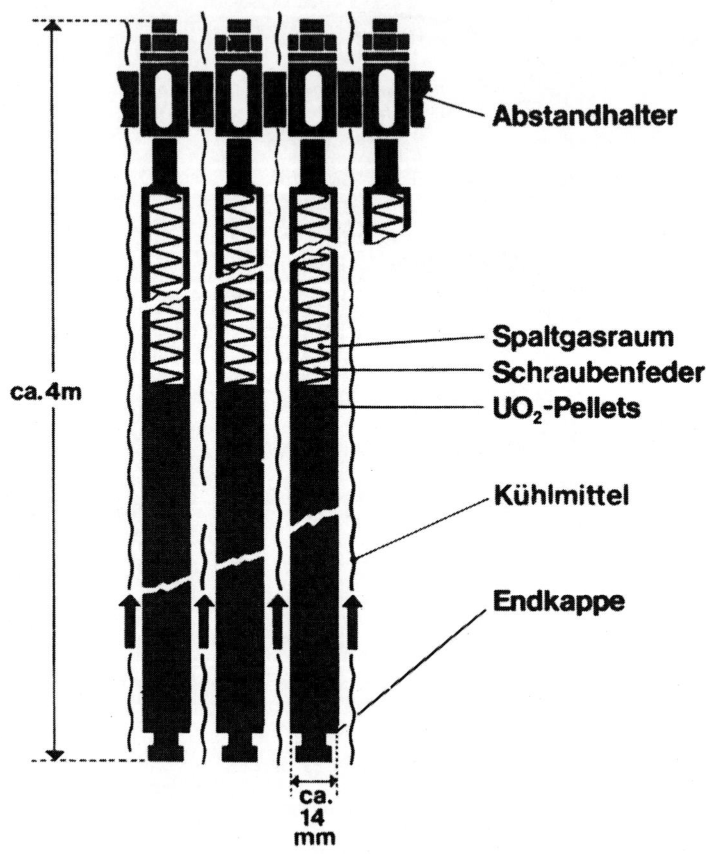

Fig. 12.14 Aufbau der Brennstäbe
(Bildgestaltung: Martin Volkmer, Hamburg)

Um die Umgebung eines Kernkraftwerkes (KKW) vor radioaktiver Belastung zu schützen, besteht eine Reihe von Sicherheitsbarrieren, welche verhindern sollen, daß Radionuklide in den biologischen Kreislauf gelangen. Im einzelnen sind diese Barrieren (siehe Fig. 12.15)

1) Brennstoff-Kristallgitter, eventuelles Graphitcoating der Pellets,
2) Brennstoff-Hülle (Zircalloy),
3) Moderator, Kühlmedium,
4) Reaktordruckgefäß,
5) Sicherheitsbehälter mit Dichthaut,
6) Rückhalteeinrichtungen für flüssige und gasförmige radioaktive Stoffe
7) biologischer Strahlenschutzschild
8) Reaktorgebäude.

Zusätzlich herrscht im Ringspalt des Sicherheitsbehälters ein gewisser Unterdruck (ca 6,00 mm Hg), um bei einem Störfall ein Ausströmen radioaktiver Substanzen nach außen zu verhindern (siehe Fig. 12.16). Wie schon im Abschnitt 4 erwähnt, liegen die Wirkungsgrade bei fossil befeuerten Kraftwerken je nach Prozeßtemperatur zwischen 40 und 45 %. Bei KKW mit Wasser als Kühlmittel ist der erreichbare Wirkungsgrad etwas geringer (30 %), da die Betriebstemperatur im Reaktor auf niedrigere Werte begrenzt ist, da mit Sattdampf gefahren wird. Dampfüberhitzung lohnt sich nicht. Bei fast allen heute bestehenden Kraftwerken werden die freiwerdenden Abwärmemengen nicht genutzt /2.5/ p 100, /12.161/. Sie werden entweder durch einen Fluß aufgenommen oder über Kühltürme an die Atmosphäre abgegeben. Die zulässigen Toleranzwerte für die thermische Umweltbelastung werden durch sogenannte "Wärmelastpläne" /12.1.26/ festgelegt; allerdings sind die Normen von Land zu Land etwas verschieden. Die US Federal Water Pollution Central Administration schreibt vor, daß die Temperaturerhöhung eines Flusses durch Kraftwerke 2,8 °C nicht überschreiten darf. Für Österreich gilt folgendes: Wird Kraftwerkskühlabwasser (beim GKT in Zwentendorf wären es ca 30 m^3/s gewesen), dessen Temperatur um 12 °C über der Flußtemperatur liegt, in die Donau geleitet, so würde sich bei vollständiger Durchmischung die Donau im Mittel um 0,3 °C erwärmen /12.1.31/ p 24 und /12.1.26/ Bd. 4. Das entspricht etwa den natürlichen Temperaturschwankungen. (Die Wasserführung der Donau beträgt bei Niedrigwasser 400 - 800 m^3/s, im Mittel aber 1.500 m^3/s). Schädliche öko-

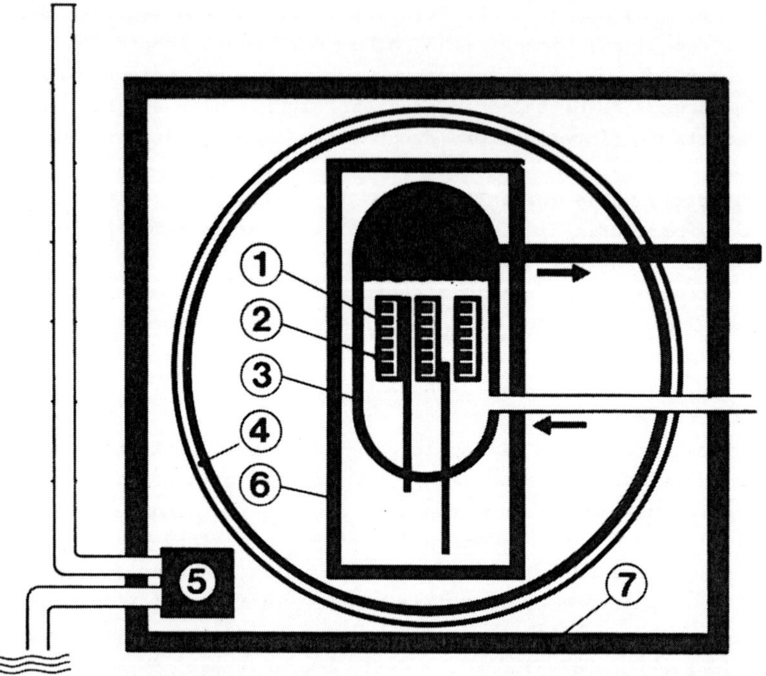

Fig. 12.15 Sicherheitsbarrieren gegen radioaktive Stoffe (Bildgestaltung: Martin Volkmer, Hamburg)

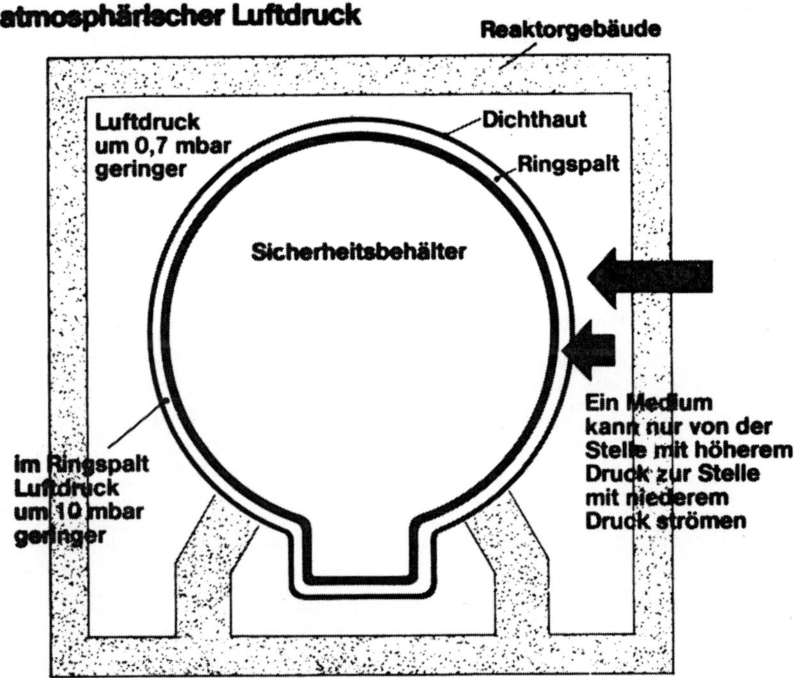

Fig. 12.16 Unterdruck im Ringspalt
(Bildgestaltung: Martin Volkmer, Hamburg)

logische Auswirkungen sind eher durch Chemikalien (Salze, organische Stoffe etc.) in Industrieabwässern als durch Wärmeabgaben von Kraftwerken festzustellen. Eine massive Wärmeabgabe in die Atmosphäre (Kühltürme) kann allerdings zu lokalen meteorologischen Veränderungen führen. Eine Abwärmenutzung kann durch Wärme-Kraft-Kopplung /12.1.45/ (siehe Abschnitt 4) erfolgen. Es sind Gesamtanlagenwirkungsgrade bis zu 80 % erreichbar /12.1.26/ Bd. 4. Für das früher geplante KKW in Stein, St. Pantaleon, war eine Einspeisung von Wärme in das Linzer Fernwärmenetz vorgesehen /12.1.31/. Beim Hochtemperaturreaktor kann auch die Bereitstellung von nuklearer Prozeßwärme z.B. für die Kohlevergasung oder die Stahlgewinnung erwartet werden. Weitere Verwendungsmöglichkeiten für Abwärmen sind:
Nukleare Heizwärme: siehe /12.1.26/, /12.1.45/.
Fischzucht (bei 10 ^{o}C Temperaturerhöhung verdreifachen Aale ihr Gewicht; Hummer werden größer und vermehren sich stärker /12.1.45/; das Projekt Agrotherm /12.1.41/, /12.1.45.4/, /12.1.45.5/. Eine landwirtschaftliche Nutzung der Kraftwerksabwärme zur Züchtung von Tropenfrüchten wurde in nördlichen Zonen (BRD) mit Erfolg versucht /12.1.26/. So könnten die 1.500 MW Abwärme von Zwentendorf für ein Agrotherm-Projekt in der Größenordnung von 4.000 ha Anbaufläche ausreichen. (Bisher wurde jedoch noch keine wirtschaftlich interessante Lösung gefunden.) In Minnesota wurde 30 ^{o}C warmes Wasser 1976 zur Züchtung von 50.000 Rosen, 25.000 Tomaten und 5.000 Paprika verwendet. Die großen Abwärmemengen sind auch zur Bereitstellung von Prozeßwärme für die Industrie (Chemie) interessant /12.1.31/. Über Benzinherstellung aus Kohle mit Wärme aus KKW findet man Näheres in /12.2.12/, /4.53/.

Die Bruchstücke aus der Kernspaltung, sogenannte "radioaktive Verbrennungsasche", absorbieren Neutronen und vermindern somit die Reaktorleistung ("Brennstoffvergiftung"). Mit zunehmendem Abbrand läßt die KKW-Leistung nach. Man muß daher den Brennstoff öfter umsetzen und auswechseln (1 Jahr bis 3 Jahre). Vom enthaltenen $^{235}_{92}U$ können ca 50 - 60 % verbrennen, dann ist der Reaktorkern zu stark vergiftet. Da in den abgebrannten Brennstäben noch erhebliche Mengen $^{235}_{92}U$ und auch neu erzeugtes Pu enthalten sind, ist die Gewinnung dieser Isotope in einem Wiederaufbereitungsprozeß angebracht. (Auch $^{238}_{92}U$ wird wieder gebraucht). Die gewonnenen Spaltstoffmengen können neuen Brennstäben wieder beigemengt werden (Brennelementfertigung). Zur Verringerung der Radioaktivität in den gebrauchten Brennstäben werden diese nach ihrer Entnahme etwa ein Jahr unter Wasser gelagert, bis sie zur Handhabung (Wiederaufbereitung oder Zwischenlagerung und anschließende Endlagerung) transportiert werden können.

Die Nettoenergiebilanz eines Kraftwerkstyps ist für die Frage der Einführung neuer Energietechnologien von Interesse. Sie setzt den Energieaufwand für Bau, Brennstoffaufbereitung (Uranbergbau, Urananreicherung, Wiederaufbereitung etc.), Betrieb, Stillegung - Abfallagerung ins Verhältnis zur Energieausbeute während dessen Lebensdauer. Bei Solarzellen ist 0,5 - 10 mal so viel Energie zu ihrer Herstellung notwendig, als sie später zu liefern vermögen /5.61/. Die Energieamortisationszeit eines KKW hingegen liegt je nach Brennstoffanreicherung bei einigen Monaten. (Bauzeit: 6 - 8 Jahre, Lebensdauer 25 - 30 Jahre) /12.1.91/, /1.2/. Es liefert 20 mal so viel Energie, als für Brennstoff und KKW aufgewendet werden muß /1.15/ p 40. Ein Steinkohlekraftwerk amortisiert sich, energetisch betrachtet, innerhalb von 2 Monaten, wobei die Bauzeit 4 Jahre und die Lebensdauer 30 Jahre beträgt. Selbst bei stark forciertem Ausbauprogramm wird der Anteil z.B. der Kernenergie nur im Prozentbereich liegen. Für den Energieaufwand beim Bau von Kraftwerken ergibt sich folgende Übersicht:

	Kohle-KW	Kernkraftwerk mit LWR Anreicherung durch Diffusion	Zentrifuge
Spezifischer direkter und indirekter Energieaufwand für den Bau des Kraftwerkes (MWh_{el}/MW_{el})	672	745	745
Spezifischer direkter und indirekter Energieaufwand für den Brennstoff (MWh_{el}/MW_{el} bei 8.760 Vollaststunden)	233	570 Erstkern 347 Nachladg.	102 Erstkern 63 Nachladg.
Anteil der in den Bau des KW investierten Energie an der gesamten Stromerzeugung in %	0,42 %	0,47 %	0,46 %
Soviele Tage muß ein KW unter Vollast betrieben werden, um den Energieaufwand für den Bau zu "tilgen"	29	32	31

Bei der Erstellung der Tabelle wurden folgende Annahmen gemacht:

1) Ohne Erstkern des Kernbrennstoffs (bei Leichtwasserreaktor).
2) Unter "Energieaufwand für den Brennstoff" ist der Aufwand für die Brennstoffbereitstellung und die Entsorgung zu verstehen.
3) Bei dem Kernbrennstoff wurde eine durchschnittliche Urankonzentration im Erz von 0,2 % angenommen.
4) Der Anteil der investierten Energie wurde auf eine Lebensdauer von 25 Jahren und eine Auslastung von 6.500 Vollaststunden pro Jahr bezogen (ca 75 % Auslastung).
5) Der Energieaufwand für den Brennstoff wurde in der letzten Zeile anteilmäßig bei der Erzeugung berücksichtigt.

Bei der Diskussion über verschiedene Energiequellen sind auch Kosten, Devisenersparnis und Diversifikation der Brennstoffversorgung zu beachten. Atomstrom würde in Österreich 45 - 50 g/kWh kosten, wogegen elektrischer Strom aus fossilen Kraftwerken auf 60 - 80 g/kWh kommt. In der BRD ergibt sich ein Kostenvorteil der nuklearen Stromerzeugung gegenüber der aus Steinkohlekraftwerken von 4 Pf/kWh /12.1.62/, /12.1.26/. Durch den Betrieb von 3 KKW, die mit 6 t ^{235}U (Preis: 600×10^6 SFr) beladen wurden, hat sich z.B. die Schweiz in 2 Jahren $2{,}4 \times 10^9$ SFr für den sonst notwendigen Mehrimport von 10×10^6 t Schweröl erspart (einschließlich der Kosten für Wiederaufbereitung und Abfallagerung) /12.1.69/. Abschließend kann somit festgestellt werden, daß aus Kernkraftwerken Elektrizität - mit Einschränkung auch Wärme - kostengünstig geliefert werden kann. Atomenergie verbessert daher auch die Handelsbilanz! Die Energieimporte nach Österreich kosteten 1978 22×10^9 öS (für Strom und fossile Brennstoffe) und verursachten 42 % des Handelsbilanzdefizits /1.51/. Bei Strom und Kohleimporten ist Österreich von Oststaaten abhängig, bei Erdöl von den OPEC-Ländern. Da die potentiellen Uranlieferanten USA, Kanada, Südafrika, Australien etc. sind, läge bei Kernenergienutzung eine Diversifikation der Auslandsabhängigkeit in Bezug auf Brennstoffimporte vor. In der Regel sind ja die Uranlieferländer nicht identisch mit jenen, die Öl oder Kohle exportieren. Die Bedeutung der Kernenergie als Substitution für Öl in der Elektrizitätswirtschaft erhellt daraus, daß im ersten Halbjahr 1980 in der EWG gut 12 % der Netto-Stromerzeugung aus KKW stammten - in Frankreich 22 %.

12.2 Reaktortechnik und Strahlenschutz

In der Reaktortechnik unterscheidet man folgende Kraftwerkskomponenten:

1. Brennstoff: Stäbe - Brennstoffelemente - Raster,
2. Bremsmittel, Kühlmittel,
3. Kontrollstäbe,
4. Reaktordruckbehälter,
5. Strahlenschutzschild,
6. Kühlung - Dampferzeuger - Turbine - Generator,
7. Notkühlung,
8. Sicherheitsbehälter, Container,
9. Reaktorgebäude.

Wie alle Komponenten eines KKW muß vor allem der Druckbehälter besonderen Anforderungen genügen, die da sind: mechanische Festigkeit, Formbeständigkeit unter Hitzeeinwirkung, Korrosionsfestigkeit, geringe Neutronenabsorption (kobaltfrei), Strahlenbeständigkeit, vertretbarer Preis, Erfüllung spezieller Funktionen.
Es treten im KKW spezielle Materialprobleme auf: Unter radioaktiver Bestrahlung ändern sich die chemischen und mechanischen Eigenschaften des Materials. Es kommt zu Versprödung ("Spröd-Bruchdiagramm" von Porse in Abhängigkeit von der Neutronenbestrahlung) /12.1.26/; außerdem sinkt die Zugfestigkeit des Stahls. Um eine Lebensdauer des Druckgefäßes von 30 - 40 Jahren zu erreichen, werden folgende Maßnahmen getroffen:

1) Verwendung spezieller Legierungen, Mn-, Mo-, Ni-Stähle mit geringem Stickstoffgehalt,
2) genügende Wandstärke (10 - 20 cm, z.B. Zwentendorf Siedewasserreaktordruckgefäß Wandstärke 13 cm) /12.1.27/,
3) laufende Überwachung
   a) bei der Herstellung lückenlose Mehrfachkontrolle bei allen Produktionsgängen und Erstellung einer detaillierten Herstellungsgeschichte (Materialproben, Analysen, Röntgenaufnahmen),
   b) während des Betriebes muß eine Überprüfung des Druckgefäßes mit mindestens zwei voneinander unabhängigen Methoden (Ultraschall, Farbmethode, Infrarot, Wirbelstrom, Röntgen etc.) möglich sein. Von besonderer Bedeutung ist dabei eine genaue Kontrolle der Schweißnähte. Es erfolgen regelmäßig Inspektionen

durch die IAEA (Überwachung mit Fernsehkamera u.ä.) /12.2.4/, /12.2.5/, /12.2.10/.

4) Durch Einhaltung eines genauen Betriebstemperaturbereiches kann man erreichen, daß kleinere Materialschäden ausheilen (Selbstheilung).
5) Begrenzung des Neutronenflusses. Die Sprödgrenze des Stahls liegt bei einer Neutronenwandbelastung von 10^{19} Neutronen/cm^2. Welche Neutronenflußwerte für welche Zeiten erlaubt sind, ist durch genaue Vorschriften geregelt (z.B. BRD: /12.6.4/ p 37).
6) Chemische Analysen des Reaktorwassers zur Feststellung der Korrosion,
7) Umhüllung des Druckbehälters mit Strahlenschutzbeton und mit der hermetisch abschließenden Sicherheitskugel (Splitterschutzbeton an gefährlichen Stellen).

Trotzdem gibt es spezielle Probleme: So traten in Frankreich oberflächliche Risse unterhalb der Plattierung (emailartiger Korrosionsschutz) auf /12.6.48/. Es handelt sich dabei um Unregelmäßigkeiten im Kristallgitter, die nur mit Ultraschall entdeckt werden und in allen Kesseln dieser Art auftreten können. Das Druckgefäß des Reaktors in Zwentendorf besitzt Schweißnähte an Stellen, wo sie laut "Dampfkesselverordnung" nicht zulässig sind. Da diese Verordnung auf die 20-er Jahre zurückgeht, wurde im Hinblick auf die heutige Schweißtechnik eine Ausnahmegenehmigung erteilt /12.6.47/. Wegen der veralteten Verordnungen sind heute auch für den Bau von konventionellen Dampfkesseln Ausnahmeregelungen erforderlich.

Das Strahlenschutzschild ist eine 2 - 4 m dicke Schicht aus Schwerbeton mit strahlungsabsorbierenden Zuschlagstoffen (Barium, Eisen gegen γ-Strahlung, Bor gegen Neutronen) und umgibt das Reaktordruckgefäß. Ca 3 % der Neutronen durchdringen die Stahlwand des Druckkessels und werden erst im biologischen Schild aufgefangen!
Der Zweck des Strahlenschutzschildes ist
1) das Abhalten radioaktiver Strahlung,
2) das Abhalten radioaktiver Substanzen,
3) als Hitzeschild zu wirken.
Es erfordert oft spezielle Betonierungsmethoden.

Wir unterscheiden folgende Strahlenarten:

α-Strahlen, das sind Helium-Kerne: Zur Abschirmung genügt ein Blatt Papier;

β-Strahlen, das sind schnelle Elektronen: sie werden durch normale Kleidung abgehalten;

γ-Strahlen, das sind harte Röntgenstrahlen: sie sind nur durch große Flächenmassen abzuhalten;

n-Strahlen, das sind Neutronen: sie werden durch neutronenabsorbie-Stoffe abgeschirmt.

Zweck des Sicherheitsbehälters /12.6.34/ ist

1) Der Schutz der Umgebung des KKW bei Bruch einer Hauptkühlleitung oder offenem Abblaseventil (vgl. Harrisburg, siehe später).
2) Vom Sicherheitsbehälter muß die bei einem Unfall frei werdende Wärmemenge des Dampfes aufgenommen werden können /12.1.45/, /12.6.17/ (Kondensationskammer im Sicherheitsbehälter siehe Fig. 12.19.
3) Das Rückhalten von Radioaktivität.
4) Der Katastrophenschutz (bei Erdbeben, Flugzeugabsturz /12.6.34/, Explosion etc).

Die Ausführung eines Sicherheitsbehälters umfaßt von außen nach innen:
a) eine Druckschale (Stahl (2 - 5 cm) oder Spannbeton), b) einen Dehnungsausgleich, Isolationsmaterial, c) eine Dichthaut, d) einen Splitterschutzbeton (30 - 40 cm). Der Sicherheitsbehälter in Zwentendorf ist eine Stahlkugel mit 26 m Durchmesser /12.2.25/.

Eine sehr wichtige Schutzeinrichtung ist das Notkühlsystem. Eine Kühlung des Reaktorkerns muß bei allen denkbaren Störanfällen gewährleistet sein. Dazu dienen neben dem Hauptkühlsystem:

1) Das Notspeisewassersystem /12.6.4/ ("Sicherheitseinspeisung", vgl. Fig. 12.17). Dieses versorgt den Reaktor mit Wasser, wenn
   a) eine Hauptkühlleitung ausfällt (siehe Fig. 12.18 und 12.19). Dies führt zu automatischer Reaktorabschaltung und Unterbrechung der Wasserzufuhr zum Hauptspeisewassersystem),
   b) die Hauptkühlpumpen versagen oder
   c)die Hauptstromversorgung ausfällt.
2) Die Notkühlung. Bei Abschaltung des Kernkraftwerkes entsteht durch den Zerfall von Spaltprodukten weiterhin Wärme (Nachwärme).

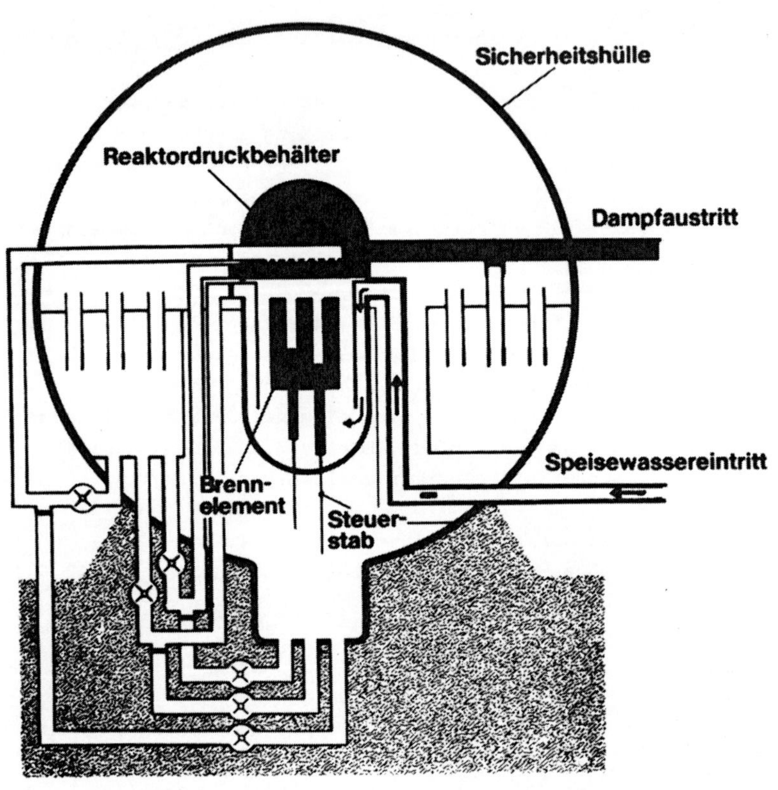

Fig. 12.17 Das Notkühlsystem
(Bildgestaltung: Martin Volkmer, Hamburg)

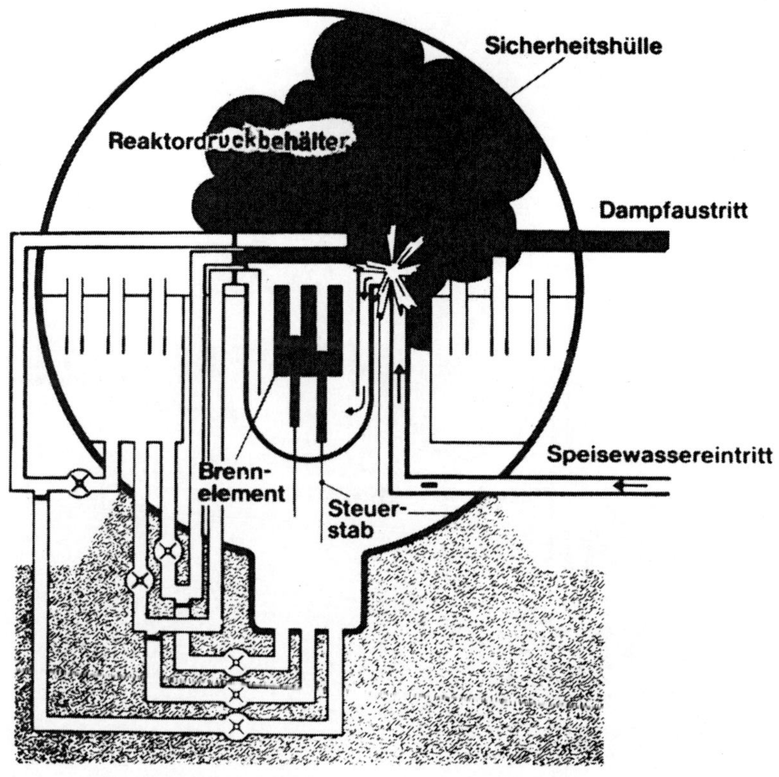

Fig. 12.18 Notkühlsystem bei Rohrbruch
(Bildgestaltung: Martin Volkmer, Hamburg)

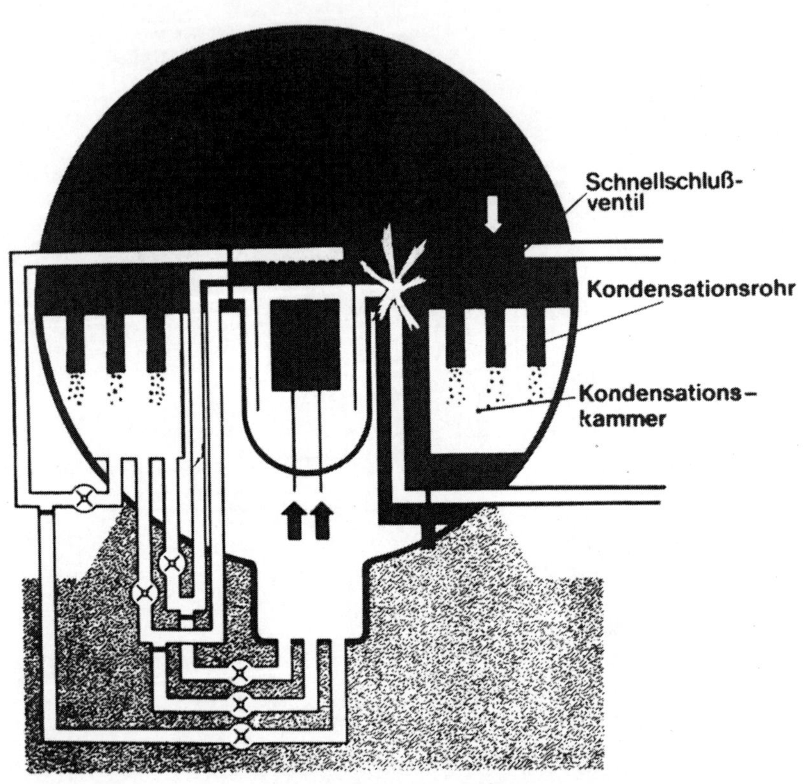

Fig. 12.19 Funktion des Notkühlsystems
(Bildgestaltung: Martin Volkmer, Hamburg)

Sie beträgt unmittelbar nach dem Abstellen etwa 8 % der Reaktorleistung und fällt proportional wie $t^{-1,2}$, mit der Zeit t ab, so daß nach 24 Stunden die Nachzerfallswärme nur mehr 1/5 des Anfangswertes beträgt. Zur Abfuhr dieser Wärme muß ein Reaktor mit mehreren voneinander unabhängigen Notkühlsystemen ausgestattet sein: In USA meist 2 Notkühlsysteme; in Zwentendorf: 3 Notkühlsysteme.

3) Das Kernsprühsystem
4) Das Kernflutsystem, siehe Fig. 12.20 und 12.21
5) Die Bodenwanne.

Was bei einem Kühlmittelverlust passiert, ist nicht nur numerisch simuliert worden, sondern wurde auch durch Versuche in der Praxis erprobt:

LOFT: Loss of Fluid Test (/12.6.54/). Solche Versuche laufen seit 1975; Österreich ist dabei seit 1978 beteiligt. Es wurden aber schon wesentlich früher (1956) Versuche auf diesem Gebiet gemacht.

LOCA: Loss of Coolant Accident (/12.1.3/, Foto: Abb. 86 p 381). Im Rahmen dieser Versuche wurde auch die Auswirkung eines Kühlmittelverlustes auf den Brennstoff untersucht /12.6.35/, /12.6.31/.

Über die Druckverhältnisse in Turbine und Kondensator eines Kernkraftwerkes kann man sich an Hand von Fig. 12.22 orientieren.

Nach den Richtlinien des Reaktorsicherheitsinstitutes des TÜV Köln gelten folgende Vorschriften:

1) Strahlenbelastung der Umgebung nach Störfällen:
   Ein Kernkraftwerk muß so geplant und gebaut sein, daß unter Berücksichtigung aller für die Bevölkerung der Umgebung relevanten Strahlenbelastungen beim GAU oder Supergau (GAU: größter anzunehmender Unfall) folgende Dosiswerte nicht überschritten werden: an Ganzkörperbestrahlung (von außen und von innen) 30 mrem pro Jahr (Strahlungseinheiten siehe nächsten Abschnitt) und 90 mrem pro Jahr für die Schilddrüse von Kleinkindern; ein Supergau ist die hypothetische Annahme, daß die Nachzerfallswärme nach Ausfall aller Notkühleinrichtungen nicht abgeführt werden könnte und dadurch das Reaktorcore schmilzt. Nur bei Versagen aller getroffenen Maßnahmen würde nach ca 12 - 48 Stunden die

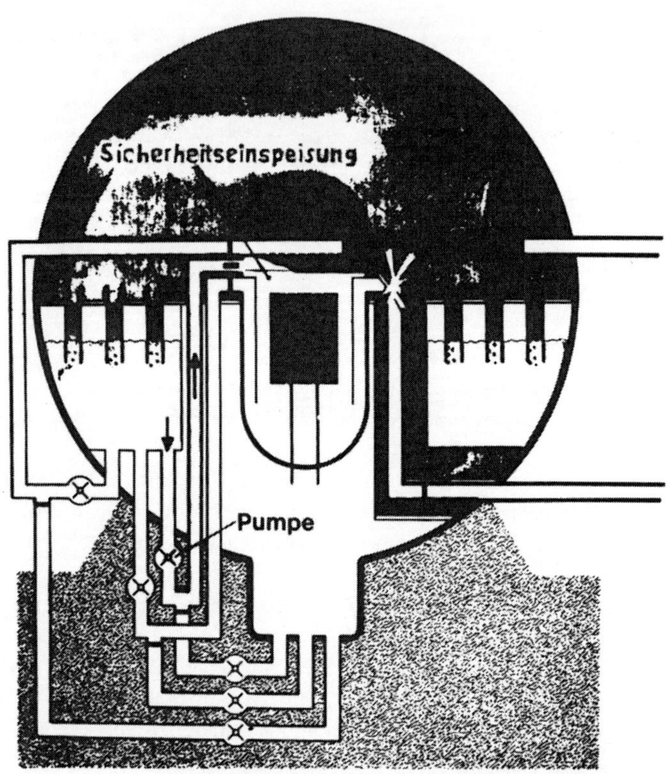

Fig. 12.20 Das Kernflutsystem
(Bildgestaltung: Martin Volkmer, Hamburg)

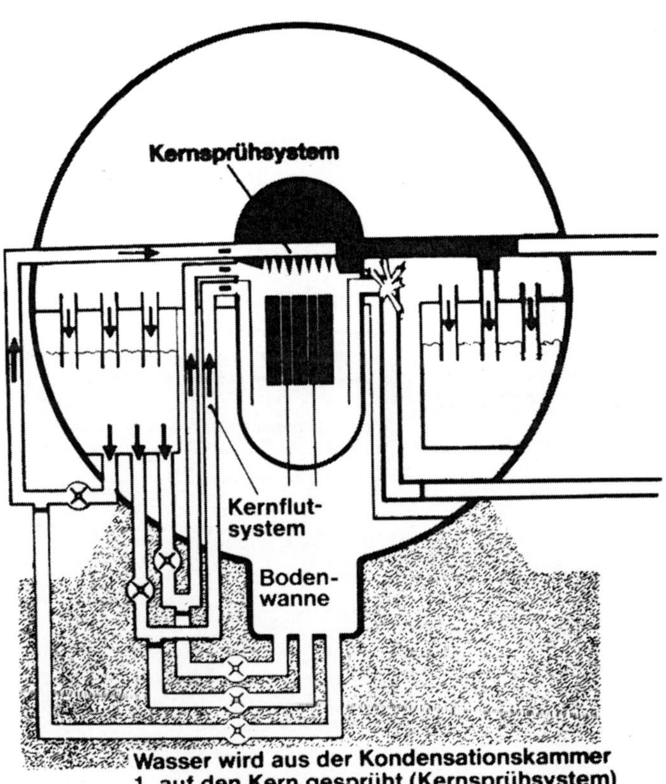

Fig. 12.21 Das Kernsprühsystem
(Bildgestaltung: Martin Volkmer, Hamburg)

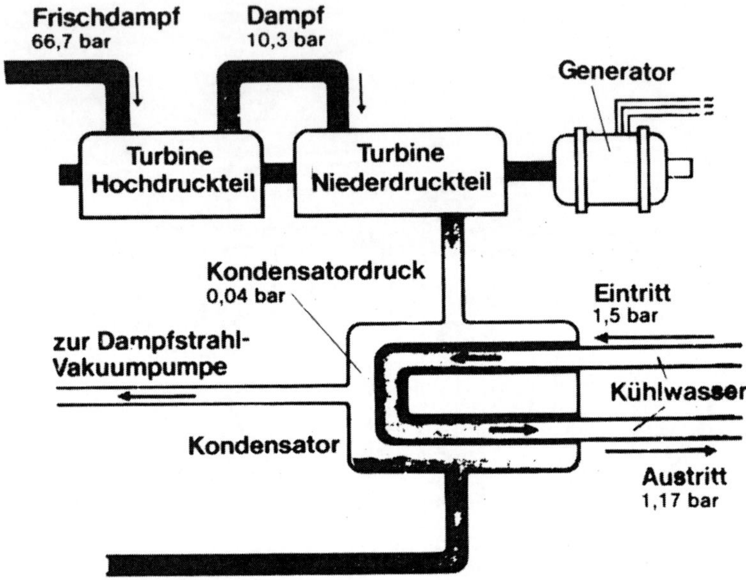

Fig. 12.22 Turbine und Kondensator eines Kernkraftwerks
(Bildgestaltung: Martin Volkmer, Hamburg)

Kernschmelze beginnen, durch den Druckkessel, den Sicherheitsbehälter und das Reaktorgebäude in den Erdboden zu schmelzen, um dort zu erstarren. Bezüglich der Wahrscheinlichkeit für einen solchen Unfall und seine Folgen siehe Abschnitte 12.6 und 15.

2) Flugzeugabsturz:
Nachweis der Standsicherheit unter Berücksichtigung einer Stoßlast, wie sie etwa einem Flugzeugabsturz entspricht.

3) Chemische Explosion:
Es muß der Nachweis der Standsicherheit gegen Druckwellen erbracht werden. Weiters sind Schutzmaßnahmen gegen das Ansaugen von explosiven oder giftigen Stoffen in das Innere eines Kernkraftwerksgebäudes vorzusehen.

4) Brandschutz:
Es ist die räumliche Trennung von Kabelsträngen, Schaltzentralen und sonstigen Anlagen verschiedener Notsysteme vorzusehen. Eine mindest doppelte Ausführung der Feuer-und Strahlungsmelder pro Meßbezirk ist vorgeschrieben, brennbare Isoliermaterialien sind verboten.

5) Material:
Neben den schon erwähnten Kontrollmaßnahmen sind vor Inbetriebnahme sowie bei Revisionen eines Kernkraftwerkes regelmäßig Druckproben am Kühlsystem und Reaktordruckbehälter vorzunehmen.

12.3 Biologisch-medizinische Strahlenprobleme

Wir wollen zunächst einige grundlegende physikalische Begriffe kennenlernen.

Radioaktivität ist eine Eigenschaft des Atomkerns, welche durch keinerlei chemische oder physikalische Einwirkungen beeinflußbar ist. Die Aktivität gibt an, wieviele radioaktive Zerfälle pro Sekunde in der betrachteten Stoffmenge stattfinden. Sie ist damit ein Maß für die Intensität einer Strahlungsquelle. Als Maßeinheit für die Aktivität werden verwendet:

Ci (C): "1 Curie" = $3{,}7 \times 10^{10}$ Zerfälle pro Sekunde (Entspricht der Aktivität von 1 g Radium)

Bq: "1 Becquerel" = $2{,}703 \times 10^{-11}$ Ci = 1 Zerfall pro Sekunde.

Die Aktivität dient zur Mengenangabe einer strahlenden Substanz und läßt sich aus folgender Formel berechnen:

$$A(Ci) = \frac{11{,}25 \times 10^{12} \times \text{Masse (g)}}{\text{Atomgewicht} \times \text{Halbwertszeit}}.$$

Die Halbwertszeit ist jene Zeit, nach deren Ablauf die Hälfte der ursprünglich vorhandenen Kerne zerfallen ist. Aus obiger Formel sieht man, daß die Aktivität eines Radionuklides umso größer ist, je kleiner seine Halbwertszeit ist. Je größer also die Halbwertszeit eines Isotops ist, desto weniger Zerfälle finden pro Zeiteinheit statt, desto weniger strahlt es. Weil das Curie eine sehr große Einheit darstellt, wählt man in der Praxis eine Angabe in Picocurie (pCi). Daß wir in der Natur immer und überall von radioaktiven Substanzen umgeben sind, zeigt die folgende Tabelle auf. In unserem eigenen Körper finden pro Tag ca 800 Millionen readioaktive Zerfälle statt (Mensch mit 70 kg Gewicht) /12.3.12/, /12.3.4/; ein Mensch hat die Aktivität von 250.000 pCi.

Natürliche Radioaktivität

freie Luft (Luft in Zwentendorf durch Heizung)	0,1 - 0,4 pC/l	/12.3.46/, /12.3.57/
Zimmerluft Innsbruck	2 - 5 pC/l	/12.3.57/
Luft in Gastein	107 pC/l	/12.3.57/
Luft bei radioakt. Quellen	3.225 pC/l	/12.3.57/
Wasser	2 - 20 pC/l	/12.3.17/, /12.3.15/
Meerwasser (nur K-40)	300 pC/l	/12.3.17/, /12.3.7/, /12.3.4/
Ozeane (K-40)	5×10^{23} pC	/12.3.7/, p 17
Gasteiner Wasser (nur Ra 226)	100 pC/l	/12.3.4/
Donauwasser (Jahresmittelwert 2,6 pC/l)	1,5 - 5,6 pC/l	/12.3.29.4/
behördl.genehmigter Abfluß KKW Zwentendorf	2 pC/l	/12.3.29.11/
Abwasser Erfahrungswerte BRD, USA (von KKW)	1 - 10 pC/l	/12.3.17/, /12.3.31/ /12.3.29/, /1.2/, /12.5.1/
Milch 700 mal so viel durch K-40 allein (Weish-Gruber)	1,00 pC/l	/12.3.7/, /12.3.17/
österr.BM f.Gesundheit eidgen.Strahlenkommiss.	900 - 1.700 pC/l	/12.3.29/
Bier	20 - 390 pC/l	/12.3.31/, /12.3.15/
Whisky	1.200 pC/l	/12.3.17/, /12.3.29.9/
Salatöl	4.900 pC/kg	/12.3.17/
Bohnen	11.800 pC/kg	

Spinat	5.285 pC/l	/12.3.29/
Mensch 70 kg	250.000 pC	/12.3.4/
Baustoffe, z.B. Ziegel	20 - 100 pC/g	/12.3.57/, /2.5/, /12.3.12/
Leuchtzifferblatt Armbanduhr	bis 490 pC/kg	/12.3.39/, /1.2/ p 309
Zigarettenasche	80 pC/l	/12.3.4/
Braunkohle	15.700 pC/kg	/12.3.73/

Interessant ist, daß Kernkraftwerke "natürliche Radioaktivität" vernichten, da das in der Natur vorkommende Uran langsamer zerfällt als die in Kernkraftwerken erzeugten Spaltprodukte /12.1.122/.

Welche biologische Wirkungen Bestrahlung auf einen menschlichen Organismus hat, hängt wesentlich von 4 Faktoren ab:
1) Art der Strahlung, 2) Energie der Strahlung, 3) Art des betroffenen Gewebes, 4) Zeitfaktor.

Wenn Strahlung auf Gewebe trifft, so wird ein Teil dieser Strahlen absorbiert: die dabei freiwerdende Energie kann zu Zellschädigungen führen. Die Energiemenge, die in organischen Geweben absorbiert wird, hängt von der Energie des Einzelteilchens und der Anzahl der Teilchen ab.

Folgende Einheiten für die Strahlung sind gebräuchlich. Jene Menge von Strahlung, bei deren Absorption in 1 kg irgend eines Materials eine Energie von 1 Joule (siehe Abschnitt 2) frei wird, heißt 1 Gray (Gy). Häufig findet noch die Einheit 1 rad $= 10^{-2}$ Gy = 1 cGy Verwendung. Elektromagnetische Strahlung gibt man auch in der Einheit 1 Röntgen (r) an; das ist jene Menge von Strahlen, die bei Absorption in 1 g Luft 87 erg freisetzt.

Die biologische Wirkung von Strahlung ist jedoch nicht nur vom freigesetzten Energiebetrag, sondern auch von der Art der absorbierten Strahlung abhängig. Indem man die absorbierte Energiedosis (in Gy, rad) mit einem Faktor (RBW-Faktor) multipliziert, welcher die relative biologische Wirksamkeit verschiedener Strahlen berücksichtigt, erhält man ein Maß für die biologische Schädigung ("Äquivalentdosis"). Diese erfaßt man durch die Einheiten Sievert (Sv) = = RBW Faktor × Gy oder rem = RBW Faktor × rad. Der RBW Faktor verschiedener Strahlenarten drückt die relative biologische Wirksamkeit aus und ist gegeben durch

Strahlenart	RBW-Faktor
β, γ	= 1
α	= 10
Neutronen	= 2 - 11 (je nach ihrer Energie)
schwere Teilchen	= 20.

Die folgende Tabelle vergleicht die natürliche Strahlenbelastung, der jeder Mensch ausgesetzt ist, mit der durch die Tätgkeit des Menschen, z.B. durch Kernkraftwerke, Röntgenaufnahmen etc. zusätzlich erzeugten Belastung.

Strahlungsbelastung
(alles pro Jahr in mrem)

kosmische Strahlung Seehöhe	30	/12.3.17/, /12.3.7/, /12.1.121/
kosmische Strahlung 1000 m Höhe	50	/12.3.12/, /12.1.121/
kosmische Strahlung 3000 m Höhe	90	/1.2/, /12.6.10/
Gesteine, Radon in Luft	5 - 100	/12.3.12/, /12.3.4/
K-40 innere Strahlung im Menschen	20	/12.6.10/, /12.3.7/
gesamte innere Strahlung	35	/12.3.17/, /12.3.12/
Österreich: natürliche Belastung pro Jahr	ca 170	/12.3.17/, /12.6.10/
auf Granit stehen	90	/12.3.7/, /12.6.10/
50 × Geschlechtsverkehr im Jahr	3 - 5	/12.3.48/
in einem Ziegelhaus wohnen	8 - 45 - 100	/12.3.17/, /12.3.12/, /2.5/
im Meer baden (ununterbrochen)	1	/12.3.7/
Flug nach New York (einmalig)	3 - 8	/12.3.17/, /12.6.10/, /12.3.12/
Fernsehen tägl. 2 Stunden	1 - 10	/12.3.17/, /12.3.4/, /12.1.121/
medizin. Röntgen (Durchschnitt)	20 - 100	
Lungenröntgen (einmalig)	10	/12.3.12/
Magenröntgen, Mammographie -"-	800 - 3000	/12.3.12/
Atombomben-Fallout Durchschnitt auf der ganzen Erde	3 - 10 - 20	/12.6.10/, /2.5/
Leuchtzifferblatt Armbanduhr	2 - 6	/12.6.10/, /12.1.121/

Pu-238 Herzschrittmacher	5000	/12.3.12/
mittlere KKW-Strahlung BRD, USA	0,01-0,1-1	/12.1.47/, /12.1.121/, /12.3.17/, /12.6.10/
maximale KKW-Strahlung	3	/1.2/
behördliche Genehmigung Zwentendorf maximal	10	/12.1.26/
behördliche Genehmigung KKW USA (BRD)	5-10(30)	/12.3.4/
Toleranzdosis allgemein	170	/12.6.10/, /12.3.12/
Toleranzdosis Strahlenarbeiter	5000	/12.3.4/, /12.3.12/, /12.6.10/
Strahlenschutzverordnung 1.4.1977, BRD	30	/12.1.122/
Strahlungsbelastung in Kerala	200-2600	/1.2/, /12.3.4/

Aktivität und Strahlendosis sind Größen, welche sich sehr genau messen und auch berechnen lassen /12.3.7/, /12.1.100/. Es gibt die Beziehung

$$\text{Dosis} = \frac{\text{Aktivität} \times \text{Dosisleistungskonstante}}{(\text{Entfernung})^2}.$$

Wichtig ist ferner die unterschiedliche Empfindlichkeit der Organe auf Bestrahlung. Man muß unterscheiden, ob das Organ von außen oder innen (z.B. durch inkorporierte radioaktive Partikel) bestrahlt wird. Es gibt auch selektive Empfindlichkeiten: bestimmte Radionuklide werden bevorzugt in gewissen Organen angereichert. Da Zerfallsenergie und Zerfallsort der Radioisotope bekannt sind, kann man die pro Gewichtseinheit des Organs aufgenommene Energiedosis berechnen.

Die biologische Halbwertszeit ist jene Zeit, die der Körper braucht, um die halbe Menge einer aufgenommenen radioaktiven Substanz wieder auszuscheiden. Beispiel: Halbwertszeiten von
Kalium-40: T_H physikalisch $1{,}26 \times 10^9$ Jahre, T_H biologisch 58 Tage
Jod-131: T_H physikalisch 8,05 Tage, T_H biologisch 138 Tage.
(Vergleichsweise hat das in Pflanzenschutzmitteln enthaltene giftige Arsen eine unendlich lange physikalische Halbwertszeit!).
Da verschiedene Elemente bevorzugt in bestimmten Organen aufgenommen werden, erfahren sie, und damit auch ihre radioaktiven Isotope, eine Anreicherung in bestimmten Stationen der Nahrungskette /12.3.29/, /12.1.22/. So werden Radium und Strontium in den Knochen

angereichert, Jod in der Schilddrüse. (Dies wird bei der Isotopenbehandlung und der medizinischen Diagnose ausgenützt.) Die natürliche Strahlenbelastung der Schilddrüse durch Jod beträgt 106 mrem/a. Durch Kernkraftwerke wird in der BRD nach Messungen eine Mehrbelastung von insgesamt 0,3 mrem/a verursacht. Die behördliche Toleranzdosis gestattet es, durch ein Kernkraftwerk 1 mCi/h Jod freizusetzen. Es besteht übrigens (wie bei anderen Isotopen) die Möglichkeit, durch Verabreichung von Kaliumjodid-Tabletten radioaktives Jod (131) aus dem menschlichen Körper auszutreiben. Fische nehmen Cäsium auf, so daß die Konzentration von Cäsium im Fischgewebe das 100- bis 1000-fache der Konzentration im Meer beträgt. In Muscheln kann eine Isotopenanreicherung (Fe, Zn, Mn) bis zum 20.000-fachen und mehr stattfinden /12.3.4/.

Ein in der Natur häufig vorkommendes Radionuklid ist Kalium-40 (^{40}K). Die hohe Aktivität von Milch (1200 pC/l /12.3.7/, /12.3.29/) ist auf dieses Isotop zurückzuführen. Die Aktivität des ^{40}K im menschlichen Körper beträgt etwa 100.000 pC /12.3.4/, wobei der Körper die Kaliumkonzentration konstant hält. Der Körper ist durch dieses ^{40}Kalium einer Strahlenbelastung von 20 mrem/a (Eigenstrahlung) ausgesetzt /12.3.4/; dies entspricht dem 10- bis 100-fachen der in der Umgebung eines Kernkraftwerkes gemessenen Dosis. Da Radionuklide im lebenden Organismus angereichert werden, schreibt das Genehmigungsverfahren für ein Kernkraftwerk vor, daß die Milch der in der Nähe weidenden Kühe sowie dort wachsende landwirtschaftliche Produkte (z.B. Kohl) untersucht und Fische bei der KKW-Abwassereinleitung in den Fluß gefangen werden müssen, da auf diese Weise bereits geringste Spuren von Radionukliden feststellbar sind.

Bei der Wirkung von radioaktiver Strahlung auf Zellen muß man zwischen der somatischen und der genetischen Wirkung unterscheiden.

1) Somatische Wirkung: Durch das Aufbrechen chemischer Verbindungen bzw. durch Ionisierung entstehen freie Radikale, welche in geringen Spuren den Stoffwechsel anregen (Radon Heilbäder /12.3.45/); in größeren Mengen schädigen sie allerdings die Zellen. Radikale werden aber erst gebildet, wenn (aus chemischen und physikalischen Gründen) eine bestimmte Schwellenenergie der Strahlung erreicht wurde). Bei großer Strahlendosis kann es auch zur Schädigung der

Zellwände kommen. Junge Zellen sind ganz allgemein etwa 5000 mal empflindlicher als alte. Diese Tatsache ermöglicht eine Bekämpfung von jungen Krebszellen durch Bestrahlung. Da der menschliche Körper lokal viel höhere Dosen verträgt als bei Ganzkörperbestrahlung, werden für die Krebstherapie sehr hohe Dosiswerte verabreicht (bis zu 5×10^6 mrem, was bereits ein Röntgenkater genanntes Unwohlsein hervorruft). Da die bei Bestrahlung entstehenden Radikale in wäßriger Lösung rasch zerfallen, kann man auch Nahrungsmittel (Kartoffeln, Fruchtsäfte etc.) ohne chemische Belastung konservieren (IAEA-Listen /12.3.74/).

2. Genetische Wirkung: Strahlung ruft Mutationen, also Erbänderungen, hervor: statistisch gesehen erhöhen 1000 mrem die natürliche Mutationsrate um 1/70 /12.3.37/. Weiters kann durch Strahlung auch Krebs /12.2.15/, /12.3.24/ ausgelöst werden: die Latenzzeit für den Ausbruch der Krankheit kann bis zu 20 Jahre betragen. Es konnte festgestellt werden /12.3.26/, /12.3.4/, daß Zellen einen Reparaturmechanismus besitzen, durch welchen entstandene Strahlenschäden von der Zelle selbst behoben werden. Da dieser Regenerationsvorgang Zeit benötigt, ist es von großer Bedeutung, in welcher Zeit eine bestimmte Strahlendosis aufgenommen wird /12.3.4/ (Zeitfaktor!)

Von Wichtigkeit ist nun ein Vergleich von verschiedenen krebsauslösenden Umweltfaktoren /12.3.25/. Etwa 80 % aller Krebsfälle sind auf chemische, nicht nukleare Ursachen zurückzuführen /12.3.25/, /12.3.5/. Dies zeigt auch deutlich eine schweizerische Untersuchung. Es wurde eine Krebsstatistik für Graubünden und Basel erstellt. Obwohl der Durchschnitt der Graubündner Bevölkerung einer höheren Strahlenbelastung ausgesetzt ist (mit steigender Seehöhe nimmt die Strahlenbelastung zu), gab es infolge der chemischen Umweltbelastungen in Basel prozentuell wesentlich mehr Krebsfälle. Durch Tierversuche ist man in der Lage, einen quantitativen Vergleich von Gesundheitsrisken durch Strahlung mit der Gefährlichkeit von chemischen Substanzen anzustellen. Mit der Frage der radiobiologischen Äquivalenz gesundheitsschädlicher Chemikalien beschäftigte sich 1977 eine Spezialtagung der Internationalen Atomenergieagentur. Es zeigt sich /12.3.25.8/, daß z.B. 4×10^{-9}g Benzpyren/m^3 Atemluft (Stadtluftwerte) einer Strahlenbelastung von 960 mrem entsprechen. Dabei liegt die Konzentration von Benzpyren in der Luft von Großstädten häufig über der höchstzulässigen Toleranzdosis (z.B. Bochum 240×10^{-9} g/m^3 = 300 mal Toleranzdosis /12.3.25/). Durch Benzpyren läßt sich bei Versuchstieren nahezu 100-prozentig Krebs hervorrufen /12.1.32/.

Die Wahrscheinlichkeit, durch chemische Einflüsse an Krebs zu sterben, beträgt für einen Mitteleuropäer bzw. Amerikaner zwischen 16 % und 19 % /12.3.25.3/, /12.3.12/. Vor diesem Hintergrund ist die Erhöhung des Krebsrisikos um 0,018 % durch eine Strahlenbelastung von 1000 mrem zu sehen /12.3.24/, /12.3.23/.

Auch die mutagene Wirkung zahlreicher chemischer Substanzen wurde bereits untersucht /12.3.25.8/. Dabei konnte die mutagene Wirkung verschiedener Verbindungen (z.B. Koffein, verschiedene Nitrite, siehe Abschnitt 4 , Aethylenoxyd, Kunststoffe etc.) nachgewiesen werden. (1 ppm·h Aethylenoxyd entsprechen biologisch 80.000 mrem!)

Die biologische Schädigung durch große Strahlendosen ist heute gut bekannt /12.3.6/, /12.6.10/. Die Untergrenze für eine nachweisbare Gewebeschädigung liegt bei 20.000 mrem (Ganzkörperbestrahlung) /12.3.4/. Bei Applikation von 20 - 50.000 mrem ist erstmals eine Änderung des Blutbildes und das Auftreten von Hautrötung ("Sonnenbrand") zu beobachten. 100.000 - 200.000 mrem bewirken Erbrechen, und ab 400.000 mrem tritt Strahlenkrankheit mit 50 % Todesrate innerhalb eines Monats auf. 600.000 mrem stellen eine 100-prozentige lethale Dosis dar (Todesrate 95 % innerhalb von 14 Tagen). Bei sehr geringen Dosen ist die medizinische Auswirkung auf den Organismus umstritten. Einerseits ist seit langem die therapeutische Wirkung /12.3.5/ von Radonheilquellen (Gastein) bekannt (α-Strahlen stimulieren den Stoffwechsel, bessern Rheuma), andererseits behaupten manche Wissenschaftler, daß auch geringste Strahlenmengen schädigend wirken.

Gibt es nun eine Dosisschwelle, unterhalb der es zu keinen biologisch relevanten Strahlenwirkungen kommt /12.3.23/? Experimente zu dieser Frage konnten keine verläßlichen Ergebnisse liefern, da es unmöglich ist, letzte Reste der natürlichen Strahlung und die körpereigene Strahlung völlig abzuschirmen. Die Existenz einer "Dosisschwelle" wird z.B. vom Nobelpreisträger Burnet bejaht, andere Wissenschaftler verneinen sie /12.3.4/, /12.3.23/, /12.3.24/.

Für die heiltherapeutische Wirkung der Strahlung, die z.B. von Chemikern bestritten wird /12.3.45.2/, gibt es andererseits positive Stimmen von biologisch-medizinischer Seite /12.3.45.1/, /12.3.45.3/. So wurde gezeigt, daß eine einmalige, auch unter der anerkannten Gefährlichkeitsgrenze liegende Strahlenbelastung Schäden auslösen kann. Wiederholt verabreichte kleine Strahlendosen können daher das körpereigene Abwehrsystem stimulieren. Einblick in diesen überraschenden Wirkungsmechanismus brachte eine Untersuchung von Patienten und Beschäftigten im radioaktiven Heilstollen von Badgastein, die am Institut für Biologie im Forschungszentrum Seibersdorf ausgewertet wurde. Die Stimulierung durch Strahlung erfolgt derart, daß durch kleine Schäden an der Desoxyribonukleinsäure (DNA) in der Zelle, wo die gesamte Information des Lebens gespeichert wird, eine Synthese von sogenannten Reparaturenzymen in Gang gesetzt wird. Diese Reparaturenzyme bessern Schadstellen in der DNA aus, die durch Strahlung oder Chemikalieneinwirkung hervorgerufen wurden. Wird die Reparaturfähigkeit in den Zellen durch Synthese dieser Enzyme erhöht, so entwickelt der Körper spezifischere Abwehrmöglichkeiten gegen Strahlung. Die Untersuchung der Blutzellen ergab in der Mehrzahl eine Steigerung der Reparaturkapazität bis zu 30 Prozent. Dieser Wirkungsmechanismus der Strahlung auf die DNA findet auch in der Tumortherapie Anwendung.

Als Kompromiß wird auch bei kleinsten Dosen eine lineare Dosis-Wirkungsbeziehung angenommen, die sicherlich die Gefährdung durch kleine Strahlungsdosen überbewertet, wie die bisherigen Versuche zeigten, bei denen kein Effekt festzustellen war.

Die Strahlenschutzvorschriften gehen auch von dieser Annahme aus, daß der bei kleinen Dosen experimentell gefundene lineare Zusammenhang zwischen Dosis und Gesundheitsschädigung sich bis zu kleinsten Dosen hin fortsetzt, Fig. 12.23.

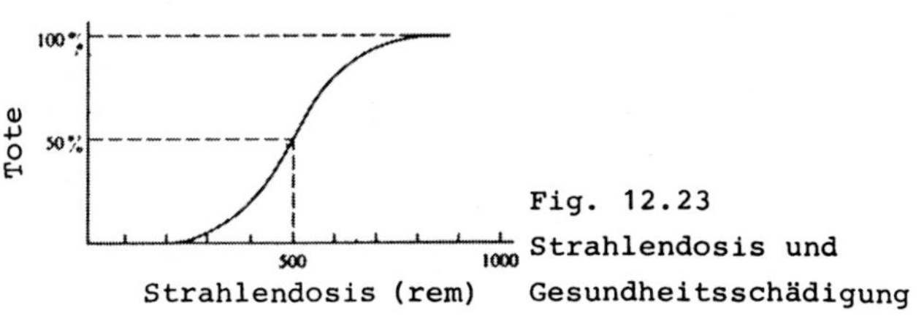

Fig. 12.23 Strahlendosis und Gesundheitsschädigung

Für die Existenz einer Dosisschwelle gibt es mehrere Argumente. Verschiedene Orte auf der Erde weisen eine gegenüber dem Durchschnitt wesentlich erhöhte natürliche Strahlenbelastung auf (Lagerstätten von radioaktiven Mineralien, Höhenlage). Dazu gehört z.B. Kerala mit einer Strahlenbelastung von 500 - 1600 mrem pro Jahr und Einwohner /12.3.4/, /1.2/, /12.3.32/. Es läßt sich dort keine erhöhte Krebssterblichkeit feststellen, wohl aber eine größere Säuglingssterblichkeit; allerdings ist dieses statistische Ergebnis wenig beweiskräftig, da ja Faktoren wie Hygiene und ärztliche Versorgung bei der Säuglingssterblichkeit ebenfalls eine große Rolle spielen. Genaue Untersuchungen liegen im Fall der durch Atomwaffen zerstörten japanischen Stadt Hiroshima vor /12.3.20/, /2.5/ p 231, /12.1.32/, /4.1/, /12.3.24.5/, /12.3.12/. Von 24.000 Japanern, welche einer Dosis von 130.000 mrem ausgesetzt waren, starben 100 Personen mehr an Krebs als es dem Durchschnitt entspricht (von 1945 - 1966). Bei Kindern, welche durch die Atombombe 250.000 mrem erhielten, konnte über 25 Jahre hinweg keine signifikante Erhöhung der Krebssterblichkeit festgestellt werden /12.3.4/, p 24. Bei jenen Japanern, bei denen die Strahlenbelastung unter 100.000 mrem betrug, konnten über einen Beobachtungszeitraum von 30 Jahren keine Strahlenfolgen festgestellt werden /12.3.12/ p 53.

Im aktuellen Harrisburg-Störfall wurden von Sternglass im Bezug auf die entstandene gesundheitliche Belastung der Bevölkerung aufsehenerregende Zahlen verbreitet. Allerdings stellten sich diese Zahlen als statistische Manipulation heraus /12.3.22/, bedingt durch methodische Fehler bei den Untersuchungen /12.1.32/. Diese Zahlen wurden inzwischen mehrfach widerlegt /12.3.22/, /12.3.12/ p 124. Gofman-Tamplin /12.1.32/ schlugen auf Grund verschiedener, nicht haltbarer und bald widerlegter Annahmen /12.3.23.4/, /12.4.19.17/ das Herabsetzen der Toleranzdosen auf 1/10 vor.

Als Hot Particles bezeichnet man radioaktive Teilchen, z.B. Staub, welche α-Strahler wie z.B. Pu enthalten. Es ist ein einziger Fall belegt, daß ein solches "hot particle" durch Verletzung ins Hautgewebe gelangte. Daraufhin haben A. Tamplin und T. Cochran gefordert, die Toleranzdosen weiter herabzusetzen. Sie versuchten, ihre Forderung durch eine kritische Diskussion der Literaturangaben über die Schädigung durch Plutonium zu belegen - eigene Versuche wurden nicht durchgeführt. Eine sehr genaue Überprüfung durch das britische "National Radiological Protection Board" (NRPB) ergab /12.4. 19.17/, daß die Zahlenangaben von Tamplin und Cochran aus den von ihnen zitierten Berichten jeder Grundlage entbehrten. Es wurde auch festgestellt, daß bisher noch kein einziger Fall von menschlichem Krebs als Folge einer Bestrahlung durch lösliches oder unlösliches Plutonium bekannt geworden ist, so daß auch die Schätzung von Tamplin und Cochran, wonach das Risiko der Krebserzeugung in den Zellen der Umgebung von "heißen Teilchen" 1:2.000 sei, nach heutiger Kenntnis unhaltbar ist.

Um die gegenwärtige Gefahr durch freigesetztes Plutonium diskutieren zu können, erscheint eine Betrachtung über die Menge und die Art der Freisetzung von Plutonium nötig. Plutonium in größeren Mengen wurde erstmals bei den Atombombenexplosionen über New Mexico (16. Juli 1945) und über Nagasaki (9. August 1945) freigesetzt. Die bis zur Einstellung der oberirdischen Atombombentests freigesetzte Menge an Plutonium-239 wird auf 300 bis 600 kCi (= 5 bis 10 t) geschätzt. Durch den Fall-out wurden bis heute etwa 95 % dieses Plutoniums auf der Erde abgelagert und bilden den weltweiten Plutonium-239 (240)-Kontaminationspegel. Er beträgt für unsere Breitengrade ungefähr:

10^{-22} Ci/cm^3	in der Luft (Toleranzdosis 10^{-17} Ci/cm^3)
(3,5 bis 30) $\times 10^{-19}$ Ci/cm^3	im Meerwasser
(1 bis 10) $\times 10^{-14}$ Ci/g	in der obersten Bodenschicht
10^{-3} Ci/km^2	in der oberen Bodenschicht von 20 cm.

In der Nähe der Schauplätze von Atombombenexplosionen liegt dieser letzte Wert jedoch merklich höher. So wurden im Nevada-Testgelände Gehalte bis zu 130 mCi/km^2 gefunden.

Betreffend die Mengen (Aktivitäten) an radioaktiven Substanzen, die nicht gesundheitsschädlich sind und die nicht überschritten werden dürfen, gibt es strenge gesetzliche Vorschriften. In Österreich gilt das Strahlenschutzgesetz (Bundesgesetz vom 11. Juni 1969 über Maßnahmen zum Schutz des Lebens oder der Gesundheit von Menschen einschließlich ihrer Nachkommenschaft vor Schäden durch ionisierende Strahlen). In Österreich und in der Bundesrepublik Deutschland werden diese Vorschriften durch Strahlenschutzverordnungen ergänzt, vgl. die Seiten 106 - 111.

P. b. b. Erscheinungsort Wien, Verlagspostamt 1030 Wien

481

BUNDESGESETZBLATT

FÜR DIE REPUBLIK ÖSTERREICH

Jahrgang 1972 Ausgegeben am 18. Feber 1972 15. Stück

47. Verordnung des Bundesministers für soziale Verwaltung, des Bundesministers für Handel, Gewerbe und Industrie, des Bundesministers für Verkehr, des Bundesministers für Wissenschaft und Forschung und des Bundesministers für Unterricht und Kunst vom 12. Jänner 1972 über Maßnahmen zum Schutz des Lebens oder der Gesundheit von Menschen einschließlich ihrer Nachkommenschaft vor Schäden durch ionisierende Strahlen (Strahlenschutzverordnung)

Auf Grund der Teile I bis III des Strahlenschutzgesetzes, BGBl. Nr. 227/1969, wird,

soweit es sich um der Gewerbeordnung unterliegende Betriebe handelt, ausgenommen in Angelegenheiten des Dienstnehmerschutzes, vom Bundesminister für Handel, Gewerbe und Industrie im Einvernehmen mit dem Bundesminister für soziale Verwaltung,

hinsichtlich des Luft- und Schiffsverkehrs und in den Angelegenheiten des Dienstnehmerschutzes für die dem Verkehrs-Arbeitsinspektionsgesetz, BGBl. Nr. 99/1952, unterliegenden Betriebe vom Bundesminister für Verkehr im Einvernehmen mit dem Bundesminister für soziale Verwaltung,

hinsichtlich der wissenschaftlichen Hochschulen, der Forschungsinstitute der Österreichischen Akademie der Wissenschaften und der gleichwertigen Anstalten vom Bundesminister für Wissenschaft und Forschung im Einvernehmen mit dem Bundesminister für soziale Verwaltung,

hinsichtlich der unter das Bundes-Schulaufsichtsgesetz fallenden Schulen vom Bundesminister für Unterricht und Kunst im Einvernehmen mit dem Bundesminister für soziale Verwaltung,

ansonsten vom Bundesminister für soziale Verwaltung

— hinsichtlich der Angelegenheiten des Dienstnehmerschutzes, soweit es sich um der Gewerbeordnung unterliegende Betriebe handelt, im Einvernehmen mit dem Bundesminister für Handel, Gewerbe und Industrie,

— hinsichtlich Verrechnung der Kosten der ärztlichen Untersuchungen im Einvernehmen mit dem Bundesminister für Finanzen und, soweit es sich um der Gewerbeordnung unterliegende Betriebe handelt, mit dem Bundesminister für Handel, Gewerbe und Industrie und,

— soweit Angehörige des Bundesheeres oder der Heeresverwaltung oder militärische Anlagen und Einrichtungen betroffen werden, im Einvernehmen mit dem Bundesminister für Landesverteidigung —

verordnet:

I. TEIL

ALLGEMEINE BESTIMMUNGEN

1. Abschnitt

Begriffsbestimmungen

§ 1. „Strahlenbereich" ist ein Bereich, in dem Personen pro Jahr einer Strahlenbelastung durch Einstrahlung von außen oder durch Inkorporation radioaktiver Stoffe ausgesetzt sein können, die ein Dreißigstel der gemäß § 12 Abs. 3 und 6 für beruflich strahlenexponierte Personen jährlich höchstzulässigen Werte übersteigt.

§ 2. „Kontrollbereich" ist derjenige Teil eines Strahlenbereiches, in dem Personen bei Ausübung ihrer beruflichen Tätigkeit oder bei ihrer Ausbildung pro Jahr einer Strahlenbelastung durch Einstrahlung von außen oder durch Inkorporation radioaktiver Stoffe ausgesetzt sein können, die drei Zehntel der gemäß § 12 Abs. 3 und 6 für beruflich strahlenexponierte Personen jährlich höchstzulässigen Werte übersteigt.

§ 3. „Überwachungsbereich" ist derjenige Teil eines Strahlenbereiches, in dem Personen bei Ausübung ihrer beruflichen Tätigkeit oder bei ihrer Ausbildung pro Jahr einer Strahlenbelastung durch Einstrahlung von außen oder durch Inkorporation radioaktiver Stoffe ausgesetzt sein können, die ein Dreißigstel, nicht aber drei Zehntel der gemäß § 12 Abs. 3 und 6 für

1	2	3	4	5
Kern-ladungszahl	Element	Radionuklide	Grenzwert (§ 6); Aktivität in µCi bewilligungsfrei bis zu	Grenzwert (§ 7); Aktivität in µCi meldefrei bis zu
76	Osmium	Os 185	10	10
		Os 191	10	10
		Os 191^m	100	100
		Os 193	10	10
77	Iridium	Ir 190	10	10
		Ir 192	1	1
		Ir 194	10	10
78	Platin	Pt 191	10	10
		Pt 193	10	10
		Pt 193^m	100	100
		Pt 197	10	10
		Pt 197^m	100	100
79	Gold	Au 196	10	10
		Au 198	10	10
		Au 199	10	10
80	Quecksilber	Hg 197	10	10
		Hg 197^m	10	10
		Hg 203	10	10
81	Thallium	Tl 200	10	10
		Tl 201	10	10
		Tl 202	10	10
		Tl 204	1	1
82	Blei	Pb 203	10	1
		Pb 210	0,1	0,01
		Pb 212	1	0,1
83	Wismut	Bi 206	10	1
		Bi 207	1	0,1
		Bi 210	1	0,1
		Bi 212	10	1
84	Polonium	Po 210	0,1	0,01
85	Astat	At 211	1	0,1
86	Radon	Rn 220	10	1
		Rn 222	10	1
88	Radium	Ra 223	0,1	0,01
		Ra 224	1	0,1
		Ra 226	0,1	0,01
		Ra 228	0,1	0,01
89	Aktinium	Ac 227	0,1	0,01
		Ac 228	1	0,1
90	Thorium	Th 227	0,1	0,01
		Th 228	0,1	0,01
		Th 229	0,1	0,01
		Th 230	0,1	0,01
		Th 231	10	1
		Th 232	1	meldepflichtig
		Th nat.	1	meldepflichtig
		Th 234	1	0,1

Anlage 5

(zu §§ 12 bis 15 und 90 Abs. 1)

TABELLE A

Höchstzulässige Aktivitäten im Gesamtkörper und im kritischen Organ (HZA), jährlich höchstzulässige Aktivitätsaufnahmen aus Atemluft und Wasser (HZAA/a), höchstzulässige Konzentrationen radioaktiver Stoffe in der Atemluft bei 40-stündiger (HZK 40) und 168-stündiger (HZK 168) Exposition pro Woche sowie höchstzulässige Konzentrationen radioaktiver Stoffe im Wasser (HZK 168), entsprechend den gemäß § 12 Abs. 3 und 6 jährlich höchstzulässigen Dosen; gemäß § 12 Abs. 8 bzw. Abs. 10 dürfen jedoch sowohl für Personen innerhalb von Kontroll- und Überwachungsbereichen wie auch gemäß § 15 für Personen außerhalb von solchen Bereichen die jährlich höchstzulässigen Aktivitätsaufnahmen aus dem Trinkwasser und die höchstzulässigen Konzentrationen radioaktiver Stoffe im Trinkwasser 1/30 der in Spalte 8 bzw. in Spalte 11 angegebenen Werte nicht überschreiten.

1	2	3		4	5	6	7	8	9	10	11
					HZA		HZAA/a		HZK 40 40 Std. pro W.	HZK 168 168 Std. pro Woche	
Kernladungszahl	Element	Radionuklid, Strahlenart phys. Halbwertszeit	Zustand [1]) [2])	Krit. [3]) Organ oder Gewebe	Ganzkörper µCi [4]) [5])	Krit. Organ µCi [4]) [5])	Luft µCi/a [4]) [5])	Wasser µCi/a [4]) [5])	Luft µCi/cm³ [4]) [5])	Luft µCi/cm³ [4]) [5])	Wasser µCi/cm³ [4]) [5])
1	Wasserstoff	H 3 β^- (HTO, ^3H_2O) 12,35 a	löslich	Körpergewebe	1 .10^3	1 .10^3	1,2.10^4	2,6.10^4	5.10^{-6}	2.10^{-6}	0,03
			Immersion	H	—	—	—	—	2.10^{-3}	4.10^{-4}	—
4	Beryllium	Be 7 ε, γ 53 d	löslich	GK	600	560	1,4.10^4	—	6.10^{-6}	2.10^{-6}	—
				MDT	—	—	—	1,4.10^4	—	—	0,02
			unlöslich	L	—	52	3,0.10^3	—	10^{-6}	4.10^{-7}	—
				MDT	—	—	—	1,4.10^4	—	—	0,02
6	Kohlenstoff	C 14 β^- (CO_2) 5730 a	löslich	F	300	160	8,7.10^3	6,6.10^3	4.10^{-6}	10^{-6}	8.10^{-3}
			Immersion	GK	—	—	—	—	5.10^{-5}	10^{-5}	—
9	Fluor	F 18 β^+ 1,87 h	löslich	MDT	—	—	1,3.10^4	6,6.10^3	5.10^{-6}	2.10^{-6}	8.10^{-3}
			unlöslich	MDT	—	—	6,4.10^3	4,0.10^3	3.10^{-6}	9.10^{-7}	5.10^{-3}
11	Natrium	Na 22 β^+, γ 2,6 a	löslich	GK	10	10	4,3.10^2	3,2.10^2	2.10^{-7}	6.10^{-8}	4.10^{-4}
			unlöslich	L	—	1	2,1.10	—	9.10^{-9}	3.10^{-9}	—
				MDT	—	—	—	2,4.10^2	—	—	3.10^{-4}
		Na 24 β^-, γ 15,0 h	löslich	MDT	—	—	3,1.10^3	1,5.10^3	10^{-6}	4.10^{-7}	2.10^{-3}
			unlöslich	MDT	—	—	3,6.10^2	2,2.10^2	10^{-7}	5.10^{-8}	3.10^{-4}

[1]), [2]), [3]), [4]), [5]): Siehe Erklärungen am Schluß dieser Tabelle.

1	2	3		4	5	6	7	8	9	10	11
					HZA		HZAA/a		HZK 40 40 Std. pro W.	HZK 168 168 Std. pro Woche	
Kernladungszahl	Element	Radionuklid, Strahlenart phys. Halbwertszeit	Zustand [1] [2]	Krit. [3] Organ oder Gewebe	Ganzkörper µCi [4] [5]	Krit. Organ µCi [4] [5]	Luft µCi/a [4] [5]	Wasser µCi/a [4] [5]	Luft µCi/cm³ [4] [5]	Luft µCi/cm³ [4] [5]	Wasser µCi/cm³ [4] [5]
		Te 127m β^-, γ, e^-	löslich	N	7	0,79	$3,3.10^2$	$5,0.10^2$	10^{-7}	5.10^{-8}	6.10^{-4}
		105 d	unlöslich	L	—	2,6	$1,0.10^2$	—	4.10^{-8}	10^{-8}	—
				MDT	—	—	—	$4,2.10^2$	—	—	5.10^{-4}
		Te 127 β^-	löslich	MDT	—	—	$4,2.10^3$	$2,1.10^3$	2.10^{-6}	6.10^{-7}	3.10^{-3}
		9,4 h	unlöslich	MDT	—	—	$2,1.10^3$	$1,4.10^3$	9.10^{-7}	3.10^{-7}	2.10^{-3}
		Te 129m β^-, γ, e^-	löslich	MDT	—	—	—	$2,6.10^2$	—	—	3.10^{-4}
		41 d		N	3	0,32	$2,0.10^2$	—	8.10^{-8}	3.10^{-8}	—
			unlöslich	L	—	1,0	$8,0.10$	—	3.10^{-8}	10^{-8}	—
				MDT	—	—	—	$1,6.10^2$	—	—	2.10^{-4}
		Te 129 β^-, γ, e^-	löslich	MDT	—	—	$1,3.10^4$	$6,6.10^3$	5.10^{-6}	2.10^{-6}	8.10^{-3}
		72 min	unlöslich	MDT	—	—	$1,0.10^4$	$6,6.10^3$	4.10^{-6}	10^{-6}	8.10^{-3}
		Te 131m β^-, γ, e^-	löslich	MDT	—	—	$9,5.10^2$	$4,6.10^2$	4.10^{-7}	10^{-7}	6.10^{-4}
		1,25 d	unlöslich	MDT	—	—	$4,7.10^2$	$3,0.10^2$	2.10^{-7}	6.10^{-8}	4.10^{-4}
		Te 132 β^-, γ, e^-	löslich	MDT	—	—	$5,1.10^2$	$2,6.10^2$	2.10^{-7}	7.10^{-8}	3.10^{-4}
		77 h	unlöslich	MDT	—	—	$2,6.10^2$	$1,7.10^2$	10^{-7}	4.10^{-8}	2.10^{-4}
53	Jod	J 126 β^-, ε, γ	löslich	S	1	0,21	$1,8.10$	$1,4.10$	8.10^{-9}	3.10^{-9}	2.10^{-5}
		13,3 d	unlöslich	L	—	4,7	$8,0.10^2$	—	3.10^{-7}	10^{-7}	—
				MDT	—	—	—	$7,4.10^2$	—	—	9.10^{-4}
		J 129 β^-, γ, e^-	löslich	S	3	0,49	4,0	$3,0.10^2$	2.10^{-9}	6.10^{-10}	4.10^{-6}
		$1,7.10^7$ a	unlöslich	L	—	10	$1,8.10^2$	—	7.10^{-8}	2.10^{-8}	—
				MDT	—	—	—	$1,7.10^2$	—	—	2.10^{-3}
		J 131 β^-, γ, e^-	löslich	S	0,7	0,15	$2,1.10$	$1,6.10$	9.10^{-9}	3.10^{-9}	2.10^{-5}
		8,08 d	unlöslich	L	—	2,8	$8,0.10^2$	—	3.10^{-7}	10^{-7}	—
				MDT	—	—	—	$5,1.10^2$	—	—	6.10^{-4}
		J 132 β^-, γ, e^-	löslich	S	0,3	0,052	$5,9.10^2$	$4,5.10^2$	2.10^{-7}	8.10^{-8}	6.10^{-4}
		2,3 h	unlöslich	MDT	—	—	$2,3.10^3$	$1,4.10^3$	9.10^{-7}	3.10^{-7}	2.10^{-3}

[1], [2], [3], [4], [5]: Siehe Erklärungen am Schluß dieser Tabelle.

1	2	3		4	5	6	7	8	9	10	11
					HZA		HZAA/a		HZK 40 40 Std. pro W.	HZK 168 168 Std. pro Woche	
Kern-Ladungs-zahl	Element	Radionuklid, Strahlenart phys. Halbwertszeit	Zustand 1) 2)	Krit. 3) Organ oder Gewebe	Ganz-körper µCi 4) 5)	Krit. Organ µCi 4) 5)	Luft µCi/a 4) 5)	Wasser µCi/a 4) 5)	Luft µCi/cm³ 4) 5)	Luft µCi/cm³ 4) 5)	Wasser µCi/cm³ 4) 5)
		Bi 207 ε, γ	löslich	MDT	—	—	—	$5,1.10^{2}$	—	—	6.10^{-4}
		8,0 a		N	2	0,76	$4,2.10^{2}$	—	2.10^{-7}	6.10^{-8}	—
			unlöslich	L	—	1,9	$3,4.10$	—	10^{-8}	5.10^{-9}	—
				MDT	—	—	—	$5,0.10^{2}$	—	—	6.10^{-4}
		Bi 210 α, β^{-}	löslich	MDT	—	—	—	$3,3.10^{2}$	—	—	4.10^{-4}
		5,0 d		N	0,04	0,013	$1,6.10$	—	6.10^{-9}	2.10^{-9}	—
			unlöslich	L	—	0,032	$1,5.10$	—	6.10^{-9}	2.10^{-9}	—
				MDT	—	—	—	$3,3.10^{2}$	—	—	4.10^{-4}
		Bi 212 α, β^{-}, γ	löslich	MDT	—	—	—	$2,8.10^{3}$	—	—	4.10^{-3}
		60,5 min		N	0,01	0,0030	$2,4.10^{2}$	—	10^{-7}	3.10^{-8}	—
			unlöslich	L	—	0,010	$5,0.10^{2}$	—	2.10^{-7}	7.10^{-8}	—
				MDT	—	—	—	$2,8.10^{3}$	—	—	4.10^{-3}
84	Polonium	Po 210 α	löslich	Mz	0,03	0,002	1,2	5,8	2.10^{-10}	2.10^{-10}	7.10^{-6}
		138,4 d	unlöslich	L	—	0,015	$5,0.10^{-1}$	—	2.10^{-10}	7.10^{-11}	—
				MDT	—	—	—	$2,3.10^{2}$	—	—	3.10^{-4}
85	Astat	At 211 α, ε, γ	löslich	S	0,02	0,00047	$1,8.10$	$1,4.10$	7.10^{-9}	2.10^{-9}	2.10^{-5}
		7,2 h	unlöslich	L	—	0,011	$8,7.10$	—	3.10^{-8}	10^{-8}	—
				MDT	—	—	—	$5,8.10^{2}$	—	—	7.10^{-4}
85	Radon	Rn 220 α, β^{-}, γ, e^{-} *) 51,5 sek		L	—	—	$7,3.10^{2}$	—	3.10^{-7}	10^{-7}	—
		Rn 222 α, β^{-}, γ *) 3,83 d		L	—	—	$7,3.10$	—	3.10^{-8}	10^{-8}	—
88	Radium	Ra 223 α, β^{-}, γ	löslich	K	0,05	0,039	4,3	5,8	2.10^{-9}	6.10^{-10}	7.10^{-6}
		11,68 d	unlöslich	L	—	0,003	$6,0.10^{-1}$	—	2.10^{-10}	8.10^{-11}	—
				MDT	—	—	—	$3,0.10$	—	—	4.10^{-5}

*), 1), 2), 3), 4), 5): Siehe Erklärungen am Schluß dieser Tabelle.

TABELLE C

Für Gemische der in Tabelle A angeführten radioaktiven Stoffe:

Jährlich höchstzulässige Aktivitätsaufnahmen aus der Atemluft (HZAA/a) und höchstzulässige Konzentrationen in der Atemluft bei 40-stündiger (HZK 40) und bei 168-stündiger (HZK 168) Exposition pro Woche, entsprechend den gemäß § 12 Abs. 3 und 6 jährlich höchstzulässigen Dosen.

1	2	3	4
Gemische der in Tabelle A angeführten radioaktiven Stoffe	HZAA/a Luft µCi/a	HZK 40 40 Std. pro Woche Luft µCi/cm³	HZK 168 168 Std. pro Woche Luft µCi/cm³
Beliebige Gemische von Beta- und Gammastrahlern, sofern sowohl Alphastrahler als auch Sr 90, J 129, Pb 210, Ac 227, Ra 228, Pa 230, Pu 241, Am 242m, Bk 249, Cf 254, Es 255 und Fm 256 ausgeschlossen werden können *)	7,8	$3 . 10^{-9}$	$1 . 10^{-9}$
Beliebige Gemische von Beta- und Gammastrahlern, sofern sowohl Alphastrahler als auch Pb 210, Ac 227, Ra 228, Pu 241, Am 242m und Cf 254 ausgeschlossen werden können *)	$6 . 10^{-1}$	$2{,}5 . 10^{-10}$	$1 . 10^{-10}$
Beliebige Gemische von Beta- und Gammastrahlern, sofern sowohl Alphastrahler als auch Ac 227, Am 242m und Cf 254 ausgeschlossen werden können *)	$6 . 10^{-2}$	$2{,}5 . 10^{-11}$	$1 . 10^{-11}$
Beliebige Gemische von Alpha-, Beta- und Gammastrahlern, sofern Ac 227, Th 230, Pa 231, Th 232, Th nat., Pu 238, Pu 239, Pu 240, Pu 242, Pu 244, Cm 248, Cf 249 und Cf 251 ausgeschlossen werden können *)	$8 . 10^{-3}$	$3 . 10^{-12}$	$1 . 10^{-12}$
Beliebige Gemische von Alpha-, Beta- und Gammastrahlern, sofern Pa 231, Th nat., Pu 239, Pu 240, Pu 242, Pu 244, Cm 248, Cm 249, Cf 249 und Cf 251 ausgeschlossen werden können *)	$5 . 10^{-3}$	$2 . 10^{-12}$	$7 . 10^{-13}$
Beliebige Gemische von Alpha-, Beta- und Gammastrahlern, sofern Cm 248 ausgeschlossen werden kann *)	$1{,}8 . 10^{-3}$	$7 . 10^{-13}$	$2{,}4 . 10^{-13}$
Beliebige Gemische von Alpha-, Beta- und Gammastrahlern	$1{,}2 . 10^{-3}$	$5 . 10^{-13}$	$1{,}6 . 10^{-13}$

*) Es können solche Radionuklide ausgeschlossen werden, deren Werte der Konzentration in Luft oder der Aktivitätsaufnahme aus Luft vernachlässigbar sind im Vergleich zu den in Tabelle A festgelegten Werten.

Erstaunlich ist, daß für Kernkraftwerke ganz extreme Schutzvorschriften bestehen, daß aber größere Emissionen bei anderen Werken toleriert werden. So konnte in der Nähe von Kohlekraftwerken eine Steigerung der Bronchitisfälle bei Kleinkindern festgestellt werden, während in der Nähe von Kernkraftwerken keine gesundheitlichen Beeinträchtigungen (Krebs) gefunden wurden /4.12/, /12.3.42/, /12.3.27/. Während in der Nähe von Kohlekraftwerken Strahlungsbelastungen bis zum Hundertfachen (und mehr) der Strahlungsbelastung durch ein Kernkraftwerk auftreten, sind auch die Emissionen von radioaktiven Stoffen größer. Nach /4.12/ emittiert ein durchschnittliches Kohlekraftwerk in der BRD im Jahr 30 mCi radioaktives Blei und 4 mCi Radium. Das Kernkraftwerk Stade emittiert demgegenüber jährlich 10 mCi radioaktives Jod. Während die natürliche Strahlungsbelastung ca 170 mrem beträgt, führt der Betrieb eines Kohlekraftwerkes zu einer Strahlungsbelastung von 20 mrem und der eines Kernkraftwerkes zu 0,4 mrem /4.12/, /12.5.16/.

Kernkraftwerke sind daher umweltschützend, wenn sie anstatt von Kohlekraftwerken errichtet werden und vermeiden Krankheit und Todesfälle. In der Natur und in Kohleasche vorkommende Schwermetalle sind viel gefährlicher als radioaktive Spuren /12.3.4/ p 11. Im Zusammenhang mit der Strahlenbelastung durch Kernkraftwerke ist auch vergleichsweise die Steigerung des Radioaktivitätsgehaltes von Raumluft in gut isolierten Häusern zu nennen. Durch Wärmeisolation wird die Luftwechselrate verringert, wodurch das Entweichen von Radon (radioaktive Emanation vom Radium, Thorium in Baumaterialien) aus einem solchen Raum behindert wird /12.3.30/, /12.3.57/.

In einem normalen Haus ist der Aktivitätsgehalt der Luft 0,5 bis 2 pCi/l /12.3.30/, während er in einem isolierten Haus bis zu 30 pCi/l betragen kann. Das ist 150 mal so viel, wie beim Störfall im Kernkraftwerk Harrisburg in Form von Xenon und Krypton entwichen (0,2 pCi/l). Befinden sich Radionuklide mit einer Aktivität von 100 pCi/l in der Atemluft und gelangen diese in die Lunge, so entspricht das einer biologischen Strahlenwirkung von 5.000 mrem/a (2 pCi/l Luft = 100 mrem). Durch Hausisolation kann die Radioaktivität der Raumluft sogar um das 50-fache erhöht werden (siehe dazu auch Abschnitt 16). Das kann rein statistisch bedeuten, daß unter 10.000 Personen, die solche Häuser bewohnen, fünf zusätzliche tödliche Lungenkrebsfälle pro Jahr zu erwarten sind. Nach Ansicht der Strahlungsbiologen liegen aber auch diese Dosen - ebenso wie die von Kohlekraftwerken und von Kernkraftwerken - unter der Gefährdungsgrenze.

Beim dem vom Tutorium Heidelberg erstatteten "Wyhlgutachten" /12.3.43/ handelt es sich um ein fehlerhaftes radioökologisches Gutachten, welches von offenbar noch unerfahrenen, eben fertig gewordenen Studenten erstellt wurde. Bei der Berechnung der Strahlenbelastung aus der Freisetzung von Radionukliden über die Nahrungskette wurden verschiedene "Transport- und Transferfaktoren" nicht richtig berücksichtig /12.3.4/, p 113; /12.3.44/. Den so errechneten Werten von 50 - 250 mrem stehen effektiv gemessene Werte von 2 - 3 mrem gegenüber. Die Berechnungen dieses "Wyhlgutachtens" wurden in einem Bericht der Bundesregierung der BRD widerlegt /12.3.44/, /12.3.62/.

Ein radioökologisches Gutachten existiert selbstverständlich auch für Zwentendorf, allerdings heißt es dort "Strahlenbelastungsuntersuchung".

12.4 Kernexplosivstoffe, Atomkrieg, Plutonium, Proliferationsprobleme

Zur Erzeugung einer Atombombe benötigt man eine bestimmte Brennstoffmasse, die kritische Masse (ca 8 kg hochreines (93 %-iges) $^{239}_{94}Pu$ /12.4.20.6/ oder 7 - 15 kg reinstes $^{235}_{92}U$ /1.19/ p 347, /2.5/. Kraftwerksplutonium ist für die Herstellung einer Atombombe nicht geeignet, da das im Kernkraftwerk erzeugte $^{240}_{94}Pu$ ein Neutronenabsorber ist /12.1.22/. Schlimmstenfalls verpufft Reaktorplutonium mit der Wirkung einer Handgranate /12.4.20.6/. Statt einer Lagerung des Plutoniums sollte man es wieder im Reaktor zur Energieerzeugung einsetzen. Leichtwasserreaktoren erzeugen bei 70 %-iger Ausnutzung pro MW und Jahr ca. 250 g Plutonium. In Zwentendorf würden 30 % des gebildeten Pu im Kernkraftwerk automatisch wieder verbrannt /12.1.27/ Band 5. Das meiste Plutonium befindet sich aber in Form von ca 40.000 nuklearen Sprengköpfen in den Arsenalen der Großmächte /12.4.19.6/.

Um militärische Anwendungen auszuschließen, wird von der Internationalen Atomenergie Organisation (IAEA) die Spaltstoff-Buchhaltung eines Kernkraftwerkes überprüft /12.4.20.6/, /12.4.28/, /12.1.38/. Das Siegel der IAEA befindet sich auf jedem Brennelement.

Selbst wenn ein Land den Nonproliferation-Vertrag /12.1.22/ p 358 nicht einhält und in den Besitz einer überkritischen Masse von $^{239}_{94}Pu$ oder $^{235}_{92}U$ kommt, sind noch einige Mann-Jahre an Entwicklungszeit nötig, um einen Atombombensprengsatz herzustellen. Indien benötigte, nachdem es $^{239}_{94}Pu$ hatte, immerhin noch 2 Jahre, um einen Sprengsatz zu bauen /12.4.19.6/.

Die rasche Herstellung des explosiven überkritischen Volumens einer Atombombe geschieht durch rasche Kompression unterkritischer Massen mit Hilfe von herkömmlichen Sprengstoffen (TNT). Damit die Kettenreaktion mit schnellen Neutronen möglichst viel Energie freisetzt, wird die kritische Masse kurzzeitig durch Trägheitskräfte zusammengehalten (Goldhülle?) /12.1.22/ p 314.

Plutonium ist ein giftiges Schwermetall; allerdings ist die Behauptung, daß es die "giftigste Substanz" sei und alles Material zersetze, wie es einige Atomgegner verbreiten /12.1.73/, wissenschaftlich unhaltbar. Ein Vergleich der Toxizität von Plutonium mit anderen Chemikalien sieht folgendermaßen aus /12.4.19/:
Arsenik ist ca 50 mal so giftig wie Pu /1.2/,
Radium ist ca 4 mal so giftig wie Pu,
Kobragift ist ca 4 mal so wirksam wie Pu,
Tetanusgift (injiziert) ist ca 4×10^6 mal so giftig wie Pu.

Plutonium ist etwa 10 mal so giftig wie Koffein /1.2/ p 249. Die Giftigkeit des Plutoniums sollte man mit der Gefährlichkeit anderer Gifte vergleichen, z.B. mit Arsen. Dieses Gift zerfällt nicht, seine Halbwertszeit ist unendlich. Seit 1930 wurden allein in Nordschweden 11×10^6 t Arsen gewonnen und als Pflanzenschutzmittel verstreut. Die jährlich in den USA anfallenden 50 Millionen Tonnen Kohlenasche enthalten 25.000 t Arsen.

Die α-Strahlen des ^{239}Pu lassen sich durch ein Blatt Papier abschrimen; im Körper erweist sich das in unserer Atemluft enthaltene

Radon als 4 mal schädlicher. 5 kg Reaktorplutonium im Trinkwasser einer Stadt würde nach 15 Jahren etwa einen Krebstoten fordern /12.4.19/, /12.1.19/; mit einer winzigen Menge Botulinusgift im Trinkwasser kann man eine ganze Stadt ausrotten. Unter 17.000 Plutoniumarbeitern müßte es nach den Rechnungen von Gofman 1.500 Krebskranke geben, tatsächlich gab es seit 1945 keinen einzigen, obwohl einige Arbeiter die 25-fache Toleranzdosis aufgenommen haben /12.4.19.7/. Wenn Plutonium in den Körper gelangt, kann man es durch Chelatbildner wieder ausscheiden. Durch die rund 400 durchgeführten Atomwaffenversuche wurden 4 - 8 Tonnen ^{239}Pu in der Atmosphäre zerstreut /12.6.10/, /12.4.19.6/, /12.1.19/.

Der von Kernenergiegegnern prophezeite Polizeistaat ist nirgends eingetreten, durch den Betrieb von Kernkraftwerken hat die Demokratie nirgends Schaden genommen. Verstärkte Kontrollen im Flugverkehr sind eine Folge des Terrorismus. Auch die Überwachung von Atomwaffentransporten in den USA haben dort zu keinem Polizeistaat geführt.

Um Sabotage auszuschließen, wurden Untersuchungen über alle denkbaren Sabotagemöglichkeiten angestellt /12.4.27/, /12.6.48/, /12.6.39/, /12.1.26/ Bd. 3, p 55, /12.4.17/. Der Schutz von Kernkraftwerken ist wesentlich besser als beispielsweise jener von Trinkwasseranlagen, Industriebetrieben oder Raffinerien /12.4.17.11/. Es wäre für Saboteure wesentlich leichter und lohnender, Objekte wie elektrische Schaltzentralen oder Wasserreservoirs anzugreifen..

12.5 Die Beseitigung radioaktiver Abfälle

Wie alle industriellen Prozesse in unserer modernen technischen Gesellschaft ist auch die Nutzung der Kernenergie mit der Erzeugung von Abfallprodukten verbunden. Einige nukleare Beiprodukte können nach entsprechender Bearbeitung wieder verwertet werden, andere sind nutzloser Abfall. Der grundlegende Unterschied gegenüber herkömmlichen industriellen Rückständen ist, daß sie radioaktiv sind und daher ausreichend sicher von der menschlichen Lebenssphäre abgeschlossen werden müssen. Die Technologien dazu sind vorhanden.

Die radioaktiven Rückstände besitzen unterschiedliche physikalische und chemische Eigenschaften und Formen und weisen einen weiten Bereich an Aktivitätsgehalten auf. Üblicherweise trifft man eine Einteilung von radioaktiven Stoffen bei flüssigen Abfällen nach der Aktivitätskonzentration und bei Festabfällen nach der Strahlungsdosisleistung an der Oberfläche.

Schwach aktive Abfälle (bis 0,1 Ci/m^3 oder bis 0,2 r/h an der Oberfläche): Sie fallen in der Industrie, Medizin /12.5.1/, bei der Urangewinnung, als Filtermaterial und Waschlösungen aus Kernkraftwerken /12.3.46/, p 314 an. Für sie ist keine Kühlung und keine Abschirmung erforderlich /12.5.19.11/.

Mittelaktive Abfälle (0,1 - 10^4 Ci/m^3 oder 0,2 - 2 r/h an der Oberfläche): Es handelt sich um Rückstände aus der Urangewinnung, Filterkonzentrate u.ä. Für sie ist keine Kühlung, jedoch eine Abschirmung nötig.

Hochaktive Abfälle (über 10^4 Ci/m^3 oder über 2 r/h an der Oberfläche): Über 99 % der in den flüssigen und 90 % der in den festen Abfällen enthaltenen Radionuklide kommen aus Wiederaufbereitungsanlagen für bestrahlte Kernbrennstoffe. Ein Kernkraftwerk mit 1000 MW Leistung gibt Anlaß zu 1 - 2 m^3 hochaktivem Konzentrat pro Jahr, 99 % hiervon befinden sich in den Brennelementen. Ein 1000 MWe-Kernkraftwerk erzeugt pro Jahr 1000 kg Spaltprodukte. Werden diese gebrauchten Brennstäbe, die 95 % Uran, 4 % Spaltprodukte, 1 % Plutonium und andere Transurane enthalten, nach ihrer Entnahme 1 Jahr lang in Wasser gelagert, dann enthalten sie noch eine Aktivitätsmenge von 100 Millionen Curie.

Die Prozentanteile der drei Arten radioaktiver Abfälle ersieht man aus Fig. 12.24.

Nach ihrer Entnahme aus dem Reaktor sollten bestrahlte Brennelemente etwa 6 - 12 Monate unter Wasser (in Brennstofflagerbecken im Kernkraftwerk) gelagert werden (nach 180 Tagen ist ihre Radioaktivität auf 3 % des ursprünglichen Wertes abgesunken /1.2/), bevor sie zur Weiterbehandlung in eigenen, 30 - 100 t schweren Behältern transportiert werden (10 Transporte pro Jahr) /1.2/, /12.5.4/. Für die Beschaffenheit und Auslegung solcher Transportbehälter bestehen internationale Vorschriften /12.5.23/.

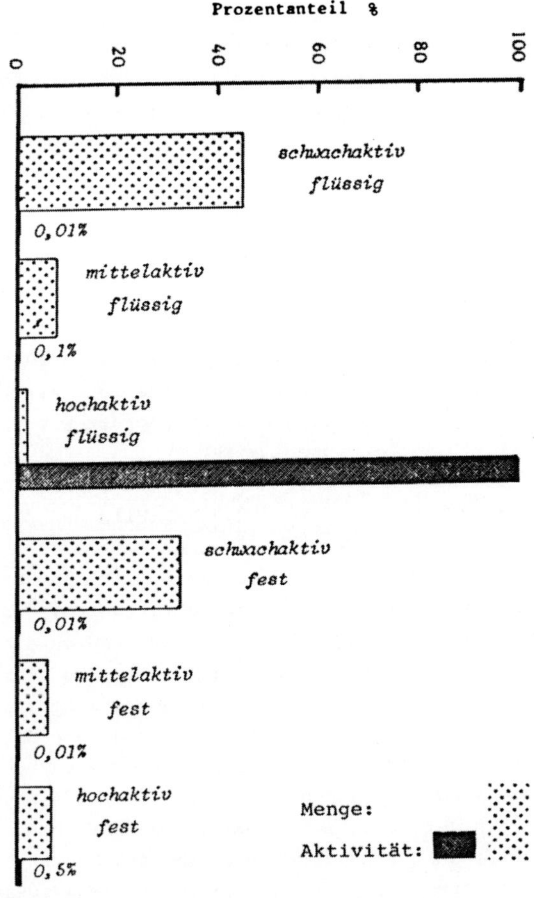

Fig. 12.24
Anteil der Abfallarten an der Gesamtmenge (▒) der radioaktiven Rückstände im Kernbrennstoffkreislauf und ihr prozentueller Anteil an der Gesamtaktivität (■)

1) Sie müssen bei einem Fall aus 9 m Höhe dicht bleiben. Bei einem Versuch, bei dem ein 8 Tonnen schwerer Behälter aus sogar 600 m Höhe von einem Hubschrauber aus fallengelassen wurde /12.5.4/, Bild auf p 48, erreichte der Behälter eine Aufprallgeschwindigkeit von 400 km/h, bohrte sich in das Erdreich ein und blieb dicht /1.2/.
2) Die Behälter müssen eine halbe Stunde lang Feuer bei einer Temperatur von 800 °C widerstehen.
3) Sie müssen beim Fall aus 1 m Höhe auf die Spitze eines 15 cm langen Stahldornes dicht bleiben.
4) Sie müssen einem 8 Stunden dauernden Unterwassertauchversuch standhalten /12.5.17/, /1.2/, /12.1.121/, /12.3.29.5/.
5) Sie sind mit einem 20 cm dicken Bleimantel ausgestattet, der mit Kobalt-60 auf die Abschirmungswirkung geprüft wird /12.5.23.5/.
6) Sie sind mit Kühlrippen ausgestattet.
7) Es werden künstlich Schwerstunfälle herbeigeführt, bei denen ihre Dichtheit überprüft wird /12.3.4/, Bild auf p 291, /1.2/.

Grundsätzlich gibt es zwei akzeptable Wege, mit radioaktivem Abfall, der nicht zerstört werden kann, zu verfahren, wenn eine ökonomische Rezyklierung nicht möglich ist. Er kann ohne Aufbereitung mittels gesicherter Verfahren, die eine völlige Isolierung vom Biozyklus garantieren, unter strenger Bewachung gelagert werden, jedoch mit der Option, ihn für eine später erwünschte Behandlung bzw. Weiterverarbeitung verfügbar zu haben, oder er wird nach besonderer Konditionierung endgültig solcherart beseitigt, daß auch unter Bedachtnahme der in der Natur auftretenden mechanischen, physikalischen und chemischen Vorgänge ein unzulässiger Kontakt dieser radioaktiven Substanzen mit jeglicher Lebenssphäre ausgeschlossen ist.

Für beide Konzepte gibt es bereits erprobte Verfahren. Eine Methode ist die Zwischenlagerung der Brennelemente ohne Wiederaufbereitung; sie geschieht beim Kernkraftwerk. Besser als das Anlegen solcher "Plutonium-Bergwerke" ist aber die Verwertung des in den bestrahlten Brennstäben noch enthaltenen Uran-235 und neu entstandenen Plutoniums in Kernreaktoren /12.5.4/, p 83.

In Kanda werden verbrauchte Brennelemente zur Zeit nicht wiederaufgearbeitet, sondern langzeitig in großen Wasserbecken oder in Betonkanistern bis zu einer eventuellen späteren Verwendung (falls eine Plutoniumabtrennung erwünscht ist) gelagert. Die Brennstäbe befinden sich zum Teil schon bis zu 18 Jahre in reinem Wasser und zeigen keine Korrosionserscheinungen. Die Temperatur und der Radioaktivitätsgehalt des Wassers werden laufend überwacht /12.5.18.1/. Das Wasser dient sowohl zur Kühlung als auch zur Strahlenabschirmung. Für die Rückhaltung der aktiven Substanzen sorgen die Brennstabhüllen und die Betonwände des Beckens. Es zeigt sich, daß bereits nach relativ kurzer Lagerzeit die Radioaktivität und mit ihr die Produktion der Nachzerfallswärme auf die Hälfte abgesunken sind und daß sie nach einem Jahr nur mehr einige Prozent des Wertes bei der Brennelemententnahme aufweisen. Nach 5 Jahren Wasserkühlung ist dann auch eine trockene Lagerung in Betonkanistern möglich, in das ein Metallrohr gesteckt wird, in welches die Brennelemente eingeschweißt werden und das noch zusätzlich von einem Bleimantel umgeben ist /12.5.18/. Die Restwärme wird über die innenseitige Luft durch die Betonwandung an die Atmosphäre abgegeben (Nützung der natürlichen Konvektion). Derartige Konzepte existieren auch in der BRD: /12.5.21.17/, /12.5.18.4/, /12.5.4/ p 52.

Eine andere Möglichkeit ist das Kompaktlager. In ihm lagern die Brennelemente ganz eng beieinander und zwar unter Wasser, das mit Borsäure versetzt ist (Neutronenabsorption zur Vermeidung von Spaltungsreaktionen).

Die Wiederaufbereitung bestrahlter Brennstoffstäbe funktioniert in mehreren Anlagen /12.5.19/. Eine wirtschaftliche Wiederaufbereitungsanlage sollte 1.500 Tonnen Jahresdurchsatz haben, d.h. sie könnte 50 Kernkraftwerke zu je 1000 MWe-Leistung entsorgen. Das ergibt 1000 m^3 Spaltproduktlösungen, ca 10^7 Curie, die nach ca fünfjähriger Lagerung auf 1:10 aufkonzentriert werden, also 2 m^3 pro Kernkraftwerk), 1000 m^3 mittelaktiven Abfall und 38.000 m^3 schwachaktiven Abfall /12.5.31/. Der hochaktive Abfall hat etwa 10^4Ci/l und eine Wärmeabgabe von 20 W/l.

Was geschieht bei der Wiederaufbereitung?
1) Mechanische Zerkleinerung der Brennelemente,
2) Abtrennung von Uran-235 und Plutonium (Verwendung für neue Brenn-

stäbe) und von Transuranen.

3) Behandlung der hochaktiven Abfälle (salpetersaure Lösung, die 99,9 % der Spaltprodukte enthält) und Überführung der hochaktiven Konzentrate in Endlagerprodukte.

Ein Verzicht auf Wiederaufbereitung (z.B. um von der Wiederaufbereitungsanlage unabhängig zu sein), d.h. die direkte Endlagerung des bestrahlten Brennstoffes mitsamt seinen Spaltgasen und Transuranen, würde keinen Vorteil bringen, da keine optimale chemische Einbindung der verschiedenen Radionuklide für eine stabile endlagerfähige Form der Brennelemente gegeben ist (chemische Korrosion). Das damit verbundene Langzeitlagerrisiko dürfte um etwa zwei Größenordnungen höher liegen als bei der Entsorgung mit Wiederaufbereitung /12.5.21.9/. Außerdem ist es sinnvoller, Plutonium nicht endzulagern, sondern diesen hochwertigen Reaktorbrennstoff in neue Brennelemente einzubauen. Auch bei der Brennelementfertigung gibt es radioaktive Abfälle, und zwar fallen pro 1000 MWe-Reaktor etwa 40 m^3 brennbare und 2 m^3 nicht verbrennbare feste sowie 10 m^3 flüssige Rückstände im Jahr an, deren Volumen durch Konzentrierung und Verfestigung noch reduziert werden kann.

Um radioaktive Substanzen in endlagerfähige Formen überzuführen /12.5.14/, werden die Abfälle in ihrem Volumen soweit als möglich eingeengt (z.B. Verdampfen, Filtrieren u.ä.) und so verfestigt, daß die in ihnen enthaltenen Radionuklide über die bis zu ihrem Zerfall erforderlichen Zeiträume sicher eingeschlossen bleiben. Schwachaktive Abwässer können mittels Ionenaustauscher um den Faktor 100 bis 1000 dekontaminiert werden (Reinigung der Wassermengen aus Reaktorkreisläufen und von Brennelementlagerbecken) /12.5.35/. Verschmutzte und salzreiche flüssige Rückstände niedriger Aktivität werden über Anschwemmfilter filtriert oder durch chemische Fällung in schwerlösliche Niederschläge übergeführt (Abtrennung der darin enthaltenen Radionuklide durch Zentrifugieren). Pressen von Filtermaterialien und kontaminierten Kleidern verringert das Volumen auf 1:7.

Das effektivste Reinigungsverfahren schwach- und mittelaktiver Abwässer ist die Verdampfung. Durch Einfach- bzw. Doppelverdampfung und unter Einbeziehung der Kondensatreinigung durch Ionenaustauscher sind Dekontaminationsfaktoren bis zu 10^6 erreichbar /12.5.32/. Die abgesonderten wäßrigen Konzentrate, die die gesamte Radioaktivität enthalten, müssen noch in feste endlagerfähige Produkte übergeführt werden, die möglichst noch ein geringes Volumen aufweisen sollen. Am einfachsten ist das Einbetonieren, was aber die Abfallmenge vergrößert. Wirkungsvoller ist die Vermischung mit organischen Bindern wie Bitumen oder Kunstharz /12.5.21.18/, /12.5.21.19/, /12.5.35/.

Rund 60 % der radioaktiven Festabfälle sind brennbar. Ein Teil wird daher verascht, wobei das Volumen auf etwa 1/80 reduziert wird. Die radioaktive Asche wird dann mit Zementbrei verrührt und für den Transport zu einem monolithischen Block abgebunden. Eine weitere Methode ist das Sintern wie das in Schweden entwickelte Verfahren des heißisostatischen Pressens /12.5.36/. In Seibersdorf existiert eine Zwischenlagerstelle für schwach- und mittelaktive Abfälle.

Die hochaktiven Rückstände fallen beim Wiederaufbereitungsprozeß abgebrannter Brennelemente in Form einer wäßrigen salpetersauren Lösung an, welche über 99,9 % der Spaltprodukte und 0,05 - 1 % des Urans und Plutoniums sowie noch Aktiniden und Korrosionsprodukte enthält. Nach 5-jähriger Zwischenlagerung (Tanks) wird das Volumen der Lösung in einem Verdampfer etwa um den Faktor 10 eingeengt. Bis zur späteren Weiterverarbeitung werden diese salpetersauren Abfallkonzentrate in gekühlten Edelstahlbehältern zwischengelagert. In Europa hat sich dieses Konzept seit 15 Jahren gut bewährt (keine Leckagen). Werden bestimmte Nuklide wie Strontium, Cäsium und die Aktiniden aus der Spaltproduktlösung entfernt, so ist die Lösung nur über 20 Jahre gefährlich /12.5.1/ p 184. Die weitere Behandlung zielt darauf ab, die hochaktiven Konzentrate in Endlagerprodukte überzuführen, die aus Gründen der wirksamen Sicherung gegen die Ausbreitung von Radioaktivitätsmengen - auch bei einem eventuellen Versagen von vorhandenen geologischen Barrieren - die entsprechend hohen Anforderungen betreffend Auslaugbeständigkeit, mechanischer sowie chemischer Stabilität und Temperaturbeständigkeit erfüllen. Die diesbezüglich besten Qualitäten für eine Endlagerform verfestigter Spaltproduktlösungen weisen spezielle Gläser, kristallisierte Mineralien und Metallgitter auf (Glasblöcke oder -perlen /12.5.42/, /12.5.43/, Glaskeramiken /12.5.37/, /12.5.38/, /12.5.39/, sowie Metallgläser /12.5.33/, /12.5.67/.

In den USA sind in ca 200 Tankbehältern aus rostfreiem Stahl bereits über 300.000 m^3 Spaltproduktlösungen eingelagert (Tanklagerung /12.3.4/, /12.5.1/ p 203). Aus über 20-jähriger Erfahrung kennt man die Probleme der Wärmeabfuhr und Abgasreinigung (Radiolysegase) der bis zu 100 Jahren zu kühlenden Lösungen sowie der Korrosion der Behälter und ihrer Dichtheitskontrollen. Es kann mit mindestens 10 bis etwa 40 Jahren Lebensdauer solcher Tanks gerechnet werden. Bei Undichtheiten muß der Inhalt in einen stets bereiten Reservetank übergeführt werden. Wegen der langen Halbwertszeit von Strontium-90 und Cäsium-137 müßten diese Behälter aber mehrere Jahrhunderte beaufsichtigt werden. Zweckmäßiger erwies sich die Verdampfung und Kühlung von Abwässern mit anschließender Eindickung zu einer Salzmasse, die dann in Tanks gelagert wird (Hanford, Savannah River /12.3.4/). Es ist geplant, alle hochaktiven Abfälle so bald wie möglich zu verfestigen. Auch in Europa, USSR und Indien werden flüssige Abfälle aus Aufbereitungsprozessen als saure Lösungen in rostfreien Stahltanks gelagert. Man strebt ihre baldige Verfestigung zu Phosphat oder Borsilikatgläsern an.

An das Endlagerprodukt sind strenge Anforderungen zu stellen:

1) Temperaturstabilität /12.5.46/, /12.5.47/, /12.5.48/, /12.5.21.10/; anfänglich wird sich im Glasblock eine Temperatur von ca 150 - 200 °C einstellen /12.5.4/ p 115.
2) Strahlungsbeständigkeit (Alpha-Strahlen bewirken eine Veränderung der Kristallstruktur).
3) Korrosionsfestigkeit gegenüber Wasser- und Säureauslaugung. Bekannt sind folgende Auslaugeraten von Gläsern: 10^{-9} g/cm^{2}Tag (bei Normalbedingungen), bis 10^{-6} g/cm^{2}Tag (bei realistischen Störfallbedingungen) /12.5.52/, /12.5.53/, /12.5.54/, /12.5.9/. Ohne Stahlbehälter beträgt die Abtragung durch Korrosion 10^{-3} mm pro Jahr /12.5.21.2/, /12.5.19.3/. Nach 1000 Jahren weisen die verglasten Abfälle bereits eine geringere Radioaktivität auf als das natürliche Uranerz /12.5.57/. (Im Erdboden der EG sind 8×10^{18} Krebsdosen Uran /1.2/). Nach diesem Zeitraum können maximal 2 % der Masse des Endlagerprodukts ausgelaugt worden sein /12.5.52/.

Zur Erhöhung der Auslaugeresistenz werden die verglasten Abfälle meist noch in Metall eingeschlossen /12.5.49/ bzw. kleine Keramik-Pellets, die die radioaktiven Rückstände enthalten, werden mit chemisch trägen Schichten überzogen (Coating). Als eines der besten derzeit angewendeten Konzepte zur hochaktiven Abfallkonditionierung ist die Fertigung von großen Behältern aus Quarz und den Oxiden von Titan, Zirkonium und Aluminium nach dem Verfahren des heißisostatischen Pressens anzusehen, um darin die radioaktiven Konzentrate einzuschließen /12.5.50/. Eine Weiterentwicklung dieses besonderen Druckverfahrens ist das Einfüllen der radioaktiven Abfallprodukte in einen Metallcontainer, der unter Vakuum bei niedriger Temperatur verschlossen wird. Dieser Behälter wird dann bei hohem Druck (150 MPa) und hoher Temperatur (1.300 ^{o}C) über einige Stunden isostatisch verdichtet. Als Resultat bleibt ein hochdichtes synthetisches Mineral mit außerordentlich guten mechanischen und chemischen Eigenschaften in Bezug auf Endlagerzwecke zurück (fast 10-fache Härte von Granit, fast wie Diamant /12.5.21.1/). Bei einem Dauerversuch werden seit 1960 25 hochaktive Glaskörper ohne Stahlumhüllung in Grundwasser gelagert, ohne daß das Wasser verseucht wurde; es besitzt Trinkwasserqualität /12.5.9/, p 53.

Die möglichen Temperatureffekte auf Glasmaterialien in einem Endlager wurden eingehend untersucht (Entglasungserscheinungen), /12.5.55/, /12.3.4/, /12.5.21.10/, ebenso die möglichen Strahlenschäden an der Endlagerform (Simulation innerer Alpha-Strahlung; durch Heliumbläschenbildung (von den Alpha-Teilchen) war keine Versprädung festzustellen /12.5.50/, /12.5.21.9/).

Die Beseitigung von radioaktiven Abfällen kann erfolgen:

1) durch nützliche Verwendung: Müllaufbereitung in Großstädten /12.5.20/; Beseitigung chemischer Schadstoffe in der Umwelt /12.5.68/, Verwendung in der Medizin /12.1.22/ p 146,
2) nukleare Transmutation: Überführung in nicht radioaktive bzw. in kurzlebige Substanzen /12.5.27/,
3) in einer Enddeponie: geologisch stabile Formationen an Land oder im Meer bzw. im Meeresboden.

Die Beseitigung schwach- und mittelaktiver Abfälle ist lange schon Routinesache /12.5.21/. Eine erprobte Methode ist dabei das Eingraben der in Edelstahlbehältern eingeschlossenen Rückstände in Schichten an der Erdoberfläche. Dies geschieht entweder in Erdlöchern und Gruben in bewachten Zonen oder in mit Beton- und Stahlwänden versehenen Kammern. Diese Technik wird in den USA seit Jahren für den Reaktorabfall angewendet. In Frankreich wurden so mehr als 400.000 Fässer mit radioaktivem Inhalt gelagert /1.2/. Eine andere Lagerungsmethode ist das Einbringen in natürliche oder künstlich hergestellte Kavernen im Untergrund /12.5.34/; es können auch flüssige Abfälle mit hydraulischen Bindemitteln und geeigneten Zuschlagstoffen direkt eingeleitet werden, die dann zu einem monolithischen Block verhärten, wodurch der ursprüngliche ungestörte Stabilitätszustand des Gesteins- oder Gebirgsmassivs wiederhergestellt ist.

Gut geeignete Endlagerstätten stellen bereits vorhandene natürliche oder künstliche Aushöhlungen in geologisch stabilen Formationen dar, wie z.B. aufgelassene Bergwerke u.ä. Im Salzbergwerk Asse in der BRD wird schon seit vielen Jahren in einen 750 m tief unter der Erde gelegenen Stollen schwach- und mittelaktiver Abfall eingelagert /12.5.58/. Die Salzformationen von Asse sind seit über 100 Millionen Jahren geologisch unverändert geblieben. Ein Teil der zementierten oder bituminisierten schwach- und mittelaktiven Abfallkonzentrate wird auch in Edelstahlbehältern in große Meerestiefen (mehr als 4.000 m) versenkt. Während die USA diese Art der Beseitigung seit 30 Jahren betreibt, haben nun auch einige westeuropäische Länder unter Einhaltung strengster Sicherheitsvorschriften und unter Überwachung der Nuclear Energy Agency der OECD im Einklang mit der Londoner Konvention über Abfallversenkung in Ozeanen aus dem Jahr 1972, die das Versenken hochaktiver Abfälle verbietet, in Meerestiefen im Nordatlantik radioaktive Rückstandsprodukte versenkt /12.5.66/. Bis jetzt wurden so von europäischer Seite mehr als 60.000 radioaktiv beladene Stahlfässer beseitigt. Die dadurch verursachte Radioaktivität leistet nur einen winzigen Beitrag zu der im Meerwasser hauptsächlich auf Grund des Kalium-40 vorhandenen natürlichen Radioaktivität von 250 Ci/km^3 und liegt um den Faktor 10^7 unter den maximal zulässigen Werten /12.5.59/, /12.5.1/.

Eine eher nicht realisierbare Methode ist das Wegschießen der radioaktiven Abfälle mit einer Rakete in das Weltall (bzw. in die Sonne). Aus Kosten- und vor allem aus Sicherheitsgründen in Bezug auf den Raketentransport ist diese Variante derzeit auszuschließen. Zur Ablagerung hochaktiver Abfälle sind nur tiefe Meeresgräben (zusätzliche Barriere des Ozeans, Distanz zum menschlichen Lebensraum), Sedimente unterhalb des Meeresbodens /12.5.61/, /12.5.62/ (Adsorption diffundierender Radionuklide durch Ionenaustausch in den Schlammsedimenten) und geologisch stabile Landformationen geeignet. Salzstöcke sind trocken und haben plastische Eigenschaften, Granitmassen, Tonschiefer u.ä.; 500 - 1000 m tief unter der Erdoberfläche sind ebenfalls brauchbar. Pilot- und Demonstrationsanlagen existieren zum Teil und werden gebaut /12.5.63/. Genaue Berechnungen und Messungen gibt es über die durch den radioaktiven Nachzerfall in den gelagerten Rückständen produzierte Wärme und im Gestein hervorgerufene Temperaturfelder, sowie deren zeitliche Veränderung /12.5. 21.10/, /12.3.4/, /12.1.22/ p 145, /12.5.1/.

1000 Jahre lang gelagerte verglaste radioaktive Abfälle haben nur mehr etwa die gleiche Radioaktivität wie natürlich vorkommende Uranerze! In ihrer Toxizität sind sie bereits weniger gefährlich als so manche in der Natur ohne Schutzbarrieren eines Endlagers vorkommende Schwermetallerze /12.5.60/, /12.5.25/, /12.5.21.8/, /12.5.2/. Siehe dazu Fig. 12.25 und 12.26. Auf ein Kuriosum bezüglich Ablagerungsgesetzen muß noch hingewiesen werden: In Colorado wurde im Jahr 1979 nur mit knapper Mehrheit ein Gesetz verworfen, daß die Bestrafung von Personen vorsah, die radioaktive Stoffe - auch in geringster Menge - freisetzen oder ablagern. Zu bemerken ist in diesem Zusammenhang die Freisetzung von radioaktivem Kohlenstoff-14 und Kalium-40, sobald ein Mensch auf die Toilette geht.

Bei der Bestimmung des Verhaltens von Spaltprodukten und Aktiniden im Erdboden über geologische Zeiträume (Hunderttausende und Millionen von Jahren) hinweg ist man nicht nur auf extrapolierbare, kontrollierte Ausbreitungsexperimente angewiesen, sondern man kann hier die Erkenntnisse aus dem "Oklo-Phänomen" zur Anwendung bringen /12.5.15/. Vor schätzungsweise 1800 Millionen Jahren fand in einer westafrikanischen Uranlagerstätte bei Oklo in Gabun eine durch eindringendes Wasser moderierte Kettenraktion statt (der Uran-235-Gehalt war damals mit 3,7 % höher als der heute natürliche, heute sind dort zum Teil niedrigere Gehalte feststellbar). Die Reaktion dauerte 100.000 bis 500.000 Jahre an (mehrere einzelne "Reaktoren",

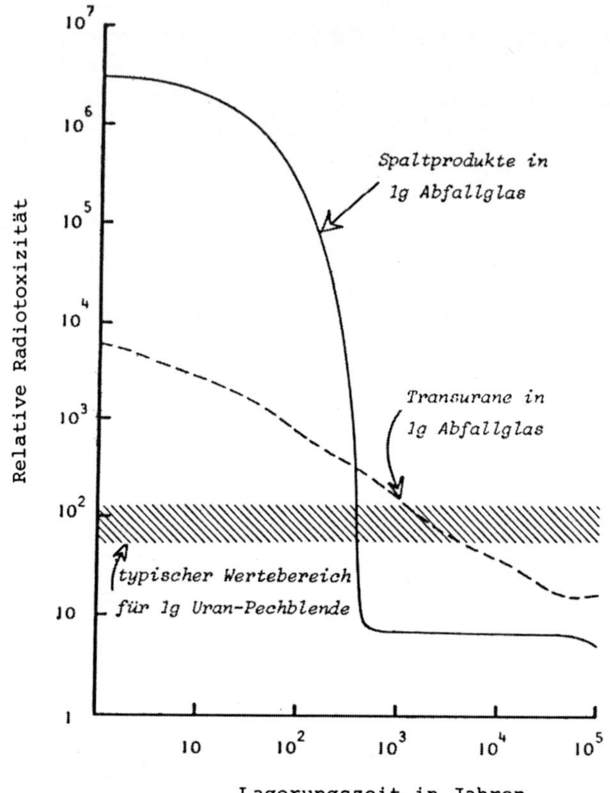

Fig. 12.25
Relative Ingestionsgefährdung der Komponenten des hochaktiven Abfalls und von Uran-Pechblende. Der hochaktive Abfall stamme aus der Wiederaufarbeitung von LWR-Brennstoff (Uran-Zyklus), sei verglast und mit 15 % Spaltprodukten und Aktiniden beladen und enthalte 1 % Plutonium

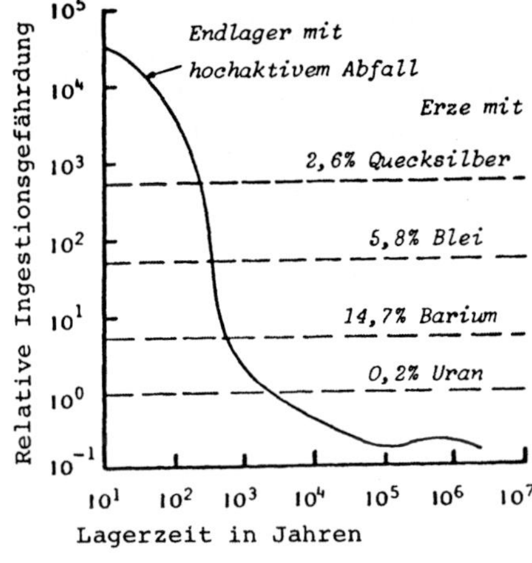

Fig. 12.26
Relativer Toxizitätsindex von Schwermetallerzen und eines Endlagers mit hochradioaktivem Abfall bezogen auf das gleiche Volumen

Gesamtleistung ca 15 GW). Die großen Mengen der dabei entstandenen Spaltprodukte (5,4 t) und Transuranisotope (hiervon 1,8 t Plutonium) haben sich trotz des Eindringens von Grundwasser nur über geringfügige Distanzen ausgebreitet; Plutonium hat den Ort seiner Entstehung praktisch nie verlassen, sondern ist an Ort und Stelle langsam zu nicht radioaktiven Elementen zerfallen bzw. liegt zum Teil noch offen dort. Ähnliches gilt für das Bikini-Atoll, dem Ort der H-Bombenversuche in den 50-er-Jahren; es wurde kürzlich wieder besiedelt, da keine schädlichen Auswirkungen mehr zu erwarten sind.

Das Risiko der Endlagerung ist außerordentlich gering und besteht in der unwahrscheinlichen Annahme des Eindringens von ausgelaugten Radionukliden in die Biosphäre. Bis aber Spuren von endgelagerten radioaktiven Produkten Kontakt mit der Nahrungsmittelkette finden, müßte folgender Mechanismus angenommen werden:

1) Trotz der Wahl solcher geologischer Formationen, bei denen ein Grundwassereinbruch äußerst unwahrscheinlich ist, müßte dieses Ereignis vorausgesetzt werden.
2) Zunächst müßte das umgebende Gestein aufgelöst werden, was bei einem Salzstock für eine in einem Jahr deponierte Abfallmenge ca 50.000 Jahre dauern würde.
3) Die Korrosion der Edelstahlbehälter nähme mehr als 10.000 Jahre in Anspruch /12.5.2/. Bei der schwedischen Bentonit-Einbettung

wird sichergestellt, daß an die Edelstahlbehälter kein Wasser herankommt und daß andererseits, wenn dies doch geschähe, eventuell austretende Aktinide auf kurzem Wege aufgehalten werden.

4) Die als nächster Schritt zu denkende Auslaugung der Glasblöcke würde etwa 30.000 - 100.000 Jahre für eine weitgehende Auflösung dauern.

5) Ist das Wasser nun kontaminiert, so ist der Transport der darin enthaltenen Radionuklide bis an die Erdoberfläche ein langwieriger Prozeß, weil infolge von Ionenaustauschvorgängen die Wanderungsgeschwindigkeit der meisten in Frage kommenden Ionen viel geringer ist als die des Grundwassers. So würde z.B. Plutonium bei einer mittleren Geschwindigkeit des Grundwasserstromes von 1 km/a in 10.000 Jahren nur etwa 100 - 1000 m weit transportiert /12.5.21.8/.

In den für 1) bis 5) erforderlichen langen Zeiträumen nimmt einerseits die Aktivität durch radioaktiven Zerfall stark ab und andererseits erfolgt während des Transports durch Dispersion eine so starke Verdünnung, daß das in die Biosphäre eindringende Wasser nur mehr radioaktive Spuren unterhalb der zulässigen Konzentration enthielte. Auch die Einbeziehung eines möglichen Transportes durch Risse und Spalten vermögen diese Aussagen grundsätzlich nicht zu ändern!

Das Tritiumproblem /12.3.28/ wird im Abschnitt 13 behandelt werden.

Spezielle Probleme entstehen durch Radioaktivitätsfreisetzungen aus Wiederaufbereitungsanlagen. Ihr Radioaktivitätsinventar ist groß, daher auch das Gefährdungspotential; jedoch kann nicht angenommen werden, daß durch irgendwelche Umstände das ganze Inventar über dicht bevölkerte Gebiete gleichmäßig verstreut wird. Schätzungen von möglichen "30 Millionen" bzw. "170 Millionen" Toten bei Unfällen in Wiederaufbereitungsanlagen sind daher falsche, auf unrealistischen Annahmen beruhende, märchenhafte Behauptungen. Diesen stehen folgende Tatsachen gegenüber:

1) Es gibt sicher arbeitende Wiederaufbereitungsanlagen mit guter Betriebserfahrung /12.5.19.7/, /12.5.19.8/, /12.5.19.10/, /12.5.25/, /12.6.37/.

2) Die Abfälle stellen kein Problem dar /12.5.19.11/

3) Maximale Unfallfolgen, wie etwa die Annahme, daß alle Einrichtungen und Kühlsysteme versagen (IRS-Studie-290, Köln 1976 /12.5. 19.4/) sind so zu beurteilen:
   a) Es dauert 1 1/2 Tage, bis der Tankinhalt siedet.
   b) Erst nach 10 Tagen wäre alles verdampft (also könnten schon längst Gegenmaßnahmen getroffen werden, z.B. Zugießen von Wasser u.a.m.)
   c) Frühestens nach 11 Tagen würden Spaltprodukte freigesetzt, wenn sie anfänglich noch in den Brennelementen sind (Hüllenzerstörung /12.5.4/) /12.1.26/.
   d) Beim denkbar größten Unfall würde erst 2,8 Stunden nach Freisetzung der Spaltprodukte die Umgebung in einem Umkreis von 10 km radioaktiv verseucht (4×10^5 rem), für 100 km beträgt die Driftzeit der radioaktiven Abgaben 27,8 Stunden.

   Um solche Stör- und Unfälle zu verhindern, gibt es aber genügend Maßnahmen. Ein Eindringen von geringen Mengen Zyankali aus z.B. Verzinkanlagen in die Wasserversorgung oder dessen gleichmäßige Verstreuung wäre viel gefährlicher.

Die Stillegung bzw. der Abbau von Kernkraftwerken nach ihrer im Durchschnitt 30-jährigen Betriebszeit kann je nach angewandter Methode - (Belassung aller Anlagenteile unter Bewachung oder kompletter Abbau der radioaktiven Komponenten und Schleifung des Bauwerkes) - beträchtliche Abfallmengen niedriger und mittlerer Aktivität verursachen /12.6.9/, /12.1.26/, /12.5.2/, /12.1.47/. Die Radioaktivität in den Strukturmaterialien aus Stahl wird vor allem durch die relativ kurzlebigen Eisen- und Kobaltisotope bestimmt (mit der Bearbeitung des Stahlkessels sollte man daher einige Jahre warten, da eine frühere Zerlegung 50 - 100 mal gefährlicher ist). Später wird das Radionuklid Ni-63 mit einer Halbwertszeit von 92 Jahren vorherrschend. Nach 40 - 50 Jahren kann für die Radioaktivität im Stahl eine Halbwertszeit von ca 100 Jahren angenommen werden. Die Schwierigkeit sowie die Kosten der Abfallbehandlung hängen stark von jener Zeit ab, die man für die radioaktive Abkühlung der kontaminierten Teile vor dem Abbau erlaubt. Alle Rückstände können auf die gleiche Art beseitigt werden wie die Abfälle während des Reaktorbetriebes. Als Möglichkeiten für die Behandlung des Stahlkessels bieten sich an: 1) Einmotten, 2) Eingraben und 3) ferngesteuertes Zerlegen.

Praktische Erfahrungen hat man bisher schon beim Abbau einiger Reaktoren sammeln können. Seit 1960 wurden in den USA 65 Reaktoren stillgelegt /12.5.2/, /12.1.47/.

Beim Abbau des schweizerischen Versuchsreaktors Lucens (8,5 MWe Siedewasserreaktor) /12.3.42/, den 30 Personen innerhalb von 4 Jahren erfolgreich bewerkstelligten, lag die Gesamtdosis in dieser Zeit bei 100 Mann-rem, also eta 0,8 rem pro Mann und Jahr; das ist rund ein Sechstel des zulässigen Wertes für beruflich strahlenexponierte Personen. Es ereignete sich nur ein einziger leichter Fall von Inkorporation. Das Gesamtvolumen an festem radioaktivem Abfall, das zu bewältigen war, betrug 120 m^3. In Chalk River in Kanada wurde ein Reaktor nach Verfügbarkeit über seine volle Lebensdauer zerlegt. Allgemein kann eine Betriebsdauer von Reaktoren von 30 - 40 Jahren angenommen werden (Haltbarkeit des Druckkessels /12.5.9/).

Die Abbruchkosten (Totalabbau bis zur grünen Wiese) für ein 1000 MWe Kraftwerk machen etwa 2 - 10 % seiner Investitionskosten aus /12.5.2/. Es ist mit einer Abfallmenge von 10.000 m^3 zu rechnen (Im Durchschnitt etwa 1 % der gesamten Baumasse).

Es ist möglich, daß sich bei der Beseitigung des radioaktiven Abfalles das Verursacherprinzip durchsetzt. Dem Verbraucher von Atomstrom soll auch die Sorge für den zugehörigen Abfall übertragen werden. Diesbezügliche Überlegungen sind bei der IAEA angestellt worden /12.5.4/ p 141. In diesem Zusammenhang entbehrt es nicht der Ironie, daß das österreichische Bundesland Vorarlberg mit einer der Kernenergie gegenüber überwiegend ablehnend eingestellten Bevölkerung 30 % seines Stromimportes aus Kernkraftwerken bezieht.

12.6 Spezielle Kernkraftwerkssicherheitsfragen

Die Sicherheitsphilosophie eines Kernkraftwerkes ist gänzlich anders als bei üblichen technischen Anlagen; sie ist vergleichbar der eines Personenlifts: Man kann nur einschalten, wenn eine vorausgehende automatische Prüfung aller wichtigen Bestandteile deren einwandfreie Funktion garantiert /1.2/. So verhindern Sperrelais eine Inbetriebnahme des Kernkraftwerkes, wenn die Kühlung nicht läuft oder ein anderes wichtiges Aggregat nicht arbeitet. Sperrelais werden in einer Sicherheitskette angeordnet: Eine Inbetriebnahme ist nur möglich, wenn Funktion A und Funktion B und Funktion C und so weiter garantiert sind. Das Schaltbild entspricht einer logischen "Und"-Schaltung:

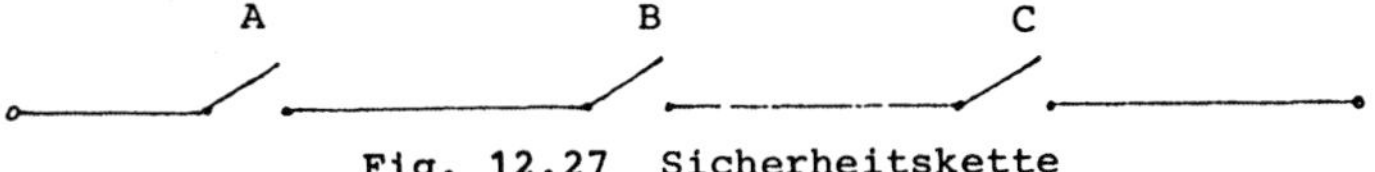

Fig. 12.27 Sicherheitskette

Nur wenn alle Schalter geschlossen sind, kann Strom fließen!

Ein weiteres Sicherheitsprinzip ist die Redundanz: Dieser Begriff der Informationstheorie läßt sich am besten als Mehrfachabsicherung verstehen. Wie oft sollte ein Teil vorhanden sein, um die optimale Sicherheit einer Anlage zu garantieren: Man kann zeigen, daß in diesem Fall "je öfter desto besser" nicht gilt, da mit der Zahl der Sicherheitseinrichtungen die Komplexität und damit die Zahl der Fehlerquellen zunimmt. Theoretisch ergibt sich eine optimale Sicherheit bei 2,71-fachem Vorhandensein; da sich dies aber nicht realisieren läßt, ist beim Kernkraftwerk jede wichtige Einrichtung 3-fach vorhanden, vgl. Fig. 12.28 - 12.30.

Die Steuerung eines Kernenergiereaktors geschieht vollautomatisch, kann aber auch von Hand gemacht werden. Die Sollwerte von

1) Temperatur
2) Reaktorperiode
3) Leistung
4) Kühlmittel
5) Radioaktivität
6) Neutronenfluß

werden ständig mit den Istwerten (aus Messungen) verglichen und korrigiert. Alle Meßvorrichtungen und Meßkanäle sind dabei 3-fach ausgeführt.

Natürlich sind auch außerordentliche Ereignisse zu berücksichtigen. Diese sind etwa ein Hochwasser. Das Kernkraftwerk Zwentendorf ist für ein Hochwasser ausgelegt, wie es alle 10.000 Jahre einmal vorkommt, die Zufahrtsstraße ist auf einem Damm angelegt /12.1.26/ 2, p 39. Auch ein Versagen der Wehre flußaufwärts wurde berücksich-

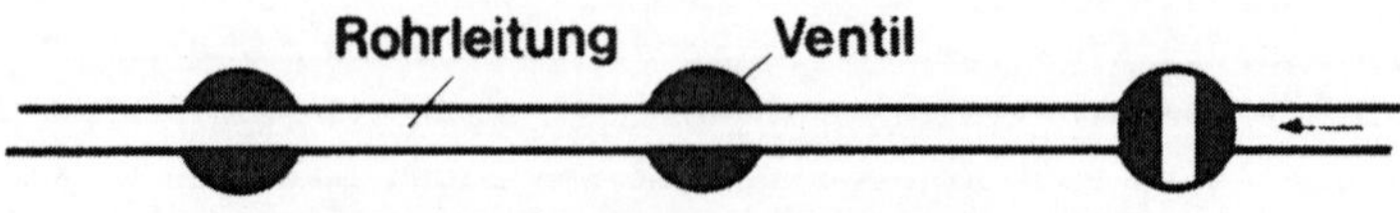

Redundanz in der Schließfunktion

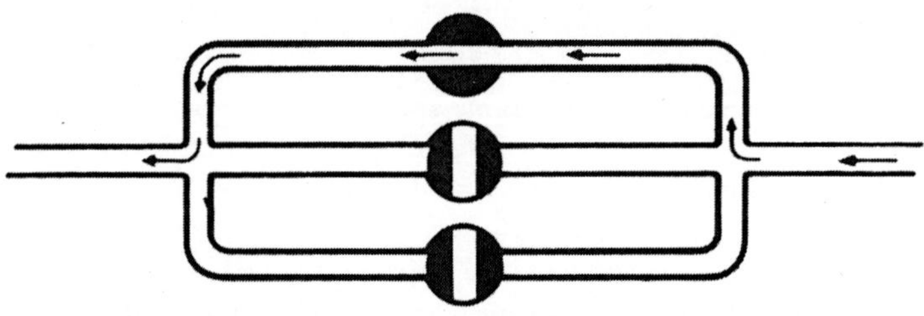

Redundanz in der Öffnungsfunktion

Redundanz = Mehrfachabsicherung

Fig. 12.28 Redundanz bei Ventilen
(Bildgestaltung: Martin Volkmer, Hamburg)

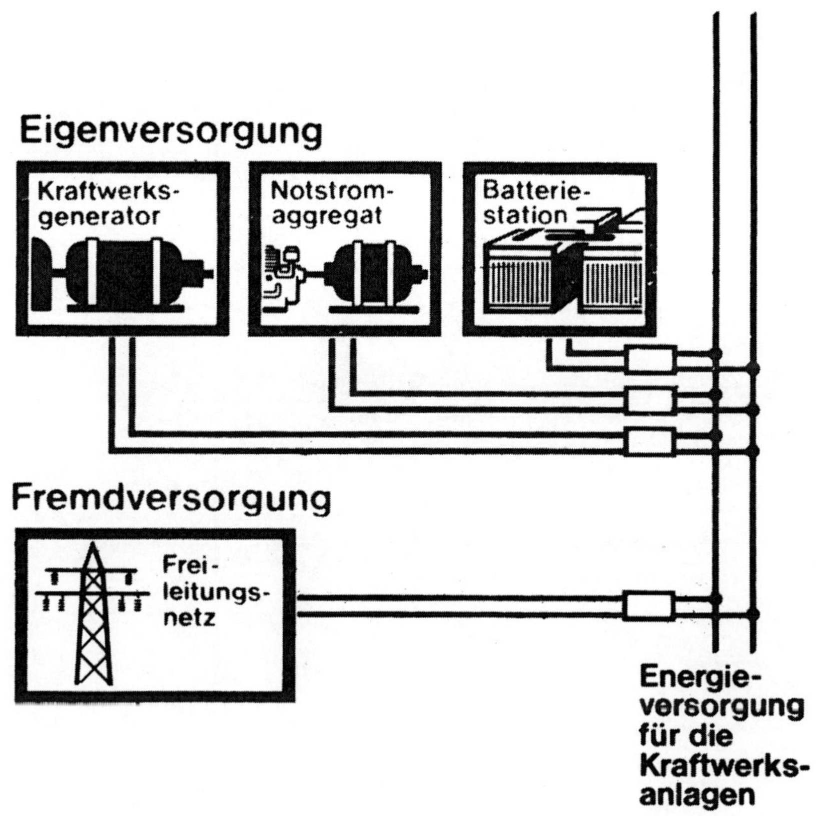

Fig. 12.29 Redundanz bei der Energieversorgung (Bildgestaltung: Martin Volkmer, Hamburg)

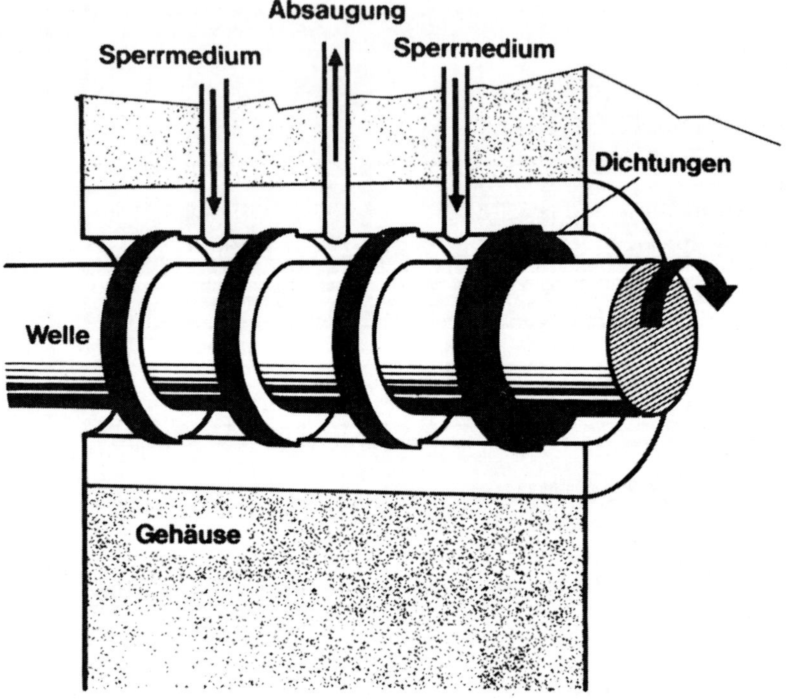

Fig. 12.30 Redundanz bei der Wellendichtung (Bildgestaltung: Martin Volkmer, Hamburg)

tigt. In Japan und Kalifornien waren Kernkraftwerke bereits Erdbeben ausgesetzt (Humboldt Bay und Ferndale Erdbeben): Es kam dabei zu keinen Schäden; die berechneten Bewegungen von Baukörper und Reaktor konnten durch Messungen bestätigt werden /12.6.4/ p 238, /12.6.65/, /12.1.26/ 2, p 39. Im Rahmen des Genehmigungsverfahrens für das österreichische Kernkraftwerk Zwentendorf wurde auch der Eintritt eines gleichstarken Bebens wie Neulengbach 1590 (ca 20 km vom Standort, Stärke 8,75 nach der Mercalli-Sieberg Skala) berücksichtigt /12.6.20.3/.

Fällt eine Atombombe auf ein Kernkraftwerk, so ist zu berücksichtigen, daß die Atombombe selbst große Mengen von Radioaktivität freisetzt. Bei Bombenabwürfen passiert einem Kernkraftwerk erst etwas, wenn eine 100 kt-TNT-Bombe innerhalb von 1 km im Umkreis um das KKW explodiert /12.4.17.11/. Unglücksfälle wie Flugzeugabsturz, Erdbeben, Tankerexplosion werden bei der Auslegung eines Kernkraftwerkes bedacht /12.6.39/. Das Reaktorschutzgebäude wird aus 1,8 - 4 m dikkem Stahlbeton gebaut. Auch beim schweren Erdbeben 1977 in Rumänien traten keinerlei Reaktorschäden auf /1.2/. Das Kernkraftwerk Zwentendorf ist für ein Beben der Stärke 7 (Richterskala) ausgelegt /12.6.65/, /12.1.26/ 2, p 39, /12.6.4/ und damit auch gegen größte dort mögliche Beben, so daß keine radioaktive Gefährdung der Umgebung eintreten kann.

Der Fall einer Tankerexplosion auf der Donau wurde in der Berechnung des Zwentendorfer Reaktorgebäudes berücksichtigt /12.6.65/, /12.5.4/ p 136, /12.6.4/ p 232, ebenso wurde die Möglichkeit einer Explosion in unmittelbarer Nähe erfaßt. Der Auslegungsfall gegen Flugzeugabsturz ist meist der Absturz eines Phantom II Jägers (733 km/h Aufprallgeschwindigkeit) /12.6.4/ p 229, /12.6.5/ p 142. Daß eine solche Stoßlast abgefangen werden kann, erreicht man durch "Crash Bauweise" /12.6.38/, /12.5.4/ p 136. Konsequenterweise müßte man auch Fußballstadien durch meterdicken Beton schützen, da auf ein mit Tausenden Zuschauern besetztes Stadium einmal ein vollbetanktes Düsenflugzeug fallen könnte.

Die Ausfälle von Kernkraftwerken lagen im Zeitraum 1964 - 1974 bei 6,9 %; dies ist nur geringfügig mehr als bei konventionellen Kraftwerken (6,7 % /12.6.18/).

Selbstverständlich gibt es gegen von Kernkraftwerken verursachte Schäden eine Haftpflichtversicherung. Das österreichische Atomhaftungsgesetz /12.1.113/ sieht einen Rahmen von 500 Millionen öS vor. Die Deutsche Allianz versichert Kernkraftwerke bei einer Prämie von 0,1 Pfennig/kWh mit 10^9 DM im Schadensfall /1.2/ p 300. In den USA wurden bereits 5 mal die Versicherungsprämien von Kernkraftwerken gesenkt: 1975: 20 %; 1976: 29,5 %.

Die Kerntechniker haben auch Überlegungen und Versuche über den größten anzunehmenden Unfall (Gau, Supergau, Kernschmelzen) angestellt. Denkbar sind:

1) Völliger Kühlmittelverlust, z.B. durch Bruch eines Kühlrohres. Die Gegenmaßnahmen sind (vgl. auch Abschnitt 12.2 und Fig. 12.18 bis 12.21):
   a) Notkühlsysteme,
   b) Wasservorrat im Sicherheitsbehälter,
   c) Bodenwanne aus 3 m Stahlbeton,
   d) Sprinkleranlage,
   e) In Zwentendorf ist noch zusätzlich eine Flutung mit Donauwasser vorgesehen.

   Die bereits besprochenen Loft und Loca Versuche beweisen die Beherrschbarkeit dieses Unfalls /12.6.17/. Die maximale Belastung der Bevölkerung beträgt in diesem Fall 20 mrem; dies entspricht etwa der Dosis bei einer Schilddrüsendiagnose /12.1.26/ Band 3.
2) In Leistungsstoßanlagen (PBF "Power burst facility") wurden die Auswirkungen von plötzlichen Leistungsexkursionen (240.000 Millionen Watt)/12.6.17.1/ untersucht (schon 1957 /12.1.3/ p 381).
3) Das Versagen von Rückhaltevorrichtungen und Filtern ist ebenfalls denkbar. In den Abluftkamin eines Kernkraftwerkes sind Filterkolonnen eingebaut, welche die Abgabe von flüchtigen Radionukliden verzögern; Krypton 85 (T_H = 11a), Xenon 133 (T_H = 5d), Jod 131 (T_H = 8d); dadurch erfolgt ein Abklingen ihrer Aktivität. Ein 1000 MW Reaktor gibt pro Jahr ca 1000 Ci in Form von Edelgasen und 50 mCi als Jod 131 ab; daraus resultiert eine Strahlenbelastung von 1 mrem/a direkt neben dem Kernkraftwerk /12.1.26/ 3 p 53. Die abgegebene Aktivität wird laufend überwacht, so daß eine Störung sofort bemerkt wird und Gegenmaßnahmen (Reparatur) eingeleitet werden können. Die Genehmigungs-

werte von Zwentendorf betragen 0,1 mCi/h /12.1.26/.

4) Bei Versagen aller Sicherheitsmaßnahmen oder bei Explosion des Druckgefäßes erwärmt sich der Reaktorkern durch Nachwärme bis auf 2000 °C (oberhalb 1200 °C ist auch die Reaktion Zirkon-Wasser exotherm) und schmilzt dann innerhalb von 12 - 48 Stunden durch Druckkessel, Sicherheitsbehälter und Reaktorgebäude in den Boden, wo er erstarrt: Supergau (Kernschmelzen) /12.1.26/, /12.6.5/ p 145, /12.6.17/, /12.6.4/. Während dieser Zeit kann man die Bevölkerung aus dem Bereich der Strahlengefährdung (etwa 10 km im Radius /12.6.17.6/ je nach Wetterlage und Windverhältnissen) evakuieren. Das österreichische Kernkraftwerks-Genehmigungsverfahren schreibt die Existenz von Evakuierungsplänen zwingend vor (§ 117(3) Strahlenschutzgesetz). Schlimmstenfalls würden bei einem Supergau 180 Tote zu beklagen sein und 3500 Menschen Strahlenschäden erleiden /1.2/ p 295. Dieses Kernschmelzen wurde bei Versuchen bereits simuliert /12.6.40/. 1978 wurden in Karlsruhe Untersuchungen von "Fissium" (alle Spaltprodukte) und "Corium" (Coreschmelze + Spaltprodukte) vorgenommen /12.6.17.4-6/, /12.6.17.1/, /1.2/ p 293, /12.6.19.3/.

Der Störfall in Harrisburg, Three Mile Island Kernkraftwerk /12.6.12/ hat im März 1979 die Weltöffentlichkeit erregt. Würde man den zum Teil widersprüchlichen Meldungen der Massenmedien Glauben schenken, so wäre in Harrisburg eine große nukleare Katastrophe passiert und es wäre beinahe zu einem Supergau, einem Kernschmelzen, gekommen. Die Vorgänge in Harrisburg, bei denen kein einziger Mensch zu Schaden kam, wurde maßlos übertrieben und nicht sachgemäß dargestellt. So wurde z.B. behauptet, daß ein Kernschmelzen unmittelbar bevorstünde, was eine große Katastrophe unübersehbaren Ausmaßes hervorrufen würde. Beides war falsch: die Gefahr des Kernschmelzens wurde durch mehrere "Verteidigungslinien" wirksam verhindert und selbst wenn es eingetreten wäre, wäre es zu keiner Katastrophe gekommen: es ist ja der Zweck des Sicherheitsbehälters, allenfalls aus dem Reaktordruckkessel austretende Radioaktivität zurückzuhalten. Und selbst wenn der Sicherheitsbehälter versagt hätte, hätte es abnormer Witterungsbedingungen bedurft, bevor eine Katastrophe eingetreten wäre. Und auch dann hätte man Stunden, wenn nicht Tage, Zeit zu einer Evakuierung gehabt.

Die Sicherheit von Kernkraftwerken beruht auf zwei wesentlichen Prinzipien: einerseits mehrfach gestaffelten Verteidigungslinien und andererseits auf der Langsamkeit, mit der nukleare Unfälle vor sich gehen. Der Störfall in Harrisburg hat wiederholt die eminente Sicherheit der Kernkraftwerke bewiesen, da trotz mehrfachen technischen Versagens und trotz schwerster menschlicher Fehler niemand zu Schaden kam, nicht ein Todesfall zu beklagen war.

Was geschah nun beim Druckwasserreaktor in Harrisburg? In einem Druckwasserreaktor wird durch die bei der Kernspaltung freiwerdende Wärme Wasser auf Temperaturen über 100 °C erhitzt; Dampfbildung wird durch einen Druckhalter verhindert. Das heiße Wasser wird mit Hilfe mehrerer Hauptkühlpumpen (in Fig. 12.31 mit 5 bezeichnet) zu

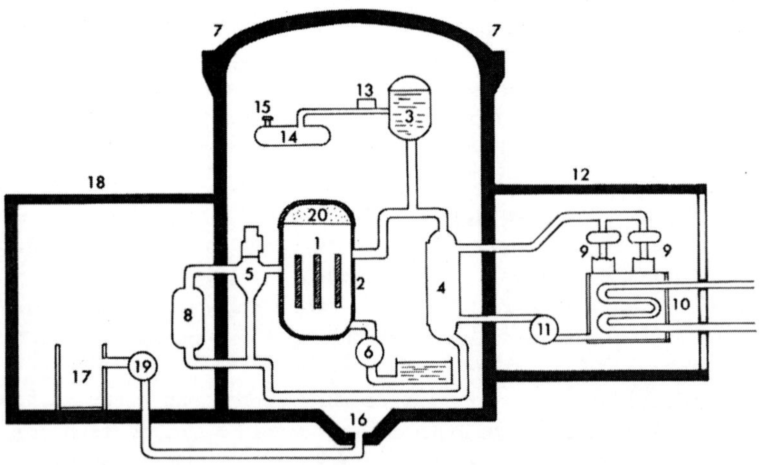

Fig. 12.31 Das Kernkraftwerk von Harrisburg

1 Reaktorkern
2 Reaktordruckkessel
3 Druckhalter
4 Dampferzeuger
5 Hauptkühlmittelpumpen
6 Notkühlpumpen
7 Sicherheitsbehälter
8 Reaktorwasserreinigung
9 Turbine
10 Kondensator
11 Speisewasserpumpen
12 Turbinenhalle
13 Abblaseventil
14 Abblasetank
15 Berstscheibe
16 Sumpf
17 Aufnahmetank
18 Hilfsgebäude
19 Hilfspumpen
20 Gasblase

einem Dampferzeuger (4) gepumpt, wo es Dampf erzeugt und nach Abkühlung wieder in den Reaktordruckkessel (2) zurückkehrt. Dieses Wasser kann durch undichte Brennstoffelemente des Reaktorkerns (1) schwach radioaktiv werden; es kommt normalerweise mit der Außenwelt außerhalb des Sicherheitsbehälters (7) überhaupt nicht in Kontakt.

Als am 28. März 1979 um 4.00 Uhr Ortszeit das Kernkraftwerk Harrisburg fast mit Vollast (98 %) lief, trat in der Turbinenhalle (12) infolge einer Störung in der Wasserreinigungsanlage des Kondensators (10) eine Störung im Wasserumlauf auf. Die für eine solche Störung vorgesehenen Hilfspumpen begannen binnen 30 Sekunden nach Stehenbleiben der Speisewasserpumpen (11) zu arbeiten, konnten aber den Umlauf des Wassers von den Turbinen (9) bzw. vom Kondensator (10) zum Dampferzeuger (4) und zurück nicht wieder in Gang bringen, denn ihre Auslaßventile waren geschlossen(!) Infolge des Zusammenbruchs des sekundären Kühlsystems in der Turbinenhalle (12) schalteten die Turbinen automatisch, wie vorgesehen, ab und die Stromerzeugung wurde unterbrochen. Da nun keine Energie mehr abtransportiert wurde, stiegen Druck und Temperatur im Dampferzeuger (4), so daß bei Erreichen der vorgesehenen kritischen Werte die Reaktorschnellabschaltung ("scram") automatisch und wie vorgesehen in Aktion trat. Damit war die normale Erzeugung von Kernenergie abgeschaltet und blieb auch weiterhin abgeschaltet. Es war das erstemal seit 22 Jahren, daß ein industriell betriebener Kernreaktor auf die Notkühlanlage zurückgreifen mußte.

Das Reaktorschnellabschalten erfolgte 9 Sekunden nach dem Ausfall der Speisewasserpumpen (11). Etwas früher, nämlich bereits drei Sekunden nach dem Versagen der Speisewasserpumpen und der Hilfspumpen, hatte das Abblaseventil (13) am Druckhalter (3) geöffnet. Nach Abblasen des ersten Überdruckes schloß sich jedoch das Abblaseventil nicht, so daß weiterhin Dampf in den hierfür vorgesehenen Abblasetank (14) trat. 2 Minuten nach 4.00 Uhr sprang prompt die Notkühlanlage (6) an. Inzwischen war das Abblaseventil weiter offen, so daß durch dieses nach Abblasen des Dampfes nunmehr Wasser in den Abblasetank (14) floß. Zweck des Abblasetankes ist es, allenfalls durch das Abblaseventil austretenden Dampf aufzunehmen und in kaltem Wasser zu kondensieren. Durch das Nichtschließen des Abblaseventils trat weiterhin Wasser in den Abblasetank, der sich füllte, bis infolge des Überdruckes die Berstscheibe (15) am Abblasetank wie vorgesehen brach, so daß um 4.15 Uhr Dampf aus dem Druckhalter (3) und Wasser aus dem Abblasetank (14) in den Sicherheitsbehälter (7) eintraten. Währenddessen waren automatisch Hilfspumpen (19) in Aktion getreten, um den Sumpf (16), eine Auffangwanne, zu leeren. Dadurch wurde fortlaufend das sich im Sumpf ansammelnde Wasser in die Wasseraufbereitungsanlage im Hilfsgebäude (18) hinübergepumpt. Diese automatische Ansteuerung der Hilfspumpe (19), die bereits um 4.07 min 30 sec zu arbeiten begann, dürfte möglicherweise auf einen Schaltfehler der Elektronik oder auf einen Konstruktionsfehler zurückgehen. Das Wasser füllte nun im Hilfsgebäude (18) den Aufnahmetank (17), der schließlich überfloß.

Inzwischen wurden vom Operateur die Hauptkühlpumpen (5) des Primärkühlkreislaufes von Hand abgeschaltet. Trotzdem war um 5 Uhr Ortszeit, also nach einer Stunde der Störfall stabilisiert: die Ventile im Speisepumpenkreislauf, die geschlossen gewesen waren, waren von Hand wieder geöffnet worden, die Dampferzeuger hatten ihre normale Füllung erreicht, die Notkühlanlage arbeitete zufriedenstellend und der Reaktordruckkessel (2) war bei einem Druck von 70 bar und einer Temperatur von 288 °C stabilisiert. Um 5.15 Uhr schaltete der diensthabende Operateur alle Pumpen des Notkühlsystems ab, da nach den Anzeigen der Geräte der Sollwasserstand im Druckhalter überschritten wurde.

Durch das Abschalten der Notkühlung von Hand aus begann sich der Reaktorkern (1) wieder zu erwärmen. Um 5.55 Uhr Ortszeit erreichte er 327 °C. Etwas später wurde das noch immer offene Abblaseventil (13) durch ein davorliegendes Ventil durch Handsignal geschlossen. Hierdurch begann der Druck im Reaktordruckkessel zu steigen und erreichte um 7 Uhr Ortszeit 145 bar. Gleichzeitig wurden Brennelemente des Reaktorkerns vom Wasser entblößt und erhitzten sich. Trotz rund einer Stunde lang nicht arbeitender Notkühlung kam es zu keinem Kernschmelzen!

Durch starke Erhitzung der Brennstoffelemente dürfte es zu einer chemischen Reaktion zwischen den Zirkoniumhüllen der Brennstoffelemente und dem Wasser gekommen sein, so daß sich in der oberen Hälfte des Reaktordruckkessels (2) eine Gasblase (20) bildete.

Dadurch wurde nach dem erst um 17.30 Uhr (!) erfolgten Wiedereinschalten der Hauptkühlung die Wasserzirkulation gehemmt.

So kam es zu Drucksteigerungen innerhalb des Sicherheitsbehälters. Als der Druck 0,31 bar erreichte, sprach der Dichtigkeitsabschluß des Behälters an und entließ Spuren seines leicht radioaktiven Gasinhaltes in die freie Atmosphäre. Um 14 Uhr trat plötzlich eine Druckspitze von 1,9 bar im Sicherheitsbehälter auf, die von manchen amerikanischen Experten als kleiner Wasserstoffbrand interpretiert wird. Der Sicherheitsbehälter hielt dieser Druckspitze stand. Die Druckspitze ließ das Sprühsystem ansprechen, so daß dieses 19 m^3 Natronlauge innerhalb des Sicherheitsbehälters versprühte. Die auf rund 2 % gestiegene Wasserstoffkonzentration innerhalb des Sicherheitsbehälters (7) konnte mit Hilfe eines katalytisch arbeitenden Rekombinators abgebaut werden. Die Wasserstoffblase innerhalb des Reaktordruckkessels wurde erst nach einigen Tagen Betrieb des Reaktorwasserreinigungssystems (8) durch Entgasungsvorgänge im primären Kühlmittel abgetragen.

Welche Radioaktivität ist nun in die Umgebung entwichen? Am Freitag, dem 30. März wurde beim Zurückpumpen des leicht radioaktiven Wassers aus dem Aufnahmetank (17) in den Sicherheitsbehälter durch Unachtsamkeit etwas Wasser versprüht. Da das Wasser durch Filter (8) gereinigt worden war, bestand die freiwerdende Radioaktivität im wesentlichen aus dem durch Filter nicht zu bindenden radioaktiven Edelgas Xenon. Während Sicherungsarbeiten erhielten drei Mitarbeiter des Kernkraftwerkes mit rund 3,5 rem etwas mehr als die für Strahlungsarbeiter zulässige Dosis. Am Kraftwerkszaun wurden kurzzeitig 25 mrem/h und in Harrisburg, etwa 15 km vom Kernkraftwerk entfernt, wurden kurzzeitig 0,3 mrem/h gemessen. Die Bewohner erhielten daher insgesamt weniger Strahlung als bei einer einzigen Röntgenaufnahme der Lunge einem Patienten appliziert wird. Nach Angabe der Food and Drug Administration wurden nach dem Störfall in Milchproben im Mittel pro Liter 20 pC radioaktives Jod gefunden. Die Toleranzdosis liegt bei 1.200 pC/l und für medizinische Zwecke werden Patienten 30 Millionen pC injiziert. Die durch den Störfall im Kernkraftwerk hervorgerufene zusätzliche Radioaktivität war ein Zwanzigstel der Jodmenge, die in Harrisburg 1976 durch einen chinesischen Atombombenversuch auftrat.

Werden nun in den nächsten dreißig Jahren mehr Krebsfälle in der Umgebung von Harrisburg auftreten? Durch das krebserregende Benzpyren von den Autoauspuffgasen, sowie aus anderen Ursachen, hat der Durchschnittsamerikaner solche Schädigungen auszuhalten, daß er mit 16,8 Prozent Wahrscheinlichkeit an Krebs stirbt. Das Benzpyren in der Stadtluft erhöht das Risiko des Krebstodes um 0,9 %.

Erhält der menschliche Körper 1000 mrem, so steigt die Wahrscheinlichkeit, an Krebs zu erkranken, um 0,018 %. Unter hunderttausend Einwohnern, die in der Gegend von Harrisburg wohnen, werden also rund 16.800 als Folge der schon bisher bestehenden Umwelteinflüsse und aus anderen Ursachen an Krebs erkranken. Infolge der beim Störfall im Kernkraftwerk aufgetretenen Radioaktivität werden unter der pessimistischen Annahme, daß 100.000 Personen 100 mrem an Strahlung erhielten, statt 16.800 nun 16.802 Personen an Krebs erkranken. Das liegt innerhalb der statistischen Schwankungsbreite, und schon eine Übersiedlung von Pennsylvania nach etwa Colorado würde bezüglich des Empfanges an radioaktiver Strahlung mehr ausmachen.

Ein zusammenfassender Bericht über den Störfall Harrisburg ist auch in /12.6.12.10, /12.6.12.13/ (Krebsrisikostudie: Zusätzlich 0,2 Krebstote innerhalb von 20 Jahren. J 131 (Halbwertszeit 8 Tage) wurde durch Filter zurückgehalten), /12.6.12.8/ (Kemeny Commission), /12.6.4/ zu finden.

Auch der seit Jahren immer wieder wegen Fälschung bzw. Manipulation statistischer Daten kritisierte E. Sternglass /12.6.12.20/ befaßte sich mit den Wirkungen der in Harrisburg freigesetzten Radioaktivität, die die Kindersterblichkeit im zweiten Quartal 1979 angeblich um 600 % ansteigen ließ /12.6.12.15/ p 63. In Wirklichkeit gab es im ersten Lebensjahr, bezogen auf 1000 Lebendgeburten in den fünf counties um das Kernkraftwerk folgende Sterbefälle:

	amtliche Statistik	laut Sternglass
Januar	16,5	nicht verwendet
Februar	12,4	12,4
März	10,4	10,4
April	13,3	13,3
Mai	15,0	15,0

	amtliche Statistik	laut Sternglass
Juni	13,3	13,3
Juli	12,6	18,5 (!)
August	8,6	nicht verwendet
September	13,9	nicht verwendet.

Je nach dem, wie man einzelne herausgegriffene Monate vergleicht, kann man für die Veränderung der Anzahl der Sterbefälle verschiedene Prozentsätze errechnen.

Andere bekannte größere Störfälle /1.2/ p 301 ff, /12.1.47/, /12.1.45.4/ p 22 (Liste), /12.6.68/, /12.6.4/, /12.1.26/ 2 p 33 sind:

1966: Fermi I-Reaktor: Schmelzen von Brennstäben nach dem Abschalten, Reparatur und neuerliche Inbetriebnahme,

1969: Lucens: Kühlmittelverlust, Stillegung,

1969: Lingen: Austritt von radioaktivem Wasser in den Sicherheitsbehälter,

1972: Obrigheim: Austritt von radioaktivem Wasser in den Sicherheitsbehälter,

1972 - 75: Würgassen: 8 m hohes Wasser im Sicherheitsbehälter. Einschaltung der Notkühlung, kein Radioaktivitätsverlust,

1973: Würgassen: Riß in einer Schweißnaht der Dampfleitung,

1974: Würgassen: Riß in der Turbinenwelle,

1975: Browns Ferry: durch eine Kerze wurde ein Kabelbrand verursacht. Heute besteht die Vorschrift, feuerfeste Isoliermaterialien zu verwenden. Damals wurde die Stromzuleitung unterbrochen und das Notstromaggregat versorgte die Notkühlung,

1975: Millstone: 3 m^3 radioaktives H_2O ausgetreten (30 - 35 % der zugelassenen Radioaktivitätswerte),

1975: Grundremingen: 2 Tote durch konventionelle Ursache: Verbrühung durch 260 ^{o} heißen Dampf, der aus einem versehentlich geöffneten Ventil ausgetreten ist.

1976: Biblis: bei einer routinemäßigen Kontrolle (bei abgeschaltetem Reaktor) wurden Risse festgestellt.

Alle weltweit aufgetretenen Störfälle werden laufend in einer Publikation der IAEA erfaßt.

Dem Vorwurf, Behörden hätten versagt, wird begegnet durch von den Behörden unabhängige Untersuchungsgremien: in Österreich die Reaktorsicherheitskommission der Akademie, in USA die Safety Oversight Commission /12.6.55/.

In der Zukunft wird man nicht umhin können, "schnelle Brüter" /12.6.24/ in größerer Zahl zu bauen. Die Bezeichnung "schneller Brüter" ist mißverständlich, da sie ein intermediäres Neutronenspektrum haben. Sie explodieren nicht, da mit intermediären Neutronen keine schnelle Kettenreaktion möglich ist. Bei diesem Reaktortyp findet meist flüssiges Natrium als Kühlmittel Verwendung. Als Brennstoff dienen Plutonium oder angereichertes Uran, vgl. Abschnitt 12.1.

13 Energie aus Plasma

13.1 Grundbegriffe

Plasma nennt man Ladungsträger beinhaltende Materie, deren Eigenschaften durch elektromagnetische Felder wesentlich bestimmt und verändert werden /13.1.1/, /13.1.3/. Einige Beispiele sind ionisiertes Gas (Leuchtstoffröhre), gewisse elektrisch leitende Flüssigkeiten, also starke Elektrolyte (Salzwasser, konzentrierte Säuren). Plasmaeffekte gibt es aber auch im Festkörper (Transistor-Guneffekt). Im Weltall bestehen 99 % der Materie aus Plasma, als hochionisiertes Gas.

In der Technik haben Plasmen schon zahlreiche Anwendungen gefunden. Man kennt Plasmaschalter, Schweißen mittels Plasma, Anwendungen in der Plasmachemie (z.B. Benzinproduktion, Stickstoffdüngerproduktion), Plasma-Wellenleiter, den Luxemburg-Effekt (zur Modulation in Radiosendern). Auch Wasserstofferzeugung durch UV-Licht und Neutronen vom Plasma ist möglich.

Energieerzeugung mit Hilfe von Plasma ist auf mehrere Arten möglich:

a) magnetohydrodynamische Stromerzeugung,
b) thermoionische Plasmakonverter, Sonnenzellen, Wasserstofferzeugung durch UV-Licht aus Hochtemperaturplasma,
c) Brennstoffzellen,
d) Kernfusion.

13.2 Magnetohydrodynamische Stromerzeugung

Der magnetohydrodynamische Grundversuch geht auf Faraday zurück. Wenn ein Leiter magnetische Feldlinien schneidet, d.h. sich in einem Gebiet zeitlich variablen Magnetflusses befindet, dann wird in ihm eine elektrische Spannung induziert /13.2.6/. Faraday versuchte, diesen Effekt an der damals schon sehr verschmutzten und daher elektrisch leitenden Themse im Erdmagnetfeld nachzuweisen, allerdings war die Genauigkeit seiner Meßinstrumente unzureichend. Da ein Plasma ein Leiter ist, genügt es, Plasma zwischen den Polen eines Magneten hindurchfließen zu lassen, um elektrische Energie zu gewinnen. Die gewinnbare Energie stammt aus der Bewegungs- und Wärmeenergie des Plasmas.

Die Nachteile der MHD-Stromerzeugung sind:

1) es wird Gleichstrom erzeugt,
2) die erhaltenen Spannungen sind niedrig,
3) es gibt technologische Probleme (Elektrodenverschleiß).

Dem stehen jedoch folgende Vorteile gegenüber:

1) Man kann praktisch alles verbrennen: Erdgas, Öl, Kohle, sogar mit geriebenen Schuhsohlen hat man erfolgreiche Versuche angestellt.
2) Durch die hohe Arbeitstemperatur enthalten die Abgase weniger SO_2 als bei fossilen Kraftwerken, zugleich ist ein besserer Wirkungsgrad erreichbar.
3) Man kann die hohe Prozeßtemperatur von 2000 ^{o}C stufenweise abarbeiten: MHD Kanal → konventioneller Dampfkessel. Es lassen sich dadurch Wirkungsgrade von 60 - 80 % erreichen /13.2.14/.
4) Sofortige Einsatzbereitschaft. Bei einem konventionellen Kraftwerk benötigt man eine gewisse Anlaufzeit, bis die nötige Kesseltemperatur erreicht ist.

Bei MHD-Generatoren kann man zwei Typen unterscheiden:

1) Offener Typ: Erzeugung des Plasmas durch Verbrennung von fossilen Energieträgern. Nachteil: Es wird die Atmosphäre durch Abgase belastet.
2) Geschlossener Typ: Das Plasma ist hier ein ionisiertes Edelgas, welches in einem geschlossenen System zirkuliert.

Schließlich gibt es Sonderformen: MHD-Generatoren mit Flüssigmetall und Sprengstoff-MHD-Kanäle. Durch Abbrennen von Pulverladungen lassen sich kurzzeitig hohe Spitzenleistungen erzielen (Versuchsanlage der Firma MBB).

Als Seeding bezeichnet man die Beigabe von leicht ionisierbaren Alkaliatomen (K, Cs) zum MHD-Medium, um eine Erhöhung der Leitfähigkeit zu erreichen.

Der MHD-Generator hat schwerwiegende technologische Probleme. Das Hauptproblem stellt die Elektrodenkorrosion dar. Sie ist eine Folge mehrerer Effekte:

1) Vor allem spielt die Aggressivität der Alkalimetalle eine große Rolle. Heute verwendet man für die Elektroden zumeist Zirkonoxyd, welches bei Zimmertemperaturen zwar ein Isolator ist, aber bei den hohen Temperaturen im MHD-Kanal leitend wird.
2) Ein weiterer Grund für Korrosion ist das Auftreten lokaler Bogenentladungen (als Folge des Hall-Effekts). Die Entladungen bewirken ein Ausbrennen der Elektroden. Man kann dagegen Abhilfe schaffen durch: a) segmentierte Elektroden, b) variable Leitfähigkeit der Elektroden (An der Entwicklung dieser Idee war die Plasmaforschungsgruppe des Institutes für theoretische Physik der Universität Innsbruck beteiligt /12.2.20/, /12.2.22/, /12.2.23/.)

Die MHD-Forschung wurde aus den angeführten Gründen beschränkt; in der BRD und in Österreich wurden die entsprechenden Forschungsprojekte eingestellt. Laufende Laborversuche gibt es nur in den USA, Japan und der UdSSR. MHD-Kraftwerke gibt es bisher nur ein einziges: Bei Moskau steht eine 25 MW-Anlage, welche mit Erdgas betrieben wird (wenig Asche). Bei einem Wirkungsgrad von 20 % gibt die Anlage laufend 4 MW an das öffentliche Stromnetz ab. Weiters besteht ein Coprojekt USA-UdSSR für ein 365 MW-Kraftwerk /13.2.17/. Die USA steuerten die hochentwickelte Technologie der supraleitenden Magnete bei, während die UdSSR ihre Erfahrung auf dem Gebiet des MHD-Kraftwerksbaus einbrachte.

13.3 Thermionische Konverter

Diese sind eine weitere Möglichkeit, aus Plasma Energie zu gewinnen /13.1.3/, /13.1.1/, /1.48/. Sie erlauben die Umwandlung von Hochtemperaturwärme (2000 ^{o}C) in elektrische Energie. Als Energiequelle können Sonnenenergie oder Kernkraftwerke mit hoher Temperatur $\sim$1000 ^{o}C (HTR: Hochtemperaturreaktor, derzeit noch im Entwicklungsstadium) oder die Benzinverbrennung dienen.

Das Prinzip besteht in folgendem: Zwei ganz nahe (< 1 mm) beieinander stehende Elektroden werden in ihrem Zwischenraum mit Cäsiumdampf gefüllt. Durch Glühemission von Elektronen der einen auf 2000 °C erhitzten Elektrode entsteht zwischen den Elektroden eine Spannungsdifferenz. Die entnehmbaren Stromstärken sind abhängig vom Cäsium-Dampfdruck. Das Cs^+ dient zur Kompensation der Raumladung. Die erzielten Leistungen liegen bei einigen Watt. Ein mit Sonnenwärme mit Hilfe von konzentrierenden Spiegeln betriebener Cäsium-Konverter erreichte einen Wirkungsgrad von 15 % bei einer Spannung von 28 Volt. Theoretisch möglich erscheint ein Wirkungsgrad von 32 % /2.5/ p 318. Das technologische Hauptproblem besteht in der Standfestigkeit der Elektrode gegen Temperaturen von 2000 °C.

Die thermoelektrische Energieerzeugung durch Thermoelemente (Seebeck-, Thomson-, Peltier-, Nernst-Effekt) ist eine weitere Möglichkeit. Der beste bisher bei Thermoelementen erreichte Wirkungsgrad war 12 % /2.5/, p 318. Versuche, Thermoelemente in Kernkraftwerken einzusetzen (UdSSR "Romaschka") schlugen fehl, da die Lötstellen durch Thermodiffusion und Neutronenbeschuß bald zerstört waren.

Der photovoltaische Effekt, ebenfalls ein Plasmaeffekt, wird in Sonnenzellen ausgenützt, vgl. Abschnitt 4. Bei Sonnenzellen wurde ein Wirkungsgrad von 15 % erreicht, der maximal erzielbare dürfte bei 25 % liegen /2.5/, p 318.

In Radionuklidbatterien wird ebenfalls ein Plasmaeffekt verwendet. Diese Batterien enthalten den β-Strahler Strontium-90 oder den α-Strahler Plutonium-238. Bei der Verwendung von PuO_2 erreicht man einen sehr hohen spezifischen Energieinhalt von 0,44 W/g Substanz. Ein Herzschrittmacher, der einige µW verbraucht, kann deshalb durch eine einzige Pu-Batterie 10 - 15 Jahre versorgt werden. Eine Radionuklidbatterie kann nach verschiedenen Prinzipien arbeiten:

1) elektrostatische Aufladung,
2) Halbleiter Sperrschichten,
3) photoelektrische Lumineszenz,
4) thermoionische Effekte
5) SNAP-Reaktor (einige 100 W Leistung). Solch ein auf thermoelektrischem Prinzip basierender Reaktor befand sich an Bord jenes russischen Satelliten, welcher 1979 auf kanadisches Gebiet stürzte.

Eine weitere Anwendung heißer Plasmen ist die Wasserstofferzeugung durch UV-Licht aus einer Plasmasäule oder mittels der Fusion (siehe Abschnitt 14)

13.4 Brennstoffzellen

In diesen erfolgt mit Hilfe eines Elektrolytplasmas eine Umwandlung von chemischer Energie in elektrische Energie, und zwar direkt, d.h. ohne den Umweg über die Wärme /13.4.2/, /13.4.3/, /13.4.5/. Durch diese Art von "Direktkonversion" ist der Wirkungsgrad nicht durch den Carnot-Wirkungsgrad (bei thermodynamischen Prozessen theoretisch erreichbarer Wirkungsgrad, 2. Hauptsatz!) begrenzt. Möglich ist dies z.B. durch langsame (kalte) Oxydation von H_2 (Anwendung: in der Weltraumfahrt, in Zukunft Brennstoffzellen für Autos). Es finden unter Einwirkung von Katalysatoren folgende Reaktionen statt ("kalte Verbrennung" von Wasserstoff):

$$H_2 + 2H_2O \rightarrow 2H_3O^+ + 2e^-, \quad \frac{1}{2}O_2 + 2H_3O^+ + 2e^- \rightarrow 3H_2O + 1{,}229 \text{ eV an Energie.}$$

Derartige Brennstoffzellen-Kleinkraftwerke laufen bereits mit Alkohol oder Erdgas (auch bei hohen Temperaturen von etwa 1000 °C). Der bisher erreichte Wirkungsgrad beträgt 40 %, theoretisch wären 60 % möglich /13.4.4/, /1.13/. Im Mai 1980 ging das erste Fuel-Cell Großkraftwerk (New York) in Betrieb /13.4.5/ (Wirkungsgrad 30 %). Es wird mit Dieselöl betrieben (Betriebstemperatur 190 °C), als Elektrolyt dient Phosphorsäure. Da eine Zelle nur 0,6 V liefert, müssen hunderte Zellen in Reihe geschaltet werden. Die Strombelastung der Elektroden ist dabei recht hoch, nämlich 2,5 kA/m^2.

Zusammengefaßt ergeben sich folgende Nachteile der Brennstoffzelle:

1) Niedrige Spannung,
2) Materialprobleme (geeignete Katalysatoren),
3) hohe Elektrodenbelastung,
4) H_2-Oxydation,
5) zur Einspeisung in das öffentliche Elektrizitätsnetz notwendige Umwandlung in Wechselstrom,
6) man benötigt einen "Fuel-Processor": der Wasserstoff (fuel) zum Betrieb der Brennstoffzelle muß zuerst erzeugt werden, wobei ein Energieaufwand notwendig ist.

Auf einem Plasmaeffekt beruht auch das in Göteborg an der Technischen Hochschule stehende Salzkraftwerk. Dieses System besteht aus einer Mischung von Salz- und Süßwasser. In einem solchen Gemisch müssen die Natrium- und Chlorionen wandern, damit eine homogene Mischung entsteht. Wenn eine ionenselektive Membran die Wanderung der einen Ionenart stoppt, so entsteht eine nutzbare Potentialdifferenz. Bisher konnten 4 Volt erzeugt werden.

13.5 Kernfusion

In Abschnitt 12 wurde schon darauf hingewiesen, daß man Kernenergie auch durch Verschmelzung leichter Atomkerne gewinnen kann. Ein Beispiel für einen solchen energieliefernden Kernprozeß ist die Reaktion Deuterium + Tritium → Helium + Neutronen, wobei 3,5 MeV bzw. 14 MeV an Energie pro Teilchen frei wird /13.1/, /13.77/. Der Energieinhalt eines Gramm Deuteriums ist mit 3×10^{11} J außerordentlich hoch. Im Meerwasser kommt 1 Deuteriumatom auf 6.500 Wasserstoffatome; trotzdem ist der Heizwert des Deuteriums von einem Liter Meerwasser der von 300 Liter Benzin!

Positiv geladene Atomkerne stoßen einander ab; je näher sie sich kommen, desto größer wird diese "Abstoßung", erst wenn der Abstand sehr klein (10^{-13} cm) wird, bewirken die "Kernkräfte" eine Bindung der Reaktionspartner. Ein Teil der Masse der beiden Reaktionspartner wird dabei als kinetische Energie der "Fusionsprodukte" frei - Einstein'sche Masse-Energiebeziehung - vgl. Fig. 13.1. Zur Überwindung der Abstoßungskräfte muß man die Reaktionspartner mit hoher Energie aufeinanderschießen, vgl. Fig. 13.2.

a) "Kalte Fusion": Indem man Teilchenstrahlen gegeneinander schießt, kann man Fusionsreaktionen auslösen, allerdings ist die erzielbare Ausbeute gering, da nur eine unter tausend Teilchenkollisionen zu einer Fusionsreaktion führt. Dies bedeutet, daß fast alle Teilchen durch Zusammenstöße sehr rasch jene Energie verlieren, welche sie für Fusionsreaktionen benötigen, oder daß sie aus dem Reaktionsvolumen gestreut werden.

b) Thermonukleare Fusion: In einem heißen Gas kollidieren Kerne dauernd miteinander; je höher dabei die Temperatur ist, desto

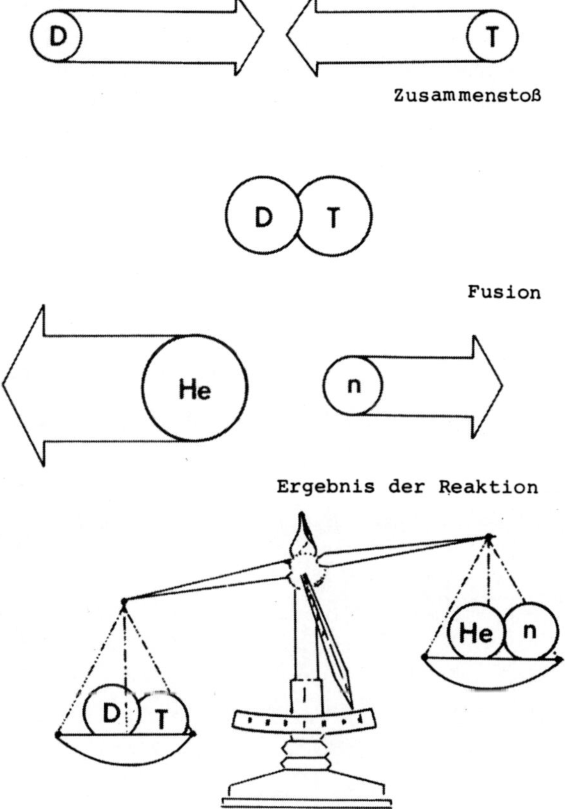

Fig. 13.1 Die Fusionsreaktion

"härter" werden diese Stöße; schließlich kommt es zur Abtrennung der Elektronen vom Atom (Ionisierung), es entsteht ein Plasma. Steigert man nun die Temperatur bis auf sehr hohe Werte (ca 50 Millionen Grad), so führt ein Teil der Zusammenstöße zwischen den Atomkernen zu Fusionsreaktionen (thermonukleare Fusion). Bei diesen Temperaturen ist ein Einschluß des Plasmas durch materielle Behälter nicht mehr möglich.

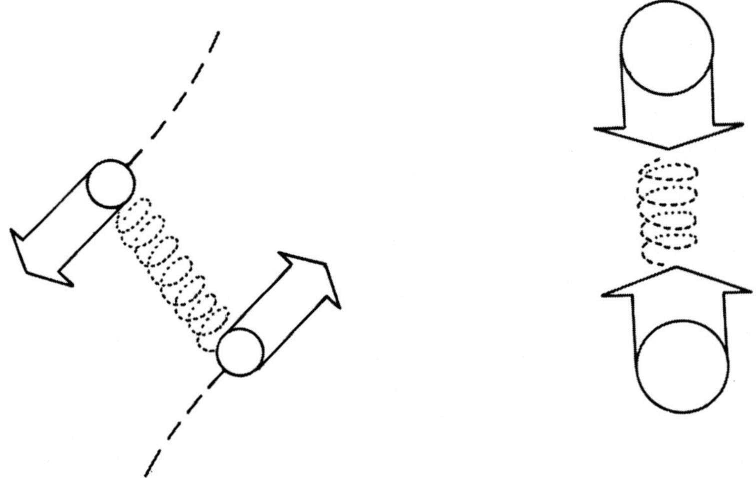

Fig. 13.2 Abstoßung zwischen Kernen

Man kann ein Plasma aber entweder durch Magnetfelder oder durch Trägheitskräfte einschließen.

Ein heißes Plasma verliert durch Strahlung und Teilchendiffusion dauernd an Energie. Wenn man aus einem thermonuklearen Plasma Energie gewinnen will, muß die durch Fusion freiwerdende Energie zumindest alle auftretenden Verluste und die benötigte Heizenergie aufwiegen. Wenn Verluste und Heizungsaufwand gleich der gewonnenen

Fusionsenergie sind, so spricht man von "Break even", die wissenschaftliche Machbarkeit einer Fusionsenergiegewinnung ist dann gezeigt ("scientific feasibility"). Damit "Break even" erreicht wird, muß folgendes erfüllt sein /13.5.10/:

1) Das Produkt aus Dichte n und Einschlußzeit τ muß größer werden als 2×10^{14} scm^{-3} (> nτ). Dies ist das sogenannte "Lawson Kriterium".
2) Es muß eine Temperatur von mindest 50×10^6 K herrschen. Die erforderlichen Temperaturen hat man schon erreicht (70×10^6 K); vom Lawson Kriterium ist man etwa um einen Faktor 10 entfernt.

Alle erforderlichen Einzelwerte (Einschlußzeit, Dichte, Temperatur) wurden zwar schon einzeln erreicht, aber noch nie zugleich, vgl. Fig. 13.3.

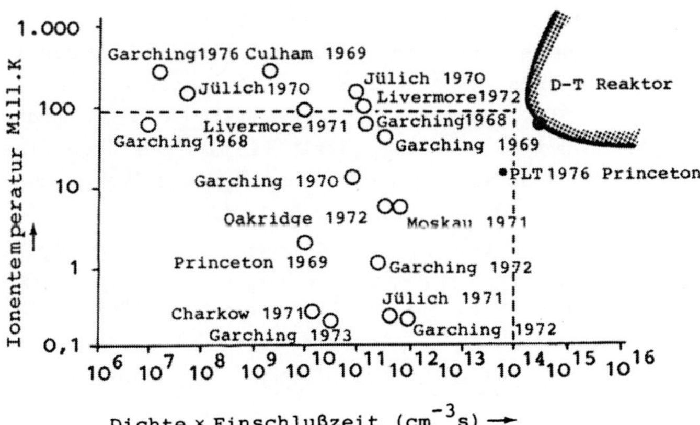

Fig. 13.3 Das Herantasten an die Lawson-Kurve

Da die Fusionsreaktionen mit Deuterium allein ein größeres nτ benötigen, erwartet man, daß das radioaktive Wasserstoffisotop Tritium als Brennstoff in den Fusionsreaktoren der ersten Generation eingesetzt wird. Dieses Tritium ("überschwerer Wasserstoff") mit einem Kern aus einem Proton und zwei Neutronen bestehend, kommt auch in der Natur vor.

Durch die Kernreaktion ^{14}N (n,T) ^{12}C wird auf der Erdoberfläche pro Sekunde und cm^2 etwa ein Tritiumatom gebildet. Für den Einsatz im Reaktor will man aber Tritium (T) aus der folgenden Brutreaktion aus Lithium gewinnen:

$$^{6}Li + n \rightarrow {}^{4}He + T + 4{,}8 \text{ MeV}$$

$$^{7}Li + n + 2{,}47 \text{ MeV} \rightarrow {}^{4}He + T + n'$$

Als Neutronenquelle kann dabei das D-T Fusionsplasma dienen.

Das Verhältnis von gewonnener zur zugeführten Energie bezeichnet man als den Energiemultiplikationsfaktor Q /13.5.39/, /13.5.10/. Q = 1 bedeutet also "break even". Man erwartet, daß dieser Wert bis zu den Jahren 1985 - 1990 erreicht wird. Aussichtsreichste Projekte sind der TFTR = Tokamak Fusion Test Reactor in Princeton; erwarteter Fertigstellungstermin 1981; es ist ein Q-Wert von 1 projektiert, und JET. Dieser JET (Joined European Torus) soll bis 1982 in Culham (GB) fertiggestellt sein. Im Gespräch bzw. in Vorbereitungsphase ist der von der IAEA betreute INTOR (International Torus). Zum Betrieb eines Fusionskraftwerkes ist ein Q von mindestens 10 erforderlich ("Engineering feasibility"). Der bisher beste erreichte Q-Wert ist 0,02 (D-D Fusion); zugeführte Heizleistung: 4,5 MW, Fusionsleistung 50 kW. Erreicht wurde dieser Wert im "Princeton large Tokamak: PLT".

$Q = \infty$ bedeutet, daß von außen keine Energie mehr zugeführt werden muß, die Energie der geladenen Fusionsprodukte (α-Teilchen) reicht aus, um das Plasma zu heizen ("Selbstheizung", "Gezündetes Fusionsplasma").

Genaue Berechnungen zeigen, daß ein Plasma nicht so stark wie ein schwarzer Körper strahlt /13.5.36/. Beim schwarzen Körper wäre eine Verlustleistung von 10^2 Watt/cm^2 zu erwarten. Ein Fusionsplasma befindet sich nicht im Strahlungsgleichgewicht, da die mittlere Strahlungslänge (10^{20} cm) sehr viel größer als die Dimension des Reaktionsvolumens ist; die emittierte Strahlung ist in der Hauptsache Bremsstrahlung (keine thermische Strahlung) bzw. im Magnetfeld Zyklotronstrahlung. Die Folgerung aus diesen Rechnungen ist, daß für eine α-Teilchenheizung des Plasmas eine Mindesttemperatur von 70×10^6 K und ein Wert von $n\tau = 3 \times 10^{14}$ scm^{-3} erforderlich sind. (Bisher erreicht: 3×10^{13} scm^{-3}; 70×10^{6}K.)

Ein wichtiger Fortschritt ist das Zweikomponentenplasma: Der erforderliche Wert der Lawson-Bedingung läßt sich vermindern, wenn man hochenergetische Neutralteilchenstrahlen in ein heißes Plasma schießt (Heizung durch Neutralinjektion) /13.5.40/, /13.5.41/.

Zur Aufheizung des Plasmas verwendet man heute im wesentlichen drei Methoden:

1) Ohm'sche- bzw. Joule'sche Stromwärme (bis etwa 10^{7}K),
2) Elektromagnetische Wellen,
3) Teilchenstrahlen.

Ein Vergleich von Kernspaltung und Kernfusion ergibt folgende Unterschiede:

1) Bei der Kernfusion entstehen keine radioaktiven Fusionsprodukte (im Gegensatz zu den hoch radioaktiven Spaltprodukten und Aktiniden bei der Kernspaltung). Durch Neutronenbeschuß werden allerdings verschiedene Strukturmaterialien des Fusionsreaktors radioaktiv (induzierte Radioaktivität), außerdem wird man in Reaktoren der ersten Generation das radioaktive Tritium als Brennstoff verwenden müssen.
2) Die Deuteriumvorräte der Erde betragen 10^{14} t; dies entspricht 10^{31} Joule Fusionsenergie /13.5.28/. Bei Anhalten des heutigen Weltenergieverbrauchs von ca 3×10^{20} Joule/Jahr (1977) würden die Deuteriumvorräte der Erde etwa 10^{11} Jahre, also 100 Milliarden Jahre reichen.
3) Ein dritter Vorteil der Kernfusion ist die Möglichkeit einer direkten Umwandlung der Energie von geladenen Teilchen ("direct conversion") in elektrische Energie. Es sind dabei sehr hohe Wirkungsgrade erzielbar (> 90 %). Die ersten Fusionskraftwerke werden jedoch konventionelle Dampfkraftwerke sein, vgl. Fig. 13.5
4) Die enorme Sicherheit ist ein weiterer Vorteil. Im Reaktorgefäß einer Fusionsanlage herrscht Hochvakuum, eine Explosion ist ausgeschlossen. Der thermische Energieinhalt des Fusionsplasmas ist so gering, daß ein Plasma mit einem Volumen wie es etwa einer Badewanne entspricht, gerade ausreicht, um eine Tasse Wasser zu erwärmen.
5) Da der Fusionsreaktor kein Plutonium enthält, gibt es keine Pro-

bleme mit der Proliferation, wie sie bei Kernkraftwerken, die mit Uran betrieben werden, auftreten.

Man hat bisher mehrere Einschlußsysteme für das Plasma erprobt. Wir kennen heute:

A) Magnetische Systeme:

1. Magnetische Fallen: Das einschließende Magnetfeld wird durch äußere Spulen erzeugt. Man kann nach den Konstruktionsmerkmalen unterscheiden

   1.1 Offene Fallen: lineare Anordnung, Herabsetzung von Endverlusten durch Verwendung von "Spiegelfeldern". Ein Vorteil dieser Maschinen ist die kontinuierliche Betriebsweise, nachteilig sind hohe Teilchenverluste und die geringe Dichte, welche erreicht wird.

   1.2 Geschlossene toroidale Fallen (z.B. Stellarator): Keine Endverluste, hohe Temperaturen erreichbar, stationärer Betrieb ist möglich, aber die erreichbaren Dichten sind sehr gering.

2) Pinche: Das Magnetifeld des im Plasma fließenden Stromes ist maßgeblich am Einschluß beteiligt. Pinche arbeiten im Impulsbetrieb (Stoßentladung).

   2.1 Offene Pinche (lineare Pinche): In einem linearen Θ-Pinch wurden bereits Temperaturen von 120 Millionen K erzeugt. Die erreichbaren Dichten sind dabei sehr hoch, allerdings liegt die Lebenszeit eines solchen Pinches bei wenigen Mikrosekunden (z.B. 3×10^{-6} sek).

   2.2 Toroidale Pinche: Hier stellt der Tokamak das erfolgversprechendste Einschlußsystem dar (vgl. TFTR, JET, INTOR) Fig. 13.4 zeigt einen solchen Tokamak. Wie ein Tokamakfusionsreaktor als Kraftwerk arbeitet, zeigt die Fig. 13.5.

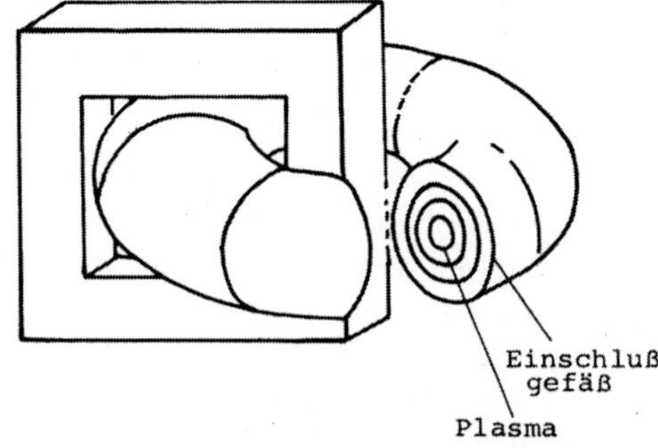

Fig. 13.4 Tokamak

Bis zur Realisation eines Fusionskraftwerkes müssen noch eine Reihe von technischen und physikalischen Fragen gelöst werden. Dazu zählen die Entwicklung von geeigneten Reaktorbaustoffen und die Stabilisierung der Plasmasäule. Es treten im Plasma Instabilitäten (Begriff siehe /13.1.2/) auf, welche zu einem Zerfall des Plasmas führen.

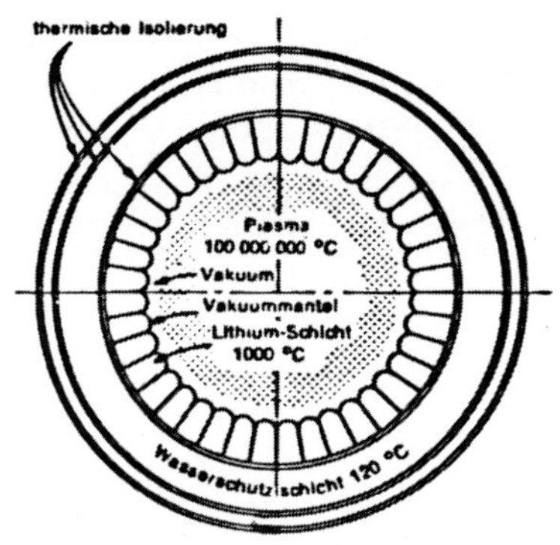

Fig. 13.5 Fusionskraftwerk nach dem Tokamakprinzip

Bei der Laserfusion wird das Plasma durch Trägheitskräfte eingeschlossen. Die Aufheizung der Brennstoffkügelchen (Pellets) durch Laserlicht (oder durch Teilchenstrahlen wie Elektronen oder Ionen) muß dabei sehr rasch (ca 10 Picosekunden) erfolgen. Damit man bei Einschlußzeiten im 10^{-11} Sekunden-Bereich das Lawson-Kriterium erfüllt, muß die Plasmadichte 10^{25} - 10^{26} Teilchen/cm^3 (bei einem Druck von 10^{11} at), das ist 1000-fache Festkörperdichte, erreichen. Die notwendige Temperatur ist 100 Millionen K. Um diese Werte zu erreichen, benötigt man außerordentlich leistungsfähige Laser (100 - 200 TW), welche uns noch nicht zur Verfügung stehen. Bis heute wurden ca 20 TW erreicht /13.5.12/. Um eine maximale Lichtabsorption und eine hohe Kompression zu erreichen, muß der Aufbau der winzigen (ca 0,1 mm) Brennstoffkügelchen äußerst komplex sein: z.B. von außen nach innen: Beryllium, Gasschicht, Gold, DT-Eis, Hohlraum usw. Es treten Implosionsgeschwindigkeiten von 10^7 cm/sek auf. Die vom Pellet absorbierte Energie liegt bei 10^7 - 10^8 J/g, insgesamt benötigt man für die Zündung 10^5 - 10^6 Joule Laserenergie (ohne Kompression 10^9 J).

Es wurden bisher maximal 10^{10} Neutronen (Fusionsreaktionen) pro Pellet erreicht, für einen Fusionsreaktor müssen es 10^{19} sein. Für eine bessere Absorption des Laserlichtes müssen noch die auftretenden starken Instabilitäten überwunden und die Reflexion herabgesetzt werden. Man kann vereinfacht sagen, daß beim Magneteinschluß noch ein Faktor 10 bis zum Lawson-Kriterium fehlt, während die Werte von $n\tau$ bei der Laserfusion noch um den Faktor 100 zu klein sind.

Bei der Verwendung von Teilchenstrahlen /13.5.24/ läßt sich die Energie mit einem besseren Wirkungsgrad auf die Pellets übertragen. Die Energiekosten liegen bei Fusion mittels Teilchenstrahlen bei 2 % des für Laserfusion benötigten Wertes. Man benötigt aber Teilchenbeschleuniger im 100 TW Bereich und Ströme von 100 MA. Es müssen einige MJ in 20 nsec übertragen werden. Als Teilchen kommen in Frage:

a) Relativistische Elektronen. Bei Elektronenbeschleunigern wurden bereits Leistungen von 20 TW bei einem Elektronenstrom von 15 MA erreicht, ein Projekt in der Sowjetunion (Angara) soll 1983 100 TW erreichen.
b) Leichte Ionen: Hier wurde ein Strom von 700 kA erreicht (USA).
c) Schwere Ionen (ab Masse 150). Hier sind die erreichten Stromstärken noch sehr bescheiden (einige µA) im Vergleich zu den benötigten Werten (MA, MeV, 1 MJ bei 100 TW). Geplant ist ein 25 GeV Uran-Ionen-Beschleuniger, doch steht hier die Entwicklung erst am Anfang, zumal der erforderliche finanzielle Aufwand sehr groß ist (500 Millionen $). Ein physikalisches Problem ist außerdem die auftretende Strahlendefokussierung durch Raumladungseffekte.

Ein etwas exotisch anmutendes Projekt ist die Migmazelle (von Maglich). Sie ist ein etwas modifiziertes Konzept der kalten Fusion, in dem der Verlust von gestreuten Teilchen durch ein Magnetfeld verringert wird (selfcolliding beams). Es kommt aber auch hier zur Thermalisation der Teilchen.

Die Fusionsreaktortechnologie /13.5.13.5/ ist ein wichtiges, noch im Anfangsstadium befindliches Gebiet, das schwere Probleme zu lösen hat:

1) In einem Fusionsreaktor besteht ein ungeheures Temperaturgefälle: Das Plasma hat eine Temperatur von etwa 70 Millionen K, die das Vakuumgefäß umgebenden supraleitenden Spulen sind auf -260 ^{o}C gekühlt.
2) Die verwendeten Blanketmaterialien müssen mit Lithium verträglich sein (Tritium-Brüten).
3) Die erste Wand muß einer Belastung von 10^6 Watt/m^2 standhalten: Bei den ersten Fusionskraftwerken wird man die erste Wand zweimal jährlich wechseln müssen, da noch kein Material bekannt ist,

das einer solchen Belastung länger standhält (Bildung von He-Bläschen etc.).

4) Die verwendeten Strukturmaterialien sollen durch Neutronen nur schwach aktiviert werden (Niob, Vanadium); zugleich müssen sie gute Wärmeleiter sein (Wärmeabfuhr aus dem Blanket).
5) Bereits geringe Verunreinigungen des Plasmas bewirken durch Strahlungsverluste ein Absinken der Plasmatemperatur.

Fragen der Umweltbelastung und der Sicherheit von Fusionskraftwerken behandeln wir im Abschnitt 15.

Neuere Entwicklungen betreffen den "Pacer" und Hybridsysteme. Unter Pacer versteht man die Idee, durch unterirdische Explosionen von Wasserstoffbomben thermische Energie und Plutonium zu gewinnen. Man könnte z.B. in einem Hohlraum, 1 - 2 km unter der Erdoberfläche, alle vier Stunden eine 20 kt Wasserstoffbombe zünden, deren Neutronen Plutonium erbrüten könnten und die den Wasserdampf der 200 m im Durchmesser messenden Kavernen erhitzen würden /13.5.75/. Im Hacer nach Seifritz sollen aus Thorium und Wasser durch D-D Fusion Wasserstoff, Uran 233 und schweres Wasser erzeugt werden /13.5.76/.

Neue Entwicklungen:

Fusion-Fission-Hybride ist eine Bezeichnung für Reaktoren, welche Komponenten sowohl von Spalt- als auch von Fusionsreaktoren enthalten /13.5.19/. Es wird hier die Tatsache ausgenützt, daß bei Fusion viele Neutronen entstehen, während bei Spaltprozessen sehr viel Energie frei wird. Die Fusion ist neutronenreich und energiearm, die Spaltung ist neutronenarm und energiereich. Eine Kombination ("Hybrid") müßte daher Vorteile bieten. Man umgibt z.B. das Plasma mit einem unterkritischen Mantel aus spaltbarem Material. Es finden darin folgende Prozesse statt:

a) neutronenvermehrende Kernreaktionen; die Neutronenergiebigkeit des Fusionsplasmas wird erhöht,
b) Spaltungen von schweren Kernen in einer unterkritschen Anordnung: Es wird die Energieausbeute der Fusionsreaktionen stark vermehrt.
c) Brutreaktionen: Es kann neues Spaltmaterial und Tritium erzeugt werden.

Auf diese Weise sind mehrere Vorteile zu gewinnen: Herabsetzung des Lawson-Kriteriums, unterkritische Brutreaktion, man kann seltene Fusionsprozesse realisieren ($Q < 1$ nicht nötig) /13.5.19.1/.

Es gibt folgende Konzepte /13.5.19.3/:

1) Fissions-Fusionssymbiose (Symbiosekonzept). Das Blanket ist bei diesem Konzept so aufgebaut, daß eine möglichst geringe Zahl von Spaltungen stattfindet, aber durch Brutreaktionen thermisch spaltbare Isotope erzeugt werden. Das Blanket des Fusionsreaktors ist frei von Spaltprodukten. Vorteil: geringe Energiedichte im Blanket, wenig Spaltprodukte, kürzere Verdopplungszeiten als ein schneller Brüter; Nachteil: geringer Energiegewinn.
2) Fusions-Fissionssymbiose (Hybridkonzept). Das unterkritische Blanket ist mit spaltbaren Isotopen angereichert. Man kann dadurch die Energieerzeugung im System stark erhöhen, allerdings enthält dann das Blanket auch Spaltprodukte.
3) Augias-System. Die Neutronen aus dem Plasma können auch zur Transmutation von radioaktiven Spaltprodukten (Kr 85, Sr 90, Cs 137) verwendet werden: "Abfallbeseitigung". Allerdings sind für einige Isotope sehr hohe Neutronenflüsse notwendig, so daß sich thermische und wirtschaftliche Probleme ergeben.

Durch den Einsatz von hybriden Brutreaktoren läßt sich ein geschlossener Brennstoffkreislauf in einem nuklearen Energieerzeugungssystem erreichen. Es können auch Plasmaneutronenquellen eingesetzt werden, welche für einen Fusionsreaktorbetrieb nicht aussichtsreich erscheinen: "Plasmafocus" (Pinch).

Spallationsbrüter sind Kombinationen von Protonenbeschleunigern und einem unterkritischen Blanket aus schweren Isotopen. Die hochenergetischen Protonen werden dabei auf das Blanket geschossen und führen dort zu einem "Zerplatzen" des Atomkerns; es werden dabei pro Spallationsprozeß bis 60 - 80 Neutronen frei, welche für Brutzwecke verwendet werden können: "Elektronukleare Brennstofferzeugung".

Im Laser-Fission-Fusion-System wird die Zündung des Pellets durch thermonukleare Detonationswellen (Mikroexplosionen) angestrebt (ausgelöst durch konventionellen Sprengstoff).

14 Wasserstoff als Energieträger

Wasserstoff hat einen hohen Heizwert (29.700 kcal/kg /1.15/ p 129, vergl. Abschnitt 4. Bei Verbrennung entsteht Wasser. Die Einsatzmöglichkeiten für Wasserstoff sind breit gestreut:

1, Prozesswärme in der Industrie,
2, Elektrizitätserzeugung,
3, Treibstoff für die Luftfahrt,
4. Geeignet für einen Einsatz in einem "Wasserstoffauto" (Ein Prototypbus wurde von der Firma Mercedes-Benz entwickelt),
5. Kalte Verbrennung in Wasserstoffzellen (Auto, Haushalt).

Wasserstoff kostet heute etwa 1,2 $/kg; für einen wirtschaftlichen Einsatz wäre 1/5 dieses Preises einschließlich Transport- und anderer Kosten notwendig /1.15/, /2.2/, /14.18/. Im Gegensatz zu den fossilen Energieträgern muß Wasserstoff erst unter Aufwendung von Energie erzeugt werden. Die "Wasserstoffwirtschaft" ist deshalb nur möglich, wenn zu seiner Erzeugung billige Energiequellen eingesetzt werden können. Es kommen daher derzeit nur Kernenergie und Sonnenenergie in Frage. Für eine Erzeugung des Wasserstoffs kommen folgende Prozesse in Frage:

1) Elektrolyse, (Wirkungsgrad etwa 75 % /5.77/; ca 4,3 kWhel/$Nm^3 H_2$)
2) Hitze (thermische Dissoziation),
3) Kohlevergasung,
4) chemische Photolyse (Lichtenergie),
5) thermochemische Verfahren (300 - 1000°C) /14.18/, /1.15/, /2.2/, z.B. das Brom-Verfahren des Forschungszentrums in ISPRA,
6) bilologische Verfahren /1.15/, /14.18/, /14.20/ z.B. Zerlegung von Wasser H_2O durch Algen $\rightarrow H_2 + 1/2\ O_2$,
7) Strahlenchemische Verfahren, UV- oder Atomstrahlen zerlegen Moleküle /1.15/,
8) (Laser) Fusion: Einsatz der Fusionsneutronen zum Aufbrechen von Molekülen; HACER (vgl. Abschnitt 13),
9) Sonnenenergie /2.2/, /14.21/ und zwar
   a) solarthermisch,
   b) photochemisch,
   c) photoelektrisch,
   d) photovoltaisch (Sonnenzelle, Elektrolyse; nach Dahlberg könte etwa 1 m^2 pro Jahr 29 m^3 Wasserstoff erzeugen /14.31/,

10) Windenergie /1.73/.

Bei der Photolyse des Wassers muß man sogenannte Photosensibilisatoren verwenden; dazu gehören Chlorophyll, Eisen, Cer, verschiedene Rhuteniumverbindungen /14.28/.

Ein Beispiel für die photochemische Erzeugung ist die Honda Zelle (mit Titanoxyd, Wirkungsgrad: 0,2%). Als Vorteil ist zu nennen, daß bei der Gewinnung von Wasserstoff aus Wasser als "Abfall" Sauerstoff entsteht, welcher in der Stahlindustrie benötigt wird, oder auch zu einer Verbesserung der Luftqualität verwendet werden könnte.

Die Welterzeugung von Wasserstoff (1970) /14.18/ betrug 205×10^9 m^3. Er würde haupsächlich durch die Industrie verbraucht. Eine zehn mal so große Wasserstoffmenge wäre nötig, um den heutigen Energieverbrauch zu decken. Um diesen Wasserstoff zu erzeugen, wäre das 3-fache der heutigen Stromkapazität erforderlich /1.15/. Um den heutigen Weltenergiebedarf mittels Wasserstoff zu decken, wären Investitionen von 90 Billionen DM nötig /14.31/. Um den derzeitigen Ölverbrauch der BRD durch Wasserstoff zu substituieren, müssten mehr als 20.000 km^2 mit Solarzellen bedeckt werden.

Wasserstoff hat den Heizwert von 29.700 kcal/kg /1.15/ (Heizöl: 11.000 kcal/kg oder 12 kWh/kg). Dabei muß bedacht werden, daß heute ca. 12,3 kWh thermisch eingesetzt werden müssen /14.32/ um 1 m^3 Wasserstoff zu erzeugen, der dann 3 - 3,5 kWh liefert. Wegen der geringen Dichte (0,07 kg/m^3) nimmt 1 kg flüssiger Wasserstoff ein Volumen von 14 l ein (bei Erdöl sind dies nur 1,33 l), so daß bezogen auf gleiche Volumen, Wasserstoff einen geringeren Heizwert als Erdöl hat. Bezogen auf einen Kubkmeter hat Wasserstoffgas einen Heizwert von 3.34 kWh/m^3 /5.77/; dies ist nur 1/3 des Heizwertes von Erdgas. Ein Wasserstoff - Luft - Gemisch ist nur brennbar, wenn die Wasserstoffkonzentration 4 - 74% (Vol) beträgt, die Kanllgasexplosionsgrenze ist 7%.

Die Wasserstoffspeicherung gibt noch große Probleme auf. Sie ist möglich durch

1. Gekühlte Tanks (-252,8^{o}C!) /14.18/. Bei dieser Temperatur siedet Wasserstoff (für einen Einsatz in Luftfahrt ist diese Lösung

möglich).

2. Metallhydride /1.15/, /14.29/, /14.32/. In verschiedenen Metallen (Ti) wird Wasserstoff in Form von Protonen in das Kristallgitter eingebaut. Durch Erwärmung läßt sich eine Desorption des Wasserstoffs erreichen. Diese Methode besitzt jedoch einige Nachteile: a) Versprödung des Metalls, b) hohe Kosten, c) großes Gewicht der Speicher.
3. Gasflaschen: Bei dieser Transportform wäre eine sehr große Zahl von Gasflaschen nötig. Ausserdem ist u.a. mit Explosionsgefahr zu rechnen.
4. Schwermetallverbindungen /1.15/. In Verbindungen wie $SmCO_5$ oder $LaNi_5$ kann Wasserstoff eingebaut werden. Durch Änderung der Druck- und Temparaturverhältnisse ist eine Rückgewinnung möglich.
5. Eine Möglichkeit wäre auch, H_2 in Form von Benzin zu speichern und es durch katalytische Prozesse in H_2 und CO_2 zurückzuverwandeln /14.25/.
6. Untergrundkavernenspeicher: In großen unterirdischen Hohlräumen könnte man Wasserstoff unter Druck (wie Erdgas) speichern /2.2/ p 176.

Beim Transport von Wasserstoff durch Rohrleitungen gibt es in den USA und im Ruhrgebiet praktische Erfahrung /14.18/. Ein Transportsystem durch Eisenbahn bzw. LKW wäre ebenfalls denkbar. Interessant ist ein Vergleich der Transportkosten von elektrischem Strom und Wasserstoff:

Strom:	Transportkosten:	0,7 Cent/kWh	(Österreich einige 10g/kWh)
	Verluste:	45%	(Österreich ca. 7 - 10%)
Erdgas und H_2	Transportkosten:	0,16 Cent/kWh	
	Verluste:	0,1%	(Europa: mit Kompressorstationen ca. 1%)

Bei Entfernung von mehr als 400 km kommt ein Energietransportsystem mit Wasserstoff billiger als eine Übertragung durch elektrischen Strom, /14.26/; dies ist aber abhängig von der zu transportierenden Energiemenge.

Die Verwendung des Wasserstoffs im Fahrzeugantrieb ist vielseitig:

1. Wasserstoff - Brennstoffzelle zum Betrieb von Elektroautos; in Österreich arbeitet Professor Kordesch in Graz auf diesem Ge-

biet /14.22/, /1.15/.

2. Verbrennung von Wasserstoff direkt im Ottmotor: Die hohe Verbrennungstemperatur von Wasserstoff (2159°C) führt rasch zu Motorschäden, da die Schmiermittel dieser Temparatur nicht standhalten /14.24/, /14.24/. Dieselmotoren lassen sich leichter umstellen, da sie für höhere Verbrennungstemparaturen gebaut sind. Auch Flugzeugturbinen könnte man für eine Verbrennung von Wasserstoff auslegen.

Die Verwendung von Wasserstoff als Energieträger wirft auch Sicherheitprobleme auf. So gab es im Jahre 1937 durch die Explosion des Zeppelins Hindenburg einen aufsehenerregenden Unfall mit Wasserstoff. Eine Knallgasexplosion kann allerdings nur stattfinden, wenn Wasserstoff in einem Mischungsverhältnis von 7 - 74% H_2 zusammen mit Luft oder Sauerstoff vorliegt. Das Basler Stadtgas enthält deshalb 80% H_2. Beim Transport von flüssigem Wasserstoff (-252,8°C) kann allein der Dampfdruck des siedenden Wasserstoffs zu einer Explosion führen.

15 Vergleich von Schadensrisken verschiedener Energiequellen

Die Auswahl, eine bestimmte Energiequelle zur Energieerzeugung heranzuziehen, sollte nach folgenden 3 Kriterien geschehen:
1) möglichst geringe Umwelt- und Gesundheitsgefahren
2) technisch realisierbar und
3) wirtschaftlich tragbare Konzepte.
Die vermehrte Produktion von Energie wirft neben technologischen, ökonomischen, soziologischen und politischen Fragen vor allem das Problem einer größeren Umweltbeeinflussung auf. Es ist physikalisch unmöglich, Energie zu verbrauchen, richtiger: Energie umzuwandeln, ohne Spuren in der Umgebung zu hinterlasse. Da wir nicht imstande sind oder es aus wirtschaftlichen Gründer unterlassen, diese Auswirkungen vollständig zu kontrollieren, sind mannigfaltige Umwelteffekte die Begleiterscheinung bei der Energieerzeugung und -verwertung. Es gibt keine ungefährlichen, harmlosen Energiequellen. In allen Fällen können diese selbst oder ihre Ausnutzung durch die Umwandlung in andere Energieformen die Erkrankung oder den Tod von Menschen verursachen. Ohne viel zu überlegen, akezeptiert unsere Gesellschaft solche Risken für einen adäquat scheinenden Nutzen. Als Folge sind heute z.B. rund 80% aller Krebsfälle nach der Royal Society Study Group für "Long-Term Toxic Effects", auf Umweltfaktoren zurückzuführen.

In diesem Zusammenhang sind zwei Grundaussagen zu machen:
1. Jede Energiequelle stellt eine potentielle Gefahr dar, denn es besteht immer die Möglichkeit von plötzlicher Energiefreisetzung und von schädlichen Emissionen.
2. Es gibt keine 100%-ige Sicherheit! (E. Kästner, "Leben ist lebensgefährlich" /1.3/).

Über den Menschen kann jederzeit eine Katastrophe hereinbrechen (Meteore, Erdbeben usw.). Dazu gibt es nur zu gut bekannte Zahlen aus der neueren Zeit /1.3/:
1970: Erdbeben in Peru fordert 70.000 Tote
1970: Flutwelle in Pakistan verursacht 200.000 Tote
1977: Zusammenstoß zweier Jets in Teneriffa: 576 Tote
1977: 1791 Verkehrstote in Österreich; 60.579 Verletzte im

Straßenverkehr.(In den USA sterben jährlich 55.000 Menschen auf den Straßen).

1978: Explosion eines Flüssiggas-Tankers bei einem Campingplatz fordert 220 Tote

1979: Bei einem Wasserdammbruch in Westindien kamen schätzungsweise 10.000 - 25.000 Menschen um.

Bei der Abschätzung von Risken sind 3 Faktoren bestimmend:

1) Psychische Einstellung: Risken, die man durch eigenes Verhalten verringern kann, oder bei denen man sich nur einbildet, man könnte selbst etwas tun, kommen einem weniger gefährlich vor (z.B. Autofahren). Nichts beitragen zur Verminderung des Risikos kann man beim Eisenbahnfahren oder Fliegen, außer man verzichtet. Sozusagen "hilflos ausgeliefert" ist man den Risken bei Wasserdammbruch, Kraftwerksunfällen etc. Diese Gefahren schätzt der Mensch dann zu hoch ein. Der Mensch neigt dazu, Risken, die er nicht kennt, zu überschätzen, und jene, die er kennt, zu unterschätzen! Bei letzteren tritt auch meistens eine Risikogewöhnung ein (Autofahren).

2) A priori - Wahrscheinlichkeitsbestimmung für den Eintritt eines Ereignisses ("Chance"). Durch Vorausberechnen wissen wir, daß bei 6.000 maligem Werfen eines Würfels ca. 1.000 mal eine bestimmte Ziffer, z.B. "3", aufscheinen wird. Diese a priori - Warscheinlichkeit ist leicht zu berechnen aus dem Verhältnis

$$\frac{\text{günstige Fälle}}{\text{mögliche Fälle}} = \frac{1}{6} \text{ (beim Würfel).}$$

Aufgrund dieser einfachen Beziehungen kann man Entrittswahrscheinlichkeiten für bestimmte Ereignisse und ihre möglichen Folgen angeben. Die Fehlerbaumanalyse ist eine solche Methode für die Abschätzung von gekoppelten Ereignissen. Die Sicherheitsoptimierung eines Systems, das aus mehreren Apparaturen besteht, ist eine die Versagenswahrscheinlichkeiten der einzelnen Anlagenteile einbeziehende Extremalaufgabe und führt zur Zahl e = 2,78; eine 3-fache Auslegung der Systemteile garantiert also die optimale Funktionssicherheit des Gesamtsystems (Erfahrung in der Weltraumfahrt)

3) A posteriori - Wahrscheinlichkeitsbestimmung aus Statistiken, die nach bestimmten Ereignissen bzw. Unfällen erstellt worden sind. Aus Erfahrungen und zu erkennenden Ursachen sich dann Verbesserungen zu machen (Flugzeugunfälle führten letztlich zu besserer Sicherheit der Flugzeuge). Techniker aus der Kernindustrie hatten

nur wenig Gelegenheiten, aus Unfällen zu lernen. Trotzdem weist die Kernindustrie die bisher beste Unfallstatistik auf /12.1.22/ p 12.

Unter dem Risikomaß versteht man die Wahrscheinlichkeit dafür, daß ein Individuum als Folge von z.B. erhaltenen Strahlendosen einen Schaden erleidet. Ist p_i die Wahrscheinlichkeit für das Auftreten des i-ten Effektes (i gibt die Zahl von möglichen voneinander unabhängigen Effekten an), so berechnet sich das Risikomaß R zu /12.1.19/

$$R = 1 - \prod_i (1 - p_i)$$

Ist P die Anzahl der vom Unfallereignis betroffenen Personen, so kann das Ausmaß für den Gesamtschaden, das Schadensmaß G, durch

$$G = P \sum_i (p_i - g_i)$$

angegeben werden, wobei die g_i Gewichtsfaktoren sind. Siehe dazu auch /15.3.11/. Das Risiko selbst ergibt sich aus dem Produkt der Schadenserwartung und der Eintrittswahrscheinlichkeit:
R i s i k o = Eintrittswahrscheinlichkeit × Schadenserwartung

Einige Beispiele aus der Statistik /15.1.11/, /15.2.17/ mögen dies erläutern. Von einer Million Menschen sterben pro Jahr 11.000 - 12.000 eines natürlichen Todes, davon 16%, also etwa 1.800 an Krebs. Zusätzlich sterben von dieser Million Menschen 150 im Jahr bei Verkehrsunfällen, 130 bei Unfällen zuhause, 80 durch Selbstmord und von 1 Million arbeitenden Menschen sterben pro Jahr 50 bei Arbeitsunfällen /12.1.32/. Die Arbeitsunfallhäufigkeiten sind bei verschiedenen Berufen verschieden /15.3.5/, /15.3.6/ (z.B. Fischer verunglücken 20 mal häufiger als Stahlarbeiter).

Weitere interessante Ergebnisse erhält man aus der Ursachenforschung. Von 1 Million Menschen, die
a) täglich 20 Zigaretten rauchen, sterben 5.000 pro Jahr;
b) täglich eine Flasche Wein trinken, sterben 750 pro Jahr.
Man wird aus diesen Zahlen schließen müssen, daß Nikotin etwa 6 mal so gesundheitsschädlich ist als Alkohol. Die Sterbechance 1 : 10^6 (Eintrittswahrscheinlichkeit einmal unter 1 Million Fällen) besteht bei

a) ein Flug über 500 km oder

b) 100 km Autofahrt oder

ç) das Rauchen von 1 1/2 Zigaretten oder

c) 40 Tage neben einer Raffinerie wohnen oder

e) 200 Jahre neben einem Kernkraftwerk wohnen.

Seine Lebenszeit um eine 1 h zu verkürzen, bedeutet 1 Zigarette in 10 Jahren rauchen, 16 h pro Jahr in der Großstadt leben, 100 g Übergewicht haben oder Pförtner eines Kernkraftwerkes sein.

Für Entscheidungen, z.B. welche Energiequelle oder welches Transportmittel man wählt sind Riskenvergleiche notwendig. Das Risiko, daß bei einer Tätigkeit 1.000 Tote mit einer Wahrscheinlichkeit von $1 : 10^4$ zu erwarten sind, ist dasselbe wie für das Vorkommen eines Todesfalles mit einer Wahrscheinlichkeit von 1 : 10. Ebenso ist das Risiko einer Tätigkeit, bei der in 10^4 Jahren 1.000 Menschen umkommen, dasselbe, wie eine Tätigkeit auszuüben, bei der in 10 Jahren 1 Toter zu beklagen ist. Interessant ist jedoch, daß letzterer Fall psychologisch als weniger riskant empfunden wird. Allgemein ist festzustellen, daß der Mensch bei einem Risiko von $1 : 10^6$, den Tod zu erleiden, keine Beunruhigung empfindet, er ist nicht bereit, deswegen auf Lustgewinn (z.B. Zigarette) zu verzichten. Ist das Todesrisiko $1 : 10^5$, so beunruhigt ihn das schon (z.B. Wegstellen von Giftflaschen vor Kindern). Ist sein Leben mit einem Risiko von $1 : 10^4$ gefährdet, so wendet er sich ab und ruft nach Behörden (Brandschutz, Verkehrszeichen). Der psychologische Faktor spielt in der Bereitschaft, ein Risiko einzugehen, eine bedeutende Rolle. Ein großer Unfall (z.B. 100 Tote bei einem Ereignis) bedrückt mehr und erzeugt mehr Schlagzeilen in den Zeitungen als etwa 100 Unglücksfälle mit je 1 Toten! So wurde wegen des großen Gefährdungspotentials über den Störfall im Reaktor in Harrisburg in großer Aufmachung in allen Zeitungen berichtet, jedoch wurde nicht gemeldet, daß zur gleichen Zeit 13 Großunfälle 263 Menschenleben gefordert haben /15.1.11/! Der Autofahrer oder auch der Bergsteiger sagen sich: "Ich passe so gut auf, mir kann nichts passieren". Jeder stellt für sich eine "Kosten-Nutzen" - Analyse an bei der Entscheidung, ob er sich einem Risiko aussetzt, z.B. ob er Auto fährt oder zu Fuß geht. Meist wird aber wegen der momentanen überbewerteten, augenscheinlichen Vorteile, Nutzen bzw. Lustgewinne das Risiko unterbewertet. Der umgekehrte Fall tritt ein, wenn man es selbst nicht in der Hand hat, das Risiko zu beeinflussen (z.B. Flugzeug, Kernkraftwerk u.a.). Dabei wird vom Menschen des Risiko zu hoch, der Nutzen aber zu gering bewertet /15.1.13/. Bei größerem Nutzen und geringeren Kosten ist man eher bereit, ein höheres Risiko einzugehen. Empirische Formeln und subjektive Erfahrungen zeigen an, daß Menschen bereit sind, Risken auf sich zu nehmen, die etwa mit der 3. Potenz des Nutzens steigen ($R \sim N^3$). Solche Nutzen-Risken - Formeln und Werturteile findet man in /15.1.3/, /15.1.1/, /2.5/.

Für Kernkraftwerke stellen der Rasmussenbericht und ähnliche Untersuchungen /15.32/, /12.6.19.7/, /15.3.11/, /15.3.14/, /12.1.26/ Bd. 2 eine Risikoanalyse dar. Der Rasmussenbericht (WASH-1400) wurde von 160 Experten in den Jahren 1972 - 1975 erstellt und ist eine umfangreiche, all Möglichkeiten und Fehlerquellen umfassende a priori - Abschätzung der Eintrittswahrscheinlichkeiten und Risken von Stör- und Unfällen in Kernkraftwerken und deren Folgen mit Hilfe der Fehlerbaumanalyse. Weiters werden normale Risken wie die für Krebserkrankung, Verkehrsunfall u.a. mit Risken aus der Kernenergienutzung verglichen. Da es für letztere wegen der geringen Auswirkungen bzw. wegen der wenigen aufgetretenen Störfälle keine brauchbare Statistik gibt, müssen aus Erfahrungen über das Versagen von Einzelteilen a priori - Wahrscheinlichkeiten für den Ausfall von Gesamtsystemen verhergesagt werden. Dazu wird die Methode der Fehlerbaumanalyse verwendet (Multiplikation der Einzelwahrscheinlichkeiten: Wahrscheinlichkeit dafür, daß man mit 2 Würfeln beim selben Wurf die gleichen Zahlen würfelt ist gegeben durch $\frac{1}{6} \times \frac{1}{6} = \frac{1}{36}$; die Wahrscheinlichkeit dafür, daß 2 Töpfe, von denen jeder eine Versagenswahrscheinlichkeit von 10^{-2} aufweist, zur gleichen Zeit undicht werden ist 10^{-4}).

Riskenbeispiele für das Leben in den USA (bezogen auf 1 Jahr):
Verkehrstod ... $2{,}5 \times 10^{-4}$ d.h. 1 : 4.000 (d.h. unter 4.000 Personen gibt es 1 Verkehrstoten pro Jahr)
Blitzschlag ... 5×10^{-7} d.h. 1 : 2×10^6
100 Kernkraftwerke (Todesfall) ... $3{,}3 \times 10^{-9}$ d.h. 1 : 300×10^6
(Das kommt der Wahrscheinlichkeit gleich, von einem Meteor erschlagen zu werden).

Pro 1 Million Einwohner gibt es im Jahr 20 Tote durch elektrischen Strom aus der Steckdose, 3 Tote durch Kohle- und Ölheizung, und 98 Tote verursacht durch die Luftverschmutzung /12.6.19.3/, /12.6.19.4/.

Das Risiko, daß 1 Toter durch einen Kernschmelzunfall (angenommenes Druchschmelzen des Druckgefäßes und des Sicherheitsbehälters) in einem Atomkraftwerk verursacht wir, ist 1 : 20.000 pro Reaktor und Jahr /12.1.27/, /15.3.9/. Die Wahrscheinlichkeit, daß durch 100 Kernkraftwerke 1.000 Menschen sterben, ist 1 : 10^6 pro Jahr; das entspricht der Wahrscheinlichkeit, daß 100 Menschen von einem Meteor getroffen werden. Andere Abschätzungen, die alle möglichen Schädigungen und Effekte umfassen, ergeben ein mit dem Betrieb von 100 Kernreaktoren verbundenes Risiko für den Tod von 10 Menschen von e i n m a l in 25.000 Jahren /15.19/. Daß bei einer Freisetzung von Chlor oder Dioxan mehr als 100 Menschen sterben, ist 1.000 mal wahrscheinlicher! Daß man bei einem Verkehrsunfall ums Leben kommt, ist 15.000 mal wahrscheinlicher als durch Einwirkungen von Kernkraftwerken /12.1.32/, /15.3.5/. In den USA gibt es jährlich 55.000 bis 120.000 Verkehrstote /12.1.121/, /15.1.13/, /15.3.14/. Man müßte eher die Autos verbieten, als gegen AKWs zu protestieren! In Österreich gab es 1975 (1977) unter den 7,5 Millionen Einwohnern 2.200 (1791) Verkehrstote zu beklagen /12.1.26/ Vol. 2; das Individualrisiko des Verkehrstodes ist daher in Österreich 0,0003).

Zum Rasmussenbericht /15.32/ gibt es Konkurrenzuntersuchungen:

1. Eine Studie der American Physical Society (Rev. Mod. Phys. 47, Supplement 1975) und /15.3.10/. Die Ergebnisse stimmen im wesentlichen mit dem Rasmussen-Report überein /12.1.26/ Vol. 2.
2. Die Deutsche Risikostudie (Prof. Birkhofer, Institut für Reaktorsicherheit); sowie ähnliche Studien in Norwegen, Holland, Schweden /15.32/.
3. Kritik am Rasmussenbericht, der daraufhin verbessert wurde, /12.1.26/ Vol. 2.

Es stellte sich heraus, daß die Aussagen im Rasmussen-Bericht bis auf kleine zuzulassende Streubereiche je nach den lokalen Gegebenheiten gültig und auch auf andere Länder übertragbar sind.

Eine Übersicht über die Häufigkeit von Unfällen gibt Fig. 15.1. In ihr sind die Anzahl der Ereignisse pro Jahr gegen die Zahl der durch diese verursachten Toten aufgetragen. Logischerweise müssten Personen, die befürchten, von 100 Kernkraftwerken in ihrer Umgebung zu Schaden zu kommen, sich entschließen, ihre Häuser nicht zu verlassen, um nicht von Meteoren getroffen zu werden.

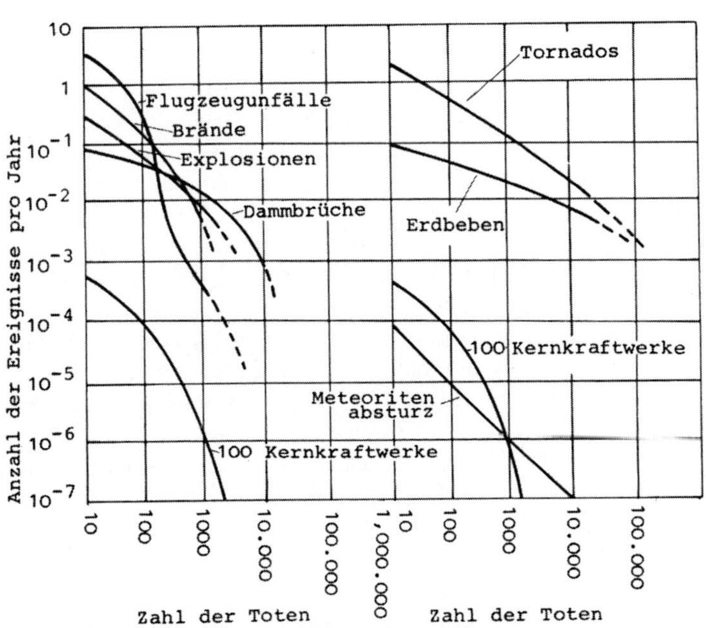

Fig. 15.1 Häufigkeit von Unfällen

Bei der Bewertung des Risikos anderer, nicht nuklearer Energieerzeugungsmethoden bedient man sich ähnlicher Methoden, jedoch ist hier mehr statistisches Material vorhanden. Die Inhaber-Studie /5.49/, /15.2.41/, /15.2.12/, /15.2.22/, /15.2.21/ stellt Vergleiche zwischen verschiedenen Energieerzeugungstechnologien auf der Basis des Gesamtkomplexes, der Bereiche Kohle- und Uranbergbau, Transportunfälle, Umweltverschmutzung (Kohle: /4.24/, /4.33/,

/4.35/, /4.57/, /4.61/) und Unfallgefahren für beruflich Beschäftigte an. Das erstaunliche Resultat ist, daß auch Wind- und Sonnenenergie sehr gefährlich sind (wegen des großen Materialbedarfs an energieaufwendigen, meist über Kohlenutzung gefertigten Rohstoffe, sowie bekannter Unfallraten). Gefahren beim Kohlenbergbau sind z.B. schlagende Wetter, Staublunge, Stolleneinbrüche. In den USA verunglückten im Zeitraum von 1907 - 1976 ca. 88.000 Grubenarbeiter tödlich bei Grubenunfällen. Die Förderung von Kohle für die Produktion von 10^9 MWh-Energie ist mit 1.000 Staublungentoten verbunden. Bei der Urangewinnung für dieselbe Energieerzeugung in Reaktoren gibt es etwa 20 Lungenkrebstote. Die Kohlengewinnung fordert in USA jährlich 300 tote Grubenarbeiter. Bei Uranbergarbeitern ist eine erhöhte Lungenkrebsrate festzustellen ("Schneeberger-Krebs"), wobei das diesbezügliche Risiko bei rauchenden Arbeitern 3 mal so hoch ist /15.2.18/. Im Jahre 1978 gab es unter den Holzfällern (die auch für die Methanolgewinnung nötig sind) in Österreich 12 Tote und 2.225 Verletzte durch Unfälle. (Jeder 4. Forstarbeiter Österreichs war betroffen). Bei der Erdölförderung kommt es jährlich auf der ganzen Erde zu 150 Toten durch Unfälle an den Bohrlöchern und zu 3 Toten durch Tankerunfälle /15.2.19/. Bei Tankerunfällen flossen in der Zeit von 1957 - 1971 etwa 350 Millionen Liter Erdöl in die Meere. Allein im Juni 1979 ergossen sich in 1 1/2 Monaten 200 Millionen Liter Öl in den Golf von Mexiko (Explosion einer Bohrinsel). Dadurch ergeben sich unvorher- und unübersehbare ökologische Auswirkungen (z.B. dürfte die Bedeckung der Ohren und Sehorgane von Walen mit einer Ölschicht zu deren Selbstmord geführt haben).

Bei der Gewinnung von Primärenergieträgern sind die Gefahren der Kohle-, Erdöl- und Uranförderung am größten. Nach amerikanischen Untersuchungen und Aufzeichnungen (US Government, "Statistical Abstract of the United States", Report 1965; US Department of Labor, "Work Injuries in Atomic Energy", Report No 385, USGPO, 1969) ergeben sich im Durchschnitt folgende Auswirkungen:

Jährliche Todesfälle bei der Brennstoffförderung in den USA:

Energiequelle	Unfalltote	Krankheit	Total	Tote pro 1.000 Mwa
Kohle	259	4.000	4.259	8,8
Erdöl, Erdgas	78	?	78	0,06
Uran	20	7	27	0,26 (LWR) 0,0013 (Brüter)

Man sieht also, daß der Bergbau und der Transport von fossilen Brennstoffen ein bedeutend höheres Risiko darstellt als bei Uran, vor allem wegen der erforderlichen größeren Mengen, die für die gleiche Energieerzeugung nötig sind. Z.B. enthalten 1.000 t Steinkohle die gleiche Energiemenge wie 700 t Erdöl oder 0,37 kg Uran 235, für das die Förderung von 90 kg natürlichem Uran notwendig ist /15.2.19/.

Durch den Betrieb von Kraftwerken verursachte Krankheiten und Tote sind weniger erfaßt, doch gibt es auch hier Untersuchungen und Statistiken (siehe die Angaben über die Überschußsterblichkeit infolge der Schadstoffabgaben eines fossil beheizten 1.000 MWe-Kraftwerkes in einem 80 km Umkreis im Abschnitt 4). Immer bedeutsamer werden aber Luft- und Umweltverschmutzung. Über die Abgaben von CO, CO_2, SO_2, Stickoxiden, Kohlenwasserstoffen, Ruß und Benzypren wurde schon im Abschnitt 4 gesprochen. Ob durch Rauchgasentschwefelungsmaßnahmen eine Verbesserung herbeigeführt wird, ist wegen des dabei anfallenden mit Schwefeldioxid beladenen Kalkschlammes, dessen umweltfreundliche Beseitigung problematisch ist (schwefelige Säuren gelangen ins Grundwasser; in den USA würden durch Entschwefelungsmaßnahmen 120×10^6 t Schlamm pro Jahr anfallen!), in Zweifel zu ziehen. Rauchgasentschwefelung ist eher umweltschädlich /15.2.18/. Etwa 17 - 20 % der heute bestehenden Luftverschmutzung ist durch Kraftwerke verursacht /12.1.31/. Einen umfassenden Umweltemissionsvergleich (Arbeit, Wärme, Schadstoffe, Risken, Kosten) findet man in /13.5.6/.

Für radioaktive Freisetzungen gibt es mehrere Ursachen:

a) Anwendungen radioaktiver Stoffe im medizinischen und chemischen Bereich,
b) Kohlekraftwerke (100 - 400 mal so viel wie beim AKW /4.12/)
c) Kernkraftwerke (Radioisotope von Xenon, Krypton, Jod, Kohlenstoff 14, Tritium)
d) Wiederaufbereitungsanlagen (Tritium, Krypton 85, Kohlenstoff 14, Jod 129)

Für die Rückhaltung der radioaktiven Substanzen bis zu ihrer gefahrlosen Freisetzung gibt es eigene Verzögerungs- und Verdünnungsanlagen. Die Abgaben liegen unter der natürlichen Belastung. Die

Dosisbelastung für die Bevölkerung durch die radioaktiven Freisetzungen aus einer Wiederaufbereitungsanlage für einen 1.000 MWe - Brütreaktor entspricht dem Betrage nach zehn Milliardstel der natürlichen Alphastrahlendosis und bedeutet daher nur ein verschwindend kleines Risiko. Das Berufsrisiko in einer Wiederaufbereitungsanlage kann mit 0,04 vorzeitigen Todesfällen pro 1.000 Arbeiter und Jahr abgeschätzt werden. Bei voller Ausschöpfung der gesetzlich fixierten Grenzdosen über den gesamten Beschäftigungszeitraum würde ein Strahlenarbeiter sein Krebsmortalitätsrisiko um 1 % von 18 %, auf 19 % erhöhen. (Die Dioxankatastrophe in Seveso war ärger als ein großer AKW-Unfall /12.3.8/.)

Bei großen Kraftwerken hat man im Gegensatz zu anderen Bereichen in unserem Leben, wo kleinere Unfälle passieren, mit der Möglichkeit großer Unfälle zu tun, die ein hohen Gefährdungspotential aufweisen, aber nur selten oder gar nicht eintreten. Es sollten also die möglichen Unfallfolgen ("Gefährdungspotential") stets im Zusammenhang mit der Eintrittswahrscheinlichkeit betrachtet werden.

Wegen der katastrophalen Auswirkungen von Dammbrüchen, die allerdings nicht oft vorkommen, sind Wasserkraftwerke auch nicht völlig ungefährlich. So ergossen sich im Jahre 1963 aus einem Wasserreservoir bei Longarone in Italien infolge eines Erdrutsches die Fluten auf ein bewohntes Gebiet, wobei 2.000 Menschen den Tod fanden und 50.000 Leute obdachlos wurden. Ein ähnliches Unglück ereignete sich bei einem Dammbruch in Fréjus in Frankreich. In Indien kamen durch einen Dammbruch im Jahre 1979 schätzungsweise 10.000 - 25.000 Menschen ums Leben (die behördlichen Angaben schwankten in diesem Bereich). Würde in Kalifornien ein großer Staudamm brechen, so käme es zu 200.000 Toten /4.1/. Man schätzt, daß in den USA sich alle 50 Jahre ein Dammbruch mit solchen katastrophalen Folgen ereignen wird, die mit dem Unglück von Longarone vergleichbar sind. Hinzuzurechnen sind auch noch Bauunfälle.

In Mitteleuropa, insbesondere in Österreich (das in der Staubeckenkommission eine strenge Überwachungsbehörde hat) sind derartige Dammbrüche praktisch nie zu erwarten, da die Staudämme nicht nur gegen Erdbeben statisch sicher ausgelegt werden müssen, sondern da auch mit Hilfe von Dehnungsmeßstreifen und anderen Einrichtungen das "Innenleben" der Dämme laufend überwacht wird.

Zählt man bei der Nutzung der Wasserkräfte größere und kleinere Unfälle sowie die direkten und indirekten Auswirkungen zusammen, so führt das im Weltdurchschnitt zu einem Todesrisiko von $5{,}2 \times 10^{-3}$ pro MWa an hydroelektrischer Energie (Europa ist wesentlich besser dran). Das bedeutet, daß der Betrieb eines 1.000 MW - Wasserkraftwerkes im Mittel 5 Menschenleben pro Jahr fordert! Im vergangenen Jahrhundert fanden 212 Dammbrüche statt. Unfälle bei der Erdölförderung, beim Transport und bei der Lagerung, sowie bei der Aufbereitung von Erdöl in den Raffinerien passieren häufiger. Am 6. Januar 1973 gab es durch ein Ölfeuer in Bayonne, N. Y., 3.000 Tote /2.5/.

Häufig ereignen sich auch Gasexplosionen. Obgleich auch größere Unfälle bekannt sind, ist das Schadensrisiko von Erdgasexplosionen relativ gering. Bisher haben sich nur 2 Unfälle mit mehr als 100 Toten ereignet (20. Okt. 1944: 113 Tote bei Explosion eines Gasbehälters /2.5/; 11. Juli 1978: 200 Tote durch Propangasexplosion bei einem Campingplatz in Spanien).

Kerntechnische Anlagen besitzen zwar aufgrund ihres radioaktiven Inventars ein großes Gefährdungspotential, jedoch ereignen sich kaum Störfälle, bei denen Menschen zu Schaden kommen. Viel gefährlicher sind Unfälle in chemischen Fabriken (Der Unfall von Seveso war ärger als die Verstreuung von Plutonium nach einem Reaktorunfall /12.3.8/). Die Gefahren, die mit nichtkonventionellen Kraftwerken verbunden sind, beruhen meist auf dem enormen Materialaufwand, der notwendig ist, um diese zu errichten, und auf der langen Bauzeit. Die eigentlichen Gefahren erwachsen aus der Förderung der für den Bau von nichtkonventionellen Anlagen erforderlichen Rohmaterialien und deren Fabrikation zu Stahl, Kupferdrähten und Glas (energieintensive Herstellung z.B. von Stahl in Kohlehochöfen und deren Emissionen). Unfälle sind beim Bau und bei der Wartung nichtkonventioneller Kraftwerke wie Windmühlen /2.5/ und Sonnenkraftwerke /5.58/ (Reinigen der Sonnenzellen und Spiegel, häufige Leiterabstürze) zu erwarten.

Auf Fig. 15.2 sind die durch verschiedene Energieerzeugungsmetho-

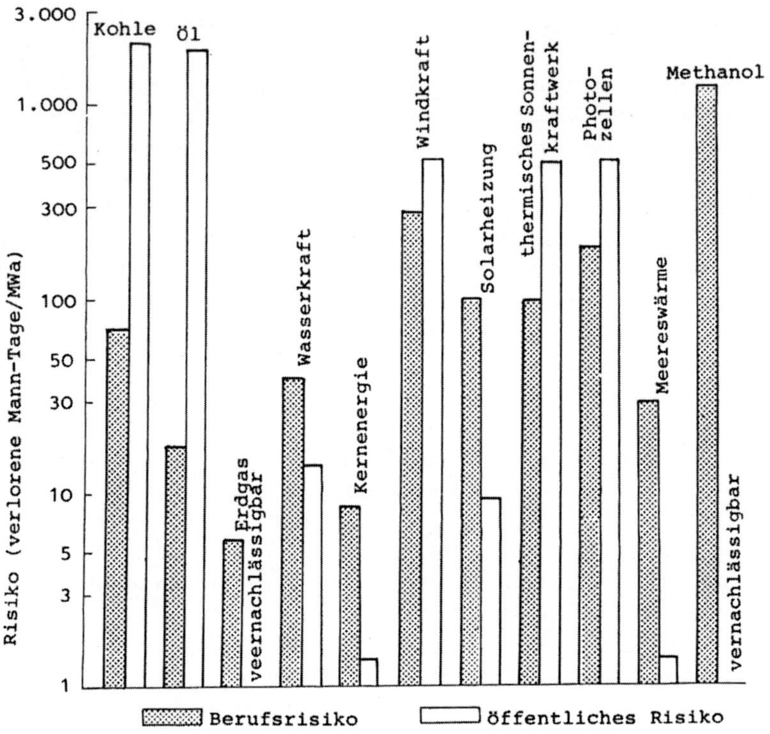

Fig. 15.2 Gesundheitsrisiko durch Energieproduktion

den hervorgerufenen Gesundheitsrisken dargestellt.

Das Gesamtrisiko aus der Stromproduktion von 10^{10} kWh (diese Strommenge vermögen 2 Kraftwerke der Leistungsgröße von je 750 MWe bei Zugrundelegung einer 75 % zeitl. Benützung in einem Jahr zu erzeugen) kann wie folgt dargestellt werden (siehe auch /12.1.26/ 2)

Primärenergieträger	geschätzte zusätzliche Todesfälle
Kohle	20 - 180
Erdöl	3 - 150
Wasserkraft	4 - 6
Kernspaltung ×)	0,5 - 2
Erdgas	0,2 - 0,4
Wind	24 - 81
Sonne	9 - 69
Meerewärme	2 - 4
Biomasse, Methanol	25 - 40

- Die Werte repräsentieren Extremwerte aus verschiedenen Studien /12.1.32/, /15.2.19/.
- ×) Nach dem Rasmussen-Bericht sind KKW 12.500 mal sicherer als Staudämme.

Spezielle Folgen und Probleme entstehen bei der Nutzung nichtkonventioneller Energiequellen. Die zusammenhängende Abdeckung riesiger Flächen (vgl. Fig. 15.3) für die Sonnenenergienutzung würde klimatische und biologische Folgen haben. Die Abschirmung des bakterizid wirkenden ultravioletten Anteils der Lichtstrahlen könnte die Entwicklung gefährlicher Mikroorganismen (Bodenbakterien) ermöglichen. Durch Sonnenenergie- und Erdwärmenutzung kommt es zu einer Abkühlung des Erdbodens (klimatische Auswirkungen, Veränderung der Wärmespannungen und damit der Stabilität im Erdboden). Solche Energieerzeugungsmethoden sind ökologisch nicht zu verantworten /6.8/.

Bei der Sonnenenergie kommt hinzu, daß sowohl Kollektoren als auch Sonnenzellen, die sich beide am Dach befinden, gereinigt werden müssen. Stürze von Leitern gehören fast zu den häufigsten Unfallursachen. In den USA gab es

Todesfälle	1967	1969
durch Kraftfahrzeuge	113.563	55.791
durch Stürze	20.120	17.827
durch Brände	7.423	7.451
durch Elektrizität	992	1.148
durch Tornados	-	118
durch Kernkraftwerke	0	0

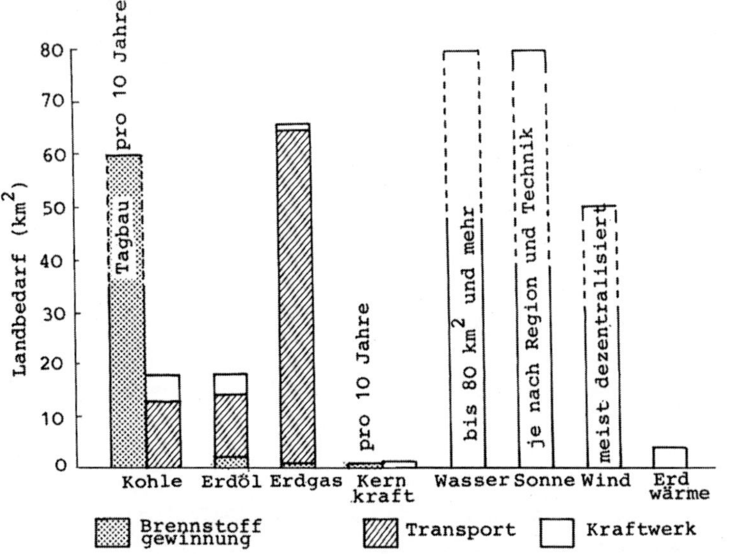

Fig. 15.3 Landbedarf für Energieproduktion (1.000 MWe-Kraftwerk, jährliche Lieferung von 6.000 MWh)

Durch kombinierte Einwirkung von schädlichen Emissionen (z.B. Freisetzung von SO_2 und radioaktiven Stoffen bei Kohlekraftwerken) erhöht sich das Schadensrisiko. Kohlekraftwerke können die Umwelt bis 500.000 mal mehr belasten als Kernkraftwerke /15.2.9/. Bildet man nach Schikarski den Schädigungsindex, das ist der Quotient aus zulässiger und tatsächlich verursachter Schadstoffbelastung, so steht dieser Index für kohle-, erdgas- und nuklearbetriebene Kraftwerke im Verhältnis 1.000 : 100 : 1 /4.33/. Da somit Kohlekraftwerke weitaus gesundheitsschädlicher sind, als Kernkraftwerke wäre in Ballungsräumen eine Umstrukturierung der Energieversorgung zugunsten der Kernkraftwerke anzustreben.

Das Gesamtrisiko pro MWa Energie aus verschiedenen Energiequellen erzeugt, läßt sich in Form von relativen Gefährdungsziffern angeben. Diese berücksichtigen auf der Basis von verlorenen Arbeitstagen alle Risken, wobei 1 Todesfall für 6.000 Arbeitsstunden gezählt wurde /1.2/, /15.2.2/, /15.2.17/, /15.2.20/, /15.28/:

	Gefährdungsziffer	
Energiequelle	beruflich	Allgemeinheit
Kohle	73	2.010
Erdöl	18	1.920
Kernenergie	8,7	1,4
Erdgas	5,9	0 - 3,2
Meereswärme	30	1,4
Sonne	131	343
Methanol	1.270	0,4
Wasserkraft	-	30

Die Sonnenenergie ist also 15 - 240 mal gefährlicher als die Kernenergie. Oder weiters könnte man statt des Slogans "Atomkraft-Nein danke" auch "Ölpest-Ja bitte" sagen angesichts der mit Zahlen belegten Umweltgefahren /12.3.8/. Auch die Gefährdung durch die Gewinnung von Fusionsenergie wurde in einigen Studien abgeschätzt (Flakus-Report /13.5.6/, /13.5.64/, /13.5.15/). Gefahren ergeben sich durch

1) neutronenaktivierte Materialien
2) durch das Tritium und
3) durch Störfälle.

Insgesamt weisen sie aber nur 1/10 - 1/3 des Gefährdungspotentials eines Spaltreaktors auf.

Ein heute lebender Mensch verbraucht bis zu seinem 70. Lebensjahr ca. 700.000 kWh, die er (unter Berücksichtigung der entsprechenden Umwandlungswirkungsgrade) entweder aus 220.000 kg. Kohle, aus 160.000 kg Erdöl oder aus 200 kg Uran 235 erhalten kann. Wir kommen so zu einer wertenden Einstufung verschiedener Primärenergieträger /1.22/ nach den Kriterien der

1. Ressourcenschonung
2. des Unfall- und Gesundheitsrisikos
3. der Umweltverschmutzung

4. der Kosten und
5. der Devisenbelastung

eines Landes durch 1 - 4 mögliche Schlechtpunkte bei jedem Kriterium /13.5.6/.

Erdöl	15	Kohle	14
Erdgas	13	Uran	7

Das Massachusetts Institute of Technology kommt in einer Studie zu der Ansicht, daß überhaupt nur Wasserkraft und Kernenergie verantwortbare Energietechnologien sind /12.3.27.1/.

Bis ins 13. Jahrhundert war übrigens in England Kohleverbrennung verboten /15.20/.

Das Bemühen um eine reinere und gefahrlosere Umwelt muß Vorrang haben angesichts von Tatsachen wie:

Rund 80 % aller Krebsfälle sind auf Umweltfaktoren zurückzuführen.

Das Rauchen bewirkt ein 15 %-iges Ansteigen der Todesrate bei Lungenkrebs, die herrschende Luftverschmutzung aber eine Erhöhung von 85 %.

In dicht besiedelten Gebieten verursachen Verkehr, Industrie und Kraftwerke durch ihre Emissionen 90 % der Luftverschmutzung (der Beitrag von Kohlekraftwerken liegt bei 19 %).

Die gesamte verunreinigte Luft ist schuld an 41,5 % der tödlichen Krebsfälle.

In den USA sterben jährlich rund 20.000 Personen als Folge der Verwendung von Kohle als Energieträger.

Mit jedem Milliardstel Gramm Benzpyren (in Autoauspuffgasen und Produkt der Kohleverbrennung), das in 1 m^3 Luft enthalten ist, steigt die Zahl der Lungenkrebsfälle mit tödlichem Ausgang um 5,5 % an. Die derzeitige Benzpyrenkonzentration in Großstädten beträgt bereits 4×10^{-9} g/m^3 Luft (100 mal gefährlicher als die Strahlungsbelastung durch ein KKW /12.3.25.12/, das die Krebsrate um $< 0{,}06$ % erhöht.

16 Energiesparen, Wärmedämmung, Energiespeicherung und Energietransport

16.1 Sparen und isolieren

Gründe für den sparsamen Einsatz und bestmögliche Ausnützung von Energie sind offensichtlich:

1. Begrenzte Vorräte; Erdöl und Kohle sind zu wertvoll, um verbrannt zu werden und unersetzlich für die chemische und pharmazeutische Industrie,
2. Einsparung von Devisen, Verbesserung der Handelsbilanz,
3. Volkswirtschaftliche Verbesserung des Kosten-Nutzen - Verhältnisses; Verringerung der Auslandsabhängigkeit.

Sparen kann man bei allen Energiearten, aber am wirkungsvollsten dort, wo am meisten verbraucht wird. Wie schon früher angeführt (siehe Abschnitt 2), wird in Österreich von der eingesetzten Primärenergie 18 % für den Verkehr aufgewendet, ca. 25 % für industrielle Prozeßwärme, 40 % für die Bereitstellung von Heizwärme (50 % einschließlich Warmwassererzeugung), etwa 6 % zum Antrieb von Maschinen in Fabriken und ungefähr 1 % für Beleuchtungszwecke /12.1.26/. In Österreich sah 1978 das Energiedargebot so aus:
elektrischer Strom ...... 127 PJ
Heiz- und Prozeßwärme ... 320 PJ
Am ehesten läßt sich daher an der Heizwärme sparen, vor allem durch Wärmedämmung.

Der Heizbedarf eines Einfamilienhauses liegt bei 50 - 70 MWh pro Jahr /16.14/. Bei guter Wärmedämmung (durch Isolierschichten mit mindestens 10 cm Dicke) ist dieser Bedarf bis zu 15 MWh herunterzudrücken. Die Qualität der Wärmedämmung wird durch den sogenannten "k-Wert" angegeben, der den Wärmedurchlaß beschreibt; je kleiner er ist, desto besser ist die Wärmeisolierung. Seine Dimension ist Watt pro m^2 und ^oC ($W/m^{2o}C$). Bei mäßiger Wärmedämmung ($k \sim 1,16$ $W/m^{2o}C$) ist der Heizbedarf eines Einfamilienhauses etwa 50 MWh/a, bei guter Wärmeisolierung ($k \sim 0,3$ $W/m^{2o}C$) ist dieser Bedarf etwa 23 MWh/a und bei ausgezeichneter Wärmeisolierung ($k \sim 0,15$ $W/m^{2o}C$) kann der Heizbedarf auf 15 MWh/a abgesenkt werden (Bei mehr als 5 cm

Telwolle besteht allerdings die Gefahr des Abscherens).In der Praxis sind so durch Isolierungsverbesserungen bis zu 40 % der Heizenergie einsparbar /1.15/. Nach amerikanischen Untersuchungen /16.13/ benötigt ein Haus mit 120 m^2 Wohnfläche 80 W/m^2 Heizleistung (Österreich ca. 280 W/m^2). Wirtschaftlichkeitsuntersuchungen bezüglich optimalen Wärmeschutzes findet man in /16.39/. Die Wärmeisolierschicht soll mindestens Isolierstoffe in einer Dicke von 10 cm enthalten. Für Fensterflächen ist eine Dreifachverglasung sehr günstig, die bereits im Handel angeboten wird.

Es gibt aber auch Nachteile bei der Wärmeisolierung:

1) Nachträgliche Wärmedämmungsmaßnahmen, z.B. in Altbauten, sind technisch schwer realisierbar und meistens teuer. In Neubauten ist unbedingt für gute Wärmeisolierung von vorneherein zu sorgen; wenn notwendig, auch für 10 - 20 cm dicke Dämmschichten.
2) Wasserdampf diffundiert bis in die Isolierschicht und kann zu Schimmelbefall und zum Herauslösen von Wand-, Decken- und Bodenfliesen führen. Ferner kann dadurch die Isolierschicht (Styropor, Glaswolle) zerstört werden.
3) Die energetische Bilanz - das ist das Verhältnis der eingesparten Energie zu jener, die zur Herstellung der Isolierstoffe notwendig ist - ist abhängig von der Lebensdauer (Haltbarkeit) und Wirksamkeit der Isolierstoffe. Wenn diese Materialien länger als ein Jahrzehnt beständig sind, ist im allgemeinen die energetische Bilanz positiv.
4) Erhöhung der Radioaktivität bei zu guter Fugenabdichtung /16.19/, /16.31/, /12.3.57.4/, die die Luftwechselrate in einem Raum bis um den Faktor 10 verringert. Aktivitätsmessungen bezüglich des in den verschiedenen Baumaterialien enthaltenen und von dort entweichenden gasförmigen Radons ergaben einen gegenüber dem Normalwert (ca. 0,5 nCi/m^3) fünffach und mehr erhöhten Radongehalt. Das ist ein Mehrfaches der Strahlenbelastung der Bevölkerung durch Kernkraftwerke. In gut isolierten Räumen wurden sogar extreme Aktivitätswerte bis zu 30 nCi/m^3 gemessen. Nach Untersuchungen in der BRD wird durch zu gute Isolierung die biologische Strahlenbelastung von 110 mrem auf 380 mrem erhöht! Das bedeutet statistisch unter 1 Million Einwohnern das Auftreten von zusätzlichen 500 tödlichen Lungenkrebserkrankungen pro Jahr!

Andere Sparvorschläge stammen von der Internationalen Energieagentur (IEA) /16.32/, /16.23/, /12.1.26/ Bd. 1, /12.1.95/:

1. Freier Wettbewerb bei den Energiepreisen,
2. Erhöhung von Preisen, Einhebung von Steuern (insbesondere bei Benzin). Erfahrungen in Japan haben jedoch gezeigt, daß verbrauchsprogressiven Tarifen kein Energiesparerfolg beschieden war,
3. Aufklärungsprogramme,
4. Erlassen von gesetzlichen baulichen Vorschriften im Hinblick auf gute Wärmeisolierung,
5. Festsetzung von Geschwindigkeitsbesgrenzungen für Automobile (110 km/h auf Autobahnen - Der Benzinverbrauch steigt etwa mit der dritten Potenz der Geschwindigkeit!),
6. Einsetzung von Energiesparämtern, Überwachung durch Energiekontrollore /16.25/,
7. Vorantreiben von Forschung und Entwicklungen.

Weitere 160 Energiespartips stammen von der österreichischen Energieagentur (P. Weiser) /16.25/.

Leider sind aber seit Jahren sämtliche Energiesparappelle wirkungslos. Dies wurde bereits 1977 von F. von Weizsäcker vorausgesagt /16.33/. Eine asketische Demokratie hat es nie gegeben. Weitere Gedanken zu den Möglichkeiten einer Energiesparpolitik sind bei W. Frank, "Energiesparen - Illusion und Möglichkeit", zu finden /16.26/.

Einige konkrete Maßnahmen lassen sich leicht realisieren. So können Rundsteueranlagen /16.21/ in jedes Gerät wie Waschmaschine, Boiler usw. eingebaut werden (Kosten: ÖS 1.000,--). Sie sind nur vom Elektrizitätswerk zu bedienen, d.h. das Elektrizitätswerk schaltet bei großer Netzbelastung das Gerät über Fernsteuerung aus. Heizbrenner sind meistens zu groß dimensioniert (ebenso die Kessel; in Österreich bei 80 % aller Kessel festgestellt). Man sollte sie kleiner auslegen und länger brennen lassen. Dadurch ist eine Steigerung des Wirkungsgrades um 20 % erreichbar. Die Betriebsdauer soll 2.000 - 3.000 h pro Jahr ausmachen. Betriebsstundenzähler sollten mindesten 1.600 h/a anzeigen. Ebenso spart die Einstellung einer kleineren Brennerdüse oder die Verringerung der Abwärme durch

Niedrighalten der Abgastemperatur /16.20/. Kessel $\leq 70^{\circ}$, Abgas $< 150^{\circ}$.

Auch eine Wärmepumpe kann bei der Hausheizung Energie einsparen helfen /12.1.95/, /16.13/. Eine elektrische Wärmepumpe gibt das 2 - 3 fache der zu ihrem Antrieb notwendigen elektrischen Energie in Form von Wärme ab (Entnahme aus einem äußeren Wärmereservoir wie z.B. Luft, Wasser). Man muß aber das 3-fache der im Haus ankommenden elektrischen Energie an Primärenergie im Kraftwerk aufbringen, da bei der Stromerzeugung ca. 2/3 an thermischen Verlusten (wegen des Carnot Wirkungsgrades) wegfallen. Das Resultat ist, daß maximal etwa 80 % der im Kraftwerk eingesetzten Primärenergie mittels einer elektrischen Wärmepumpe als Heizwärme abgegeben werden können. Allerdings ist eine direkte elektrische Hausheizung noch schlechter (35 - 37 % der Primärenergie wegen des Umwandlungsgrades im Kraftwerk). Es ist dabei jedoch zu bedenken, daß Kraftwerke viel billigeren und minderwertigeren Brennstoff verfeuern als Heizanlagen in Einfamilienhäusern.

Andererseits ist die elektrische Raumheizung eine Möglichkeit der Ölsubstitution /17.4/. In der Bundesrepublik gab es 1979 etwa 70.000 neue elektrische Raumspeicherheizungen mit einem Anschlußwert von zusammen 1.300 MW. Insgesamt arbeiteten 1,95 Mill. Elektrospeicherheizungen mit 29.000 MW. Für diese Anlagen war keine zusätzliche Kraftwerksleistung notwendig. Nach einem Artikel in der "Elektrizitätswirtschaft" Nr. 22, 1980 wurden die Nachttäler beim Stromverbrauch genützt und so 5 Millionen Tonnen Heizöl eingespart, vgl. auch /17.4/. Beim Einsatz der Kernenergie zur Stromerzeugung lassen sich weitere große Mengen fossiler Brennstoffe (Öl, Kohle) einsparen und die Umweltbelastung wird gleichzeitig kleiner.

Eine gute Methode ist die direkte Gasheizung oder eine mit Gas betriebene Wärmepumpe. Schließlich muß nochmals auf die Kraft-Wärme-Kopplung, die "Kraftheizung", hingewiesen werden. Man erzeugt den elektrischen Strom selbst und heizt mit der dabei entstehenden Abwärme das Haus /16.13/. Die Anlage ist jedoch sehr teuer. Außerdem benötigt ein Haus Strom auch dann, wenn kein Wärmebedarf vorliegt. Ein Ausführungsbeispiel ist die Energiebox: Mit einem Automotor wird ein elektrischer Generator angetrieben (TOTEM). Die Abwärme des Motors wird über Wärmeaustauscher für Heizzwecke gewonnen. Eine solche Energiebox wird von Fiat angeboten /12.1.95/.

Ganz allgemein bringt die Kraft-Wärme-Kopplung viel, weil sie bei den großen Energieerzeugern und Verbrauchern (Kraftwerke, Industrie, Fabriken) verwirklicht werden kann und daher große Mengen einsparen hilft. Obwohl bei Auskopplung der Wärme bei höherer Temperatur die Produktion von mechanischer Arbeit bzw. elektrischem Strom geringer ist, kann der Gesamtwirkungsgrad einer solchen Anlage deutlich erhöht werden (bis zu 80 %). Die gewonnene Wärme kann in ein Fernheizsystem eingespeist (nur in Ballungsgebieten unter 40 km Entfernung sinnvoll) oder als Prozeßwärme (Kohleveredelung) eingesetzt werden /16.13/.

Eine andere Sparmöglichkeit ist der Bezug von Warmwasser aus zentraler Wärmeversorgung. Fast überall wird das Warmwasser in Geschirrspülern, Waschmaschinen etc. elektrisch erzeugt. Besser wäre hingegen die Warmwasserversorgung aus einer zentralen Fernheizungsanlage oder die Nutzung der Abwärme vom Kühlschrank oder der Tiefkühltruhe /12.1.95/. Auch Wärmerückgewinnungsmethoden helfen sparen. Die Nutzung der warmen Haushaltsabwässer und der Abluft von Gebäuden, z.B. mittels Wärmeaustauscher (regenerativ und rekuperativ) /2.7/, /2.2/, kann erhebliche Einsparung bringen. (Regenerative Arbeitsweise bedeutet, dem Medium - Abluft, Abwasser - die Wärme entziehen. Bei der rekuperativen Methode wird dem Wärmeträger mit Hilfe eines zweiten Mediums die Wärme entzogen.) Allerdings sind die Investitionskosten recht hoch. Auch bessere Isolierung von elektrischen Heizplatten und automatische Regelung kann etwas bringen.

Energieflußdiagramme für verschiedene Raumheizungs- und Stromerzeugungssysteme sind auf den Fig. 16.2 - 16.4 dargestellt.

Auch durch architektonische Baugestaltung läßt sich Energie sparen /16.18/. Eine energiesparende Optimierung fordert die kleinste Oberfläche bei gegebenem Volumen. Solche Maßnahmen können nur wenig bringen, da wir ja nicht in Kugeln leben wollen; jedoch sei als Beispiel auf Fig. 16.1 verwiesen.

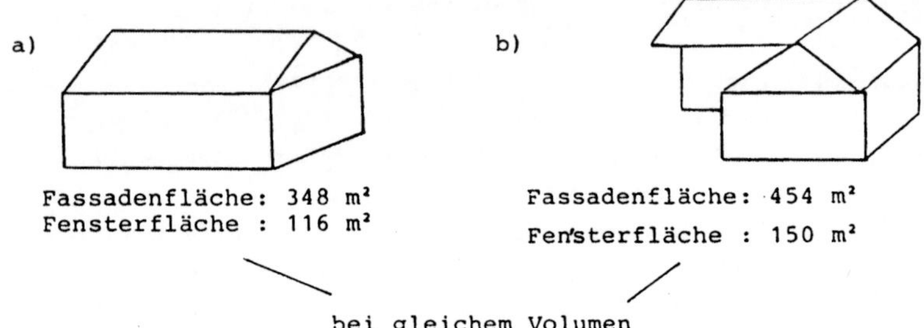

Fig. 16.1 Energiesparen durch besondere Baugestaltung

Energiesparen in der Industrie kann viel ausgeben /1.8/. Da es Grundstoffe gibt, die sehr viel Energie bei ihrer Herstellung bzw. Fertigung erfordern, kann durch eine geeignete Grundstoffauswahl (Vermeidung von "energieintensiven" Materialien wie Aluminium, Titan, Plastik) Energie eingespart werden. Der Energieaufwand zur Herstellung verschiedener Grundstoffe ist aus der folgenden Tabelle ersichtlich /2.4/, 1.8/:

Material	Energieaufwand
1 t Stahl	12.200 kWh
1 t Glas	9.000 - 13.000 kWh
1 t Kupfer	15.700 - 34.000 kWh
1 t Aluminium	68.600 - 105.000 kWh
1 t Titan	146.000 kWh

Wichtig ist es andererseits, den Materialaufwand von Alternativenergiequellen zu beachten! Der notwendige Materialaufwand, um 1 kW Leistung bereitzustellen, ist:

bei einem Ottmotor .... 10 kg Stahl
bei einem Dampkraftwerk .... 150 kg Stahl
bei einem Windkraftwerk .... 300 - 500 kg Stahl
bei einem Sonnenkraftwerk .... 400 - 700 kg Stahl

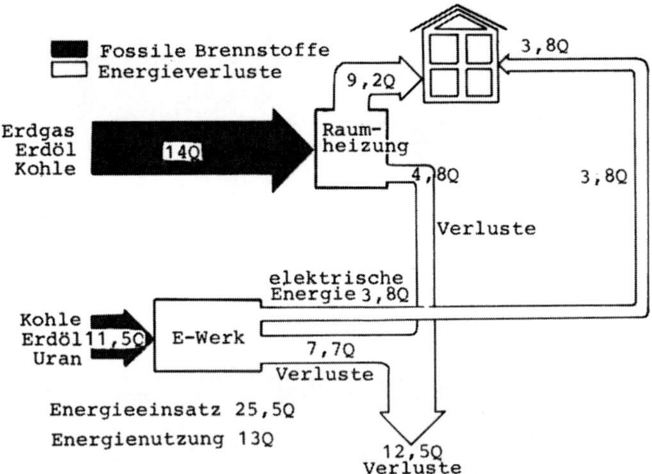

Fig. 16.2 Konventionelles Energieversorgungssystem eines Hauses (Q = beliebige Einheit)

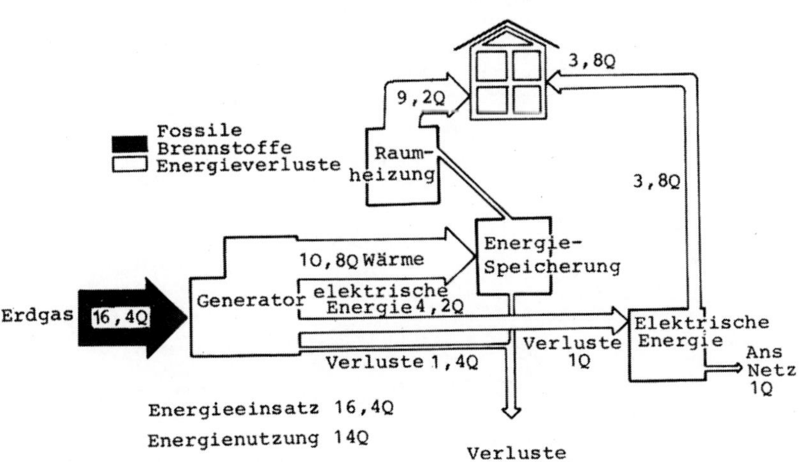

Fig. 16.3 Dezentralisierte Strom- und Wärmeversorgung eines Hauses (Q = beliebige Einheit)

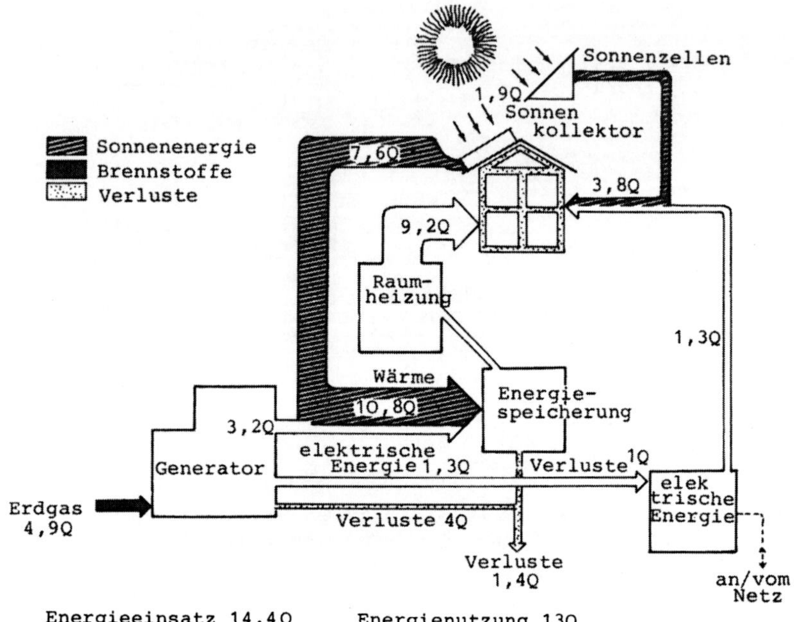

Fig. 16.4 Bivalente Heizung mittels Brennstoffen und Sonnenenergie (Q = beliebige Einheit). Diese Anlage erfordert sehr hohe Investitionskosten

In diesem Zusammenhang ist der Energieerntefaktor und die Energierückzahlzeit von Bedeutung. Der Energieerntefaktor ist das Verhältnis der während der Lebensdauer der Anlage produzierten Energie zu der für den Bau investierten Energie. Die Energierückzahlzeit ist jene Zeit, innerhalb der das neu errichtet Kraftwerk genau jene Energie produziert hat, die zu seiner Errichtung investiert wurde. Wird ein weiteres Kraftwerk derselben Bauart noch innerhalb der Energierückzahlzeit des ersten errichtet, so kommt es in der Bilanz zu einem Energieverlust! Ein zu rascher Ausbau z.B. der Sonnenenergie wäre also das Schlimmste, was dieser Energieform passieren könnte! Es hängt also vom Energieerntefaktor und von der Energierückzahlungszeit der betreffenden Technologie ab, wie stark der Ausbau neuer Kraftwerke forciert werden kann /17.2/.

Das Recycling von Rohstoffen kann Energie sparen oder viel Energie verbrauchen. Es gibt Rohstoffe, bei denen

a) das Rezyclieren mehr Energie verschlingt als ihre neue Produktion,
b) die Wiederverwertung vorteilhafter ist.

Bei Aluminium kann man z.B. 90 % Energie durch das Recycling einsparen, bei Glas hingegen 0 %. Zu beachten sind allerdings hiebei auch die Kosten und der Energieverbrauch für das Einsammeln und den Transport der alten Rohstoffe.

Energiesparen durch verschleißfreies Bauen ist ebenfalls möglich, z.B. das Dauerautomobil (Langzeitauto). Das bedeutet weniger Modelle entwickeln, dafür in die Autos reparaturfreundliche Teile einbauen, die bei Funktionsstörungen nicht sofort durch neue ersetzt werden müssen.

Schließlich ist die Verbesserung des Wirkungsgrades bei der Energieerzeugung zu erwähnen. Sie ist möglich durch:

1) Prozeßführung bei höheren Temperaturen (bessere Feuerungstechniken bei der Kraftstoffverbrennung)
2) Mehrfachdampfprozesse /1.6/ p 171.

Zweifachdampfprozesse: Kaliumdampf bei 600°C
Wasserdampf bei 300°C

Dreifachdampfprozesse: Kaliumdampf bei 890°C
Diphenyl bei 455°C
Wasserdampf bei 270°C

Durch Mehrfachdampfprozesse könnten die Wirkungsgrade bei der Energieumwandlung theoretisch auf 57 - 60 %, praktisch auf 50 - 55 % erhöht werden. In Seibersdorf (Österreich) arbeitet eine derartige Versuchsanlage.

16.2 Energiespeicherung

Die Speicherung von Energie ist notwendig zur Bewältigung von Last- und Versorgungsschwankungen, und sie ist besonders wichtig für Alternativenergiequellen wie Sonne und Wind /2.1/, /2.5/, /2.2/. Das Problem der Energiespeicherung ist heute als noch nicht gelöst anzusehen, die technischen Methoden dazu sind noch nicht ausgereift, eine optimale Lösung ist noch nicht gefunden.

Die Energiespeicherung kann je nach Energieform auf verschiedene Arten geschehen:

1. Brennstoffvorratsbildung: Anlegen von jederzeit verfügbaren Lagern an Öl, Erdgas, Wasserstoff, Kohle, Uran, Methanol u.a.m.
2. Technische Methoden:

a) Komprimierte Luft /2.1/, /2.2/, /16.29/: Luft wird unter Druck in Hohlräume (Felskavernen) gepreßt; sie kann jederzeit entnommen werden und leistet als Druckluft Expansionsarbeit, z.B. 1 m^3 Luft mit 50 bar bei 50°C hat einen gewinnbaren Energieinhalt von 4,9 kWh. Die Speicherwirkung ist allerdings nicht sehr hoch, es können nur 60 - 75 % der ursprünglichen Energie zurückgewonnen werden. In der BRD wurde ein Luftspeicherkraftwerk mit 290 MW Leistung gebaut, das täglich 2 h in Betrieb ist /2.2/.

b) Flüssige Luft /2.2/: Sie kann auch mithilfe von Sonnenenergie am Meer (Wärmepumpe und Linde-Verfahren) erzeugt werden. Transportiert kann sie leicht in Tankern werden. Ihre Energiespeicherkapazität pro m^3 ist größer als die von komprimierter Luft.

3. Elektrochemische Energiespeicherung /16.36/, /16.40/: Sie geschieht in Akkumulatoren mit Wirkungsgraden zwischen 50 und 70 %. Ein Bleiakkumulator speichert z.B. 20 - 30 Wh/kg . Seine Lebensdauer reicht über ca. 300 Ladungszyklen (Belade- und Entlade-

vorgänge) /1.8/. Eine Knallgas-Speicherzelle (REDOX-Zelle) wurde von der NASA entwickelt. Sie enthält Chromchlorid und Eisenchlorid; ihr Wirkungsgrad soll theoretisch bis zu 75 % betragen, ihre Lebensdauer wird auf 20 - 30 Jahre geschätzt /16.33/.

Speicherzellen kann man einteilen in

3.1 Niedrigtemperaturzellen /2.2/ z.B. Silber-Zink-Batterie. Sie enthält 35 %-ige Kalilauge als Elektrolyt und beruht auf dem chemischen Prozeß

$$2\ AgO + 2\ Zn + H_2O \rightarrow ZnO + Zn(OH)_2 + 2\ Ag$$

Sie liefert 1,6 Volt. Ihre Speicherkapazität beträt theoretisch 460 Wh/kg, in der Praxis aber 100 Wh/kg. Sie hält 200 Ladungszyklen stand. Weiters gibt es Metall-Luft-Zellen (Oxidation von Zink und Eisen) mit einem theoretischen Energiespeichervermögen von 760 Wh/kg bzw. einem praktischen von 115 Wh/kg. Auch Lithium in organischen Elektrolyten findet Verwendung.

3.2 Hochtemperaturzellen: z.B. Natriumsulfid-Zelle: 350°C, 2 Volt, 10.000 Ladungszyklen, theoretische Speicherkapazität: 795 Wh/kg, praktische ca. 200 Wh/kg; Lithiumsulfid-Zelle: 400°C, 3.000 Ladungszyklen, 150 Wh/kg praktisches Speichervermögen. Ferner gibt es auch Lithiumchlorid- und Calciumfluorid-Zellen.

3.3 Brennstoffzellen siehe Abschnitt 13.4 und /16.22/, /16.40/.

Die Größe des Speicherproblems ist beachtlich: Um die Spitzenlast während eines Tages in der BRD zu decken, benötigt man eine Speicherkapazität von 100 Millionen kWh.

Eine wichtige Rolle spielt die Energiespeicherung beim Fahrzeugantrieb. Im Tank eines konventionellen Kraftfahrzeuges sind 10 kWh Energie pro Liter Benzin gespeichert /16.40/. Selbst bei einem Wirkungsgrad von nur 20 % können mit einem Tankinhalt Reichweiten von ca. 300 km erreicht werden. Heutige elektrochemische Speicher haben einen Energieinhalt von 20 - 50 Wh pro Kilogramm Gewicht. Die laufend erfolgenden Erhöhungen der Treibstoffpreise machen jedoch die elektrische Energie auch für den Fahrzeugantrieb attraktiv. Die gegenwärtigen Elektroautos fahren jedoch nur etwa 100 km weit bis man die Bleibatterien wieder aufladen muß /16.34/. In naher Zukunft könnten zunächst Nickel-Zink- später Zink-Chlorid- oder Zink-Luft-Batterien Verwendung finden. Hochtemperaturzellen (Natrium-

Schwefel oder Lithium-Metallsulfid) befinden sich im Erprobungsstadium und auch mechanisch regenerierbare Luft-Aluminium Zellen werden diskutiert. Das Elektroauto der fernen Zukunft dürfte eine Wasserstoff-Luft-Brennstoffbatterie besitzen, die nicht lange aufgeladen werden muss, sodern die nach Nachfüllen des Energieträgers Wasserstoff sofort wieder betriebsbereit ist. Reine batteriebetriebene Fahrzeuge haben den Nachteil, daß sie von der Ladestation abhängig sind. Im Hybridkonzept wird gewissermaßen die Ladestation mitgeführt. Ein solches Auto besitzt z.B. einen Benzinmotor, der einen Generator antreibt, welcher seinerseits die Batterie auflädt. Ist die Batterie aufgeladen, dann wirkt der Generator als Elektromotor, der das Fahrzeug antreibt. Reichweiten von 300 km und Benzineinsparungen von 50 % konnten erreicht werden (Versuche des VW-Werkes mit Bosch). Bei Bremsvorgängen wird der Elektromotor abermals als Generator eingesetzt, der die Batterie wieder aufläd. An der Technischen Universität Graz wurden mit einem Elektrohybridfahrzeug interessante Versuche durchgeführt. Die Batterie bestand aus 12 V Bleibatterien, die in Serie geschaltet waren. Der Motorgenerator war ein Viertaktomotor mit 12 kW, der einen Wechselstromgenerator von 7 kW, 120 V antrieb. Nach Gleichrichtung lieferte das Aggregat bis zu 60 A Ladestrom. Die von Professor Kordesch mit diesem Fahrzeug erreichte Maximalgeschwindigkeit war 100 km/h, die Reichweite im reinen Batteriebetrieb betrug rund 50 km /16.34/.

4. Wärmespeicherung ist mit verschiedenen Methoden möglich: /2.2/

a) Wasserstoffeinbau in Metallen: Es erfolgt ein Wärmeumsatz bei der Wasserstoffaufnahmen und -entnahme,
b) Heißwasserspeicher mit guter Isolation,
c) Keramische Stoffe: z.B. für Nachtstromöfen,
d) Große Wasserreservoirs wie Seen, Schwimmbäder u.a.; die Aufheizung erfolgt durch Sonnenenergie: "Solar Ponds" /2.1/ p 397. Die gespeicherte Wärmeenergie kann ausreichen, um ein Haus bis zu 3 Tagen zu heizen /16.15/.
e) Latentwärmespeicher /16.14/, siehe auch Abschnitt 5. Geeignete Medien für eine Langzeitspeicherung sind Salze (Alkalisalze /16.28/) und Flüssigkeiten. Es kann auch der Wärmeumsatz bei Aggregatszustandsänderungen und Phasenübergängen zu Speicherzwecken herangezogen werden. Dafür sind Substanzen mit einer großen spezifischen Schmelzwärme geeignet, die beim Erstarren abgegeben wird (die Schmelzwärme von Eis beträgt beispielsweise

332 kJ/kg). Es werden Substanzen verwendet, deren Speicherkapazität etwa 209 - 265 kJ/kg bzw. 164 - 402 MJ/m^3 ausmacht /16.14/. Bei der Aggregatszustandsänderung von Metallen (fest-flüssig) können Energiemengen bis zu 800 MJ/m^3 gespeichert beziehungsweise frei werden. (Erdölvorräte speichern allerdings 36.000 MJ/m^3, /16.15/).

f) Steine speichern Wärmeenergie im Wohnbau /16.30/, /16.16/. Es wurden dafür sogar eigene Baumaterialien entwickelt, darunter spezielle Betonarten wie der Thermobeton ("thermocrete").

5. Mechanische Energiespeicherung in Schwungrädern /2.2/, /1.8/, /16.27/, /16.29/. Diese ist nur für kurzzeitige Spitzenlasten geeignet, z.B. für verschiedene Plasmageräte, Pulsbetrieb von Fusionsmaschinen etc. Diese Art der Energiespeicherung ist sehr effizient; die zum Antrieb der Schwungradmasse verwendete Energie kann zu 95 % wieder gewonnen werden; sie ist also besser als elektrochemische Methoden. Im Max-Planck-Institut für Plasmaphysik in Garching (BRD) wird ein 223 t schweres Schwungrad mit 1.650 Umdrehungen pro Minute betrieben, dessen Durchmesser 2,9 m und das 3,9 m lang ist. Es vermag 1.450 MWs Energie zu speichern und liefert eine Leistung von 150 MW. Es wird über einen 5,7 MW Motor vom Stromnetz her angetrieben. Die Speicherung von Energiemengen bis zu 5 GWs ist damit denkbar. Es gibt Pläne, Schwungräder auch für den Antrieb von Autobussen und Schienenfahrzeugen zu verwenden, wobei jedoch einige Probleme auftreten wie das Anfahren bei Haltestellen (Kupplungsschwierigkeiten) und das Ausschalten von unerwünschten Kreiselwirkungen (2 Schwungräder erforderlich). Die in der Praxis speicherbaren Energiemengen sind bei Schwungrädern etwa 10^4 Wh/kg, im komprimierter Luft ebenfalls ca. 10^4 Wh/kg un in den derzeit verwendeten Batterien nur 80 Wh/kg.

6. Elektromagnetische Energiespeicherung: Sie kann erfolgen in Kondensatoren, Induktivitäten, Supraleitern u.a. Sie ist gut geeignet als Impulsgeber z.B. für Plasmamaschinen (Kondensatorbänke für Dense Plasma Focus-Apparat). Jedoch sind verhältnismäßig große Volumina zur Speicherung entsprechender Energiemengen notwendig (viele m^3 für 1 MWh). Die Speicherkapazität von Anordnungen, die elektromagnetische Energie konservieren, liegt zwischen 1 und 90 MJ/m^3 (1 MWh = 3.600 MJ). Supraleitende Impulsgeber sind eventuell auch im Verbundnetz denkbar (bis 10 GJ, ja sogar

auch bis 10 GWh /2.2/. Im Lebedev-Institut in Moskau steht eine 0,5 MJ-Anlage mit einer Pulsdauer 14 ms.

7. Speicherung von Gravitationsenergie: Diese Methode hat sich bei einer Vielzahl von Wasserkraftwerken praktisch bewährt. Es können so tausende MWh Energie gespeichert werden, vgl. Abschnitt 3.

16.3 Transport und Verteilung von Energie

Energietransport kann grundsätzlich auf zwei Arten von sich gehen; man transportiert entweder den Energieträger, also Brennstoffe, bei deren Verwertung Energie gewonnen werden kann, oder man verteilt bzw. transportiert die Energie selbst.

1) Materieller Transport von Energieträgern: Brennstoffe wie Öl, Benzin, Erdgas, Wasserstoff, Kohle u.a. werden in Pipelines, Tankschiffen und Tankwagen transportiert. Beim hydraulischen Transport von Kohle, der mit großem Wasserbedarf verbunden ist, werden pro Stunde 170 t Kohlekörnchen gefördert (USA /2.2/). Die stark verschmutzten Abwässer werden entweder abgelassen oder in einer zweiten Rohleitung wieder zurückgepumpt.

2) Transport einzelner Energiearten

2.1 Wärmeenergie: Die Weiterleitung erfolgt durch

a) ein Wärmeträgermedium wie z.B. Dampf oder Heißwasser; die Einspeisung in ein Fernheizsystem ist aufgrund von Wärmeverlusten auf weniger als 10 - 15 km begrenzt.

b) das Wärmerohr (chemische Wärmepumpe): Besonderes Interesse verdient das EVA-ADAM-Transportsystem /2.2/. In diesem werden umkehrbare chemische Reaktionen zwischen Reaktionspartnern ausgenützt, vgl. Fig. 16.5. Bei Ablauf einer katalysierten chemischen Reaktion wird Wärme aufgenommen, bei der umgekehrten Reaktion Wärme abgegeben (Schulten, KFA Jülich). Während des Transportes, der über sehr große Entfernungen geschehen kann, finden keine Reaktionen statt. Um die Übertragungsverluste gering zu halten, wird das Transportmedium bei niedriger Temperatur geführt.

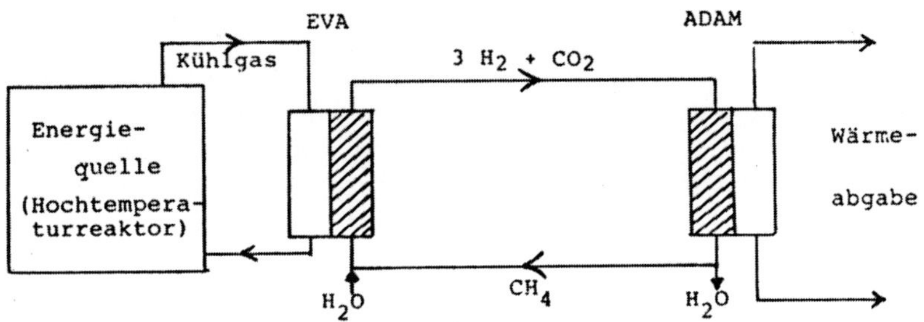

Fig. 16.5 EVA-ADAM Energietransportsystem

EVA bedeutet Einzelspaltrohr Versuchs Anlage: Hier findet bei 700 - 900°C und 40 bar die endotherme Vorwärtsreaktion

$$CH_4 + H_2O \rightarrow 3\ H_2 + CO_2$$

statt; es wird also Wärme aufgenommen (eine geeignete Wärmequelle mit so hohen Temperaturen ist der Hochtemperaturkernreaktor). ADAM (sprachliche Adaption zu EVA): Hier läuft die exotherme Rückwärtsreaktion

$$3\ H_2 + CO \rightarrow CH_4 + H_2O$$

ab; es wird also Wärme abgegeben, die für Verbraucher zur Nutzung gedacht ist.

Die chemische Wärmepumpe arbeitet folgendermaßen: Von Sonnenenergie erzeugter Strom wird verwendet, um eine chemische Verbindung in Schwefelsäure und Wasser zu trennen. Die getrennten Produkte können dann gelagert und transportiert werden und ermöglichen bei ihrer chemischen Wiedervereinigung eine 80 %-ige Rückgewinnung der zu ihrer Trennung benötigten Energie.

Für den Wärmetransport in Wärmerohren gibt es diverse Möglichkeiten, z.B. Ausnutzung von Reaktionen, Konvektionen u.a.

2.2 Die elektrische Energieübertragung /2.2/, /1.15/ erfolgt über Freileitungen, Kabel oder supraleitende Kabel. Es kann sowohl Wechselstrom als auch Gleichstrom übertragen werden. Zur Kleinhaltung der Stromverluste (proportional dem Quadrat der Stromstärke) wird elektrische Energie bei geringem Strom mit hoher Spannung transportiert. In Österreich verwendete Aluminiumseile werden nicht wärmer als maximal 80°C (bei 35°C Lufttemperatur und Windstille). Gebräuchliche hohe Übertragungsspannungen sich 110 kV (Kilovolt), 220 kV, 380 kV und gelegentlich 750 kV (Versuche). Bei hohen Spannungen treten Koronaentladungsverluste auf. Zu deren Vermeidung sind Bündelleiter (Professor Markt, Innsbruck) geeignet, wobei 4 Leiter bei 380 kV durch Abstandshalter auf 30 cm Distanz voneinander geführt werden. Durch die gegenseitige Kapazität ergibt sich ein kleinerer Wellenwiderstand; man kann daher höhere Leistungen übertragen. Ein Versuch bei 2,25 MV mit 18 Teilleitern scheiterte in der Praxis, da der Sicherheitsabstand zum geerdeten Mast zu groß gewesen wäre (Isolationsprobleme). Außerdem wäre bei solch hohen Leistungen eine Geräuschbelästigung von 60 dB zu erwarten.

Im Zusammenhang mit elektrischer Energieübertragung durch Freileitungen wird gelegentlich die Vermutung geäussert, daß die in der Nähe der Leitungen bestehenden Felder gesundheitsschädlich sein könnten. Über diese Frage liegen seit 1967 mit einem Aufwand von mehr als 16 Millionen Dollar peinlich genau durchgeführten Untersuchungen aus USA vor. Es wurden mehr als 500 Personen in Feldern, die bis zum 20 fachen so stark waren, als die Felder, die in unmittelbarer Nachbarschaft von Höchstspannungsleitern (765 kV) auftreten, untersucht. Es wurden nicht nur medizinisch-biologische Untersuchungen (wie etwa der Einfluß auf Herzschrittmacher) vorgenommen, sondern es wurden auch psychologische Untersuchungen angestellt. Die Ergebnisse wurden im Electric Power Research Institute Journal im Sommer 1977 publiziert und zeigten, daß keinerlei Wirkungen, weder positive noch negative, gefunden werden konnten.

Eine 345 kV Wechselstromfreileitung über 300 km Länge ist mit 2 % Verlusten verbunden /1.15/ p 114. Über weite Entfernungen (über 1.000 km) eignet sich besser eine Hochspannungs-Gleichstromübertragung. Sie bedarf keiner Blindleistungskompensation und es gibt auch keine Spannungsüberhöhung bei Leerlaufleistung, aber es müssen

Gleich- und Wechselrichter installiert werden, die teuer sind. Die Hochspannungsgleichstromübertragung ist bei den Leitungs- bzw. Kabelkosten billiger, es tritt keine Erhöhung der Kurzschlußleistung auf und eine asynchrone Verbindung zweier Netze ist möglich. Freileitungen sich billiger als Kabel, die aber einen geringeren Landbedarf aufweisen. Kabel kosten 6 - 20 mal soviel wie eine Freileitung /2.2/. Es gibt Kabel mit natürlicher und forcierter Kühlung (Druckgaskabel gekühlt mit SF_6, Rohrgaskabel, mit Öl oder Wasser gekühlte Kabel). Die Kabelleistungen sich relativ gering. Ein 230 kV Kabel ist mit maximal 300 MWA (MW) belastbar (das reicht für etwa 200.000 Einwohner).

Mit flüssigem Wasserstoff bei 20 K (= -253°C) gekühlte Kryokabel sind bis 500 MW Leistung belastbar. Sie sind nicht supraleitend, besitzen allerdings nur 1/500 des elektrischen Wiederstandes von Kupfer bei Normaltemparatur. Die Übertragungskosten pro Leistungseinheit sind sehr günstig /1.15/ p 117. Gleichstromkabel können im allgemeinen die doppelte Leistung wie Wechselstromkabel transportieren, jedoch sind dazu, wie schon erwähnt, Gleich- und Wechselrichter notwendig.

Supraleitende Kabel gibt es sowohl für Gleichstrom als auch für Wechselstrom. Professor Klaudy (TU Graz) entwickelte ein Drehstrom-Wellrohrkabel. Es ermöglicht billigere Stromübertragung bei großer Leistung (60 kV, 80 - 1.000 A). Supraleitende Gleichstromkabel sind elektrisch theoretisch verlustlos, praktisch aber wegen der Stromrichter mit 1 % Verlusten behaftet. Stromübertragung mit Supraleitung ist erst ab 100 km sinnvoll.

Die Energietransportkosten bei verschiedenen Methoden findet man in /1.15/ p 111. Praktisch nutzbare Entfernungen für den Transport verschiedener Energieträger und -formen sind /16.22/:

x) ADAM - EVA

maximale Entfernung	Transportmedium	Kraftwerksleistung
2 - 50 km	Heißwasser	0.2 - 1 GW
einige 100 km	elektrischer Strom	1 GW
1.000 km	Wasserstoff	100 GW
3.000 km	chemisch reagierende Gase x)	1.000 GW
10.000 km	Erdöl (typisches Ölfeld)	2.000 GW

Östereich wird die Stromdrehscheibe zwischen Ost und West /16.1/ genannt. In Dürnrohr wird die Kupplung von Hochspannungs-Gleichstrom und Hochspannungswechselstrom vorgenommen (asynchrone Hochspannungs-Gleichstrom-Kurzkupplung). Der aus Ostländern ankommende Strom weist Frequenz- und Spannungsschwankungen auf. Auch ist bei derart großen Netzen und Leistungen (550 MW) eine synchrone Netzkupplung über Drehstromleitungen aus physikalischen Gründer nicht möglich.

17 Energiepolitische Aufgaben und Ziele

Der Schweizerische Bund für Naturschutz hat in einer Schrift /17.1/ "Jenseits der Sachzwänge", folgende wünschenswerte energiepolitischen Aufgaben und Ziele aufgestellt:

1. Sichere und zuverlässige Energieversorgung: Verringerung der Auslandsabhängigkeit durch weniger Öl- und Kohleimporte; Ersetzen importierter Energieträger durch Nutzung heimischer Ressourcen; Diversifizierung der Auslandsabhängigkeit durch Brennstoffeinfuhr aus nicht Erdöl produzierenden Ländern (diese Alternative bietet bei der Kernenergienutzung das Uran). Minimierung der inneren Störungsanfälligkeit von Energieversorgungsanlagen, Verbesserung von Fernheizanlagen, Pipelines, Gasverteilungssysteme, sichere Transportmethoden.

2. Effizientere Energienutzung und Energiesparen: Bereitstellung der gleichen Nutzenergie bei weniger Primärenergieverbrauch soll durch Wärme-Kraft-Kupplung erreicht werden, ökonomisches Recycling von Rohstoffen, Ausnützung des gesamten Temperaturgefälles bei der Verwendung hochwertiger Brennstoffe (Gas, Öl, Kohle) für Warmwasserbereitung und Raumheizung, bessere Wärmeisolierung in Gebäuden und in der Industrie.

3. Schonung natürlicher, knapper Ressourcen: Absenkung des Erdölanteils an der Energiebedarfsdeckung; (Erdöl ist unersetzlich in der pharmazeutischen und chemischen Industrie. Auch die nachfolgenden Generationen haben ein Anrecht auf diese Rohstoffe!)

4. Schutz des Menschen und seiner Umwelt: Ausschaltung bzw. Minimierung von Umweltbelastungen und Faktoren, die der menschlichen und tierischen Gesundheit schädlich sind. Minimierung der Risken bei der Energieerzeugung (Ersetzen von Kohlekraftwerken durch weniger schädliche Techniken, z.B. durch den Betrieb von Kernkraftwerken). Die Verantwortung für die zukünftige Menschheit verpflichtet zu möglichst wenig Eingriffen und Veränderungen in unserer Umwelt.

5. Forschung und Entwicklung neuer Energietechnologien: Untersuchung von regenerierbaren Energiequellen und ihren Einsatzmöglichkeiten; Erkennen der technisch und ökonomisch nutzbaren Energiepotentiale und der ökologisch verantwortbaren, mit möglichst geringem Risiko für die Menschen behafteten Technik zur Energiegewinnung; notwendige Umstrukturierungen für die Einführung neuer Technologien; Verhinderung des Zurückhaltens neuer Technologien aus wirtschaftlichen und politischen Motiven; möglichst baldiger Einsatz der Wasserstofferzeugung und -verwertung; Bereitstellung der erforderlichen Forschungsgelder, wünschenswerte Zusammenarbeit von Industrie und Universitäten; Vermeidung von Monopolisierung in der Forschung.

6. Volkswirtschaftlich günstige Energieversorgung: Berücksichtigung sozialer Kosten und Nutzen; die Kosten sollen den gesamten Brennstoffkreislauf und die Entsorgung sowie zutreffende Sicherheitsmaßnahmen im Zusammenhang mit einer Energieerzeugungstechnik umfassen. Unter Einbeziehung der Eintrittswahrscheinlichkeiten sind auch die Kosten für eventuelle Stör- und Unfälle und deren Folgen einzubeziehen.

7. Wirtschafts- und gesellschaftspolitische Aspekte in der Energiepolitik: Die Energiepolitik besitzt eine dienende Funktion im Rahmen der Wirtschafts- und Gesellschaftspolitik, sie soll sich nach den menschlichen Bedürfnissen ausrichten. Die Energieversorgung soll so eingerichtet sein, daß sie den materiellen Bedürfnissen zu entsprechen vermag, ohne den immateriellen zuwiderzulaufen. Nicht bloß wirtschaftliches Wachstum, die erwerbsmäßige Produktivität der Arbeitskraft und der persönliche Wohlstand soll maximiert werden, sondern die Lebensqualität. Dazu zählen die gesicherte Deckung des Bedarfs an Nahrung, die Sicherung und Qualität des Arbeitsplatzes, die Berücksichtigung und Erfüllung sozialer und kultureller Ansprüche und eine saubere, nicht gesundheitsgefährdende Umwelt.

Diesen Grundsätzen wird jeder vernünftige und verantwortungsbewußte Mensch zustimmen können. Zeitlich drängend ist wohl der "Ausstieg aus dem Öl". Statt abzunehmen, nahm im letzten Jahrzehnt der Anteil des Öls an der Energieversorgung zu. In der Bundesrepublik Deutschland betrug der Anteil des Heizöls bzw. der Treibstoffe am Gesamtenergieverbrauch /17.1/

im Jahre	Heizöl	Treibstoffe
1955	3 %	7 %
1965	30 %	15 %
1975	37 %	21 %
1980	32 %	22 %

so daß genau so wie in Österreich im Jahre 1980 rund die Hälfte des Primärenergieaufkommens auf Erdöl entfiel!

Im Bestreben Erdöl und Erdgas bei der Stromerzeugung zurückzudrängen, vermehrte sich in den neun EG-Ländern der Anteil der Kernenergie im Jahre 1980 von 10,8 auf 12.5 % bei der Nettostromerzeugung. Immerhin wurden aber noch 23.5 % der Stromerzeugung mit Öl bestritten.

Auch in Österreich soll der Weg "Fort vom Öl" bestritten werden. Wie Handelsminister Staribacher in einer Pressekonferenz im April 1981 bekannt gab /16.41/, sehen die österreichischen Pläne einen Rückzug aus dem Öl als besonders vordringlich an.

Im einzelnen sollen forciert werden:

1) Mit dem Verbrauch steigende Tarife für elektrische Energie,
2) Forcierter Einsatz der Kraft-Wärme-Kupplung,
3) Förderung energiesparender Maßnahmen und das Recycling von nicht energieintensiven Rohstoffen,
4) Substitution von Erdöl und Erdgas durch feste Brennstoffe,
5) Intensivierung der Suche nach österreichischen Erdöl- und Erdgaslagerstätten,
6) Ausbau der Wasserkräfte, insbesondere Ausbau der Donau,
7) Ausbau des Verbundnetzes, besonders im Hinblick auf grenzüberschreitenden Lieferungen elektrischer Energie vor allem aus dem Osten,
8) Nutzung der Biomasse, der Sonnenergie und anderer alternativer Energieträger,
9) Sicherung der Kohlenimporte durch Diversifikation der Lieferländer,

10) Verbesserung der Wärmedämmung von Häusern,
11) Förderung der Massenverkehrsmittel,
12) Aufhebung des Verbotes der Nutzung der Kernenergie zum Zwecke der Stromerzeugung.

Bezüglich der verstärkten Verwendung von Kohle kann man gegenteiliger Meinung sein - nicht nur aus den hier im Abschnitt 4 angeführten Umweltschutzgründen, sondern auch deshalb, weil es rund 50 mal energetisch günstiger ist, mit Hilfe von fossilen Brennstoffen Energie in den Bau von Kernkraftwerken zu investieren, als Kohle direkt zu verheizen oder sie als Energielieferant für den Ausbau anderer Energiequellen - mit Ausnahme der Wasserkraft - zu verwenden /17.2/.

Die Diskussion über die Kernenergie ist seit Jahren keine wissenschaftliche Debatte mehr. Die Fachleute, d.h. diejenigen, die sich viele Jahre mit der Materie beschäftigt haben, sind davon überzeugt, daß die Kernenergie eine für die menschliche Gesundheit und die Umwelt durchaus akzeptable Energiequelle darstellt. Der amerikanische Kongressabgeordnete und Arzt Ron Paul sagte: " Als Arzt, der sich um Sicherheit und Gesundheit sorgt, muss ich m e h r Kernenergie und nicht weniger für die amerikanische Bevölkerung verschreiben" und das Massachusetts Institute of Technology kommt zum Schluß, daß "aus Umweltschutzgründen und aus wirtschaftlichen Gründen Elektrizität im Jahre 2.000 nur mehr aus Wasserkraft und Kernenergie erzeugt werden wird." Daß Personen, die in den meisten Fällen anderen wissenschaftlichen Disziplinen angehören oder sich praktisch überhaupt nie intensiv mit Problemen der Kernenergie beschäftigt haben, gegensätzliche Ansichten bekanntgeben, die sich bei der Sensationslust der Boulevardpresse einer großen Publizität erfreuen, ändert nichts an den Tatsachen.

Die Kernenergiediskussion ist auch längst keine ökologische, sondern nur mehr eine politische Diskussion. Ängste erwecken, Unsicherheit schaffen durch Zweifel an der Kernenergie, um nicht nur gewisse Richtungen der Energiepolitik, sondern ebenso bestimmte Gesellschaftsformen in Frage zu stellen, das ist der eigentliche Hintergrund der laufenden Auseinandersetzungen. Manche Wegbereiter der Alternativenergien geben dies offen zu: "Beim sanften Weg der

Alternativenergie werden diese nicht als Selbstzweck betrachtet, sondern nur als Mittel zur Erreichung gesellschaftlicher Ziele". Es geht also gar nicht so sehr um die Frage, welche Energie wir morgen nutzen werden, sondern darum, wie die Gesellschaft aussehen soll, in der wir morgen leben werden. Der deutsche Bundesminister Lambsdorff hat es so ausgedrückt: "Der Widerstand gegen Kraftwerke der harten Technologie kommt aus der politischen Subkultur - er richtet sich gegen den Staat, gegen unsere gesellschaftliche demokratische Ordnung, gegen ein politisch und wirtschaftlich funktionierendes Gemeinwesen".

Wer aber hat einen Nutzen davon, wenn sich das Gesellschafts- und Wirtschaftssystem der Industriestaaten aus Energiemangel ändern muß?

Der bekannte österreichische Journalist Lingens ist der Meinung /17.3/, daß eine seriöse, mit den Gesetzen der Logik vereinbare Diskussion mit Gegnern der Atomenergie heute gar nicht mehr möglich ist. In einer Beschreibung einer Sendung des österreichischen Fernsehens über das Kernkraftwerk Zwentendorf schreibt er:

"Hier ist Gegnerschaft zur Atomenergie nicht mehr rationale Überlegung, sondern Wahnsystem. Und es wird einem angst und bang, wenn man zusehen muß, wie es sich unter den gebildetsten und anständigsten Leuten ungebremst ausbreitet".

Nicht die Kernenergie wird die Menschheit vernichten; viel schwerwiegender ist die Frage, ob die menschliche Vernunft die andauernde Gehirnwäsche in Sachen Kernenergie überstehen wird, die von leichtfertigen Sensationsjournalisten und von Kräften, die den Einsatz der Kernenergie aus politischen und wirtschaftlichen Gründen verhindern möchten, betrieben wird.

Wer immer Rationalität und Logik als Grundlagen unserer Einsichten und Entscheidungen ansieht und trotzdem noch Kernenergiegegner ist, leidet entweder unter einem Informationsmangel (der durch Lektüre zu beheben ist) oder er hat politisch-ideologische Gründe für seine Haltung.

Zwar wird oft das Gegenteil behauptet, aber es ist doch wohl so, daß nicht die Wissenschaft politische Systeme bestimmt, sondern daß umgekehrt politische Systeme Selbstbestätigung suchen durch den Mißbrauch der Wissenschaft. Wie oft war es nicht in der Geschichte so, daß der Untergang der Menschheit vorausgesagt wurde, wenn geleugnet würde, daß die Erde nicht im Mittelpunkt des Weltalls stünde, wenn der biblische Schöpfungsbericht nicht wörtlich für wahr genommen würde oder wenn Freud nicht Unrecht hätte ..... Wir haben aber das anwachsende Wissen von der Natur überlebt und die Vergangenheit zeigt, daß Wissen und Wahrheit dem menschlichen Wohlergehen dienlicher sind als Aberglaube und Fanatismus. Die Gefahr des Unterganges des Menschengeschlechtes liegt nicht im Wissen, sondern in der Unwissenheit und dem Fürwahrhalten falscher Hypothesen ohne Berücksichtigung der Tatsachen.

18 Literaturverzeichnis

1 Energiebedarf, Wirtschaftswachstum

/1.1/ Initiative österreichischer Atomkraftgegner. Die Lüge von der Energiekrise, Mag. G. Pfaffenwimmer, 1070 Wien, Burggasse 12, Druck J. Neuf, 1080 Wien

/1.2/ Anton Zischka, Kampf ums Überleben, Das Menschenrecht auf Energie, Econ, Düsseldorf, 1979

/1.3/ Peter Müller, Energie, Europaverlag Wien, 1978

/1.4/ F. Hacker et al., Die neue Romantik, Analyse einer Zeitströmung, Volkswirtschaftliche Tagung 1979 (6. - 8. Juni 1979) der österreichischen Nationalbank

/1.5/ Industriell-gewerbliche Forschung und Entwicklung, Strukturanalyse, Prioritätsbereiche, Maßnahmevorschläge, Forschungsförderungsfonds der gewerblichen Wirtschaft, A-1015 Wien, Kärntnerstr. 21, K. Ratz, H. Wotke

/1.6/ G. Faninger, O. Zellhofer, Energieforschung in Österreich, BMf. Wissenschaft und Forschung, Oktober 1979

/1.7/ WISE - World Information Service on Energy, Vol. 2, Nr. 1 Nov./Dec. 1979, Stichting Studenten Publikatie, Amsterdam

/1.8/ R. Dorf, Energy, Resources and Policy, Addison Wesley, Reading, Massachusetts, 1978

/1.9/ W. Simon, Wirtschaftswachstum und Energiebedarf, Siemens AG München, 1974

/1.10/ D. Meadow's, Die Grenzen des Wachstums, Stuttgart, 1972

/1.11/ Gibt es eine Alternative zur Kernenergie? Die Zeit, Sonderdruck 44-51, Hamburg, 22. Okt. - 9. Dez. 1977

/1.12/ Klaus Traube, Müssen wir umschalten? Von den politischen Grenzen der Technik, Rowohlt, Hamburg, 1971

/1.13/ Edward Thorndike, Energy and Environment, Addison Wesley, Reading, Mass., 1978

/1.14/ Energy Research and Development, Organization for Economic Cooperation and Development, OECD, Paris, 1975

/1.15/ A. Hammond, W. Metz, T. Maugh (American Association for the Advancement of Science), Energie für die Zukunft, Umschau Verlag, Frankfurt, 1973

/1.16/ Arbeiterkampf, Arbeiterzeitung des Kommunistischen Bundes, Jahrgang 7, Nr. 96 vom 10. Januar 1977

/1.17/ Was tun? Wochenzeitung der Gruppe Internationale Marxisten, 10. Jahrgang, Nr. 141 vom 13. Jänner 1977

/1.18/ Rote Fahne, Zentralorgan der kommunistischen Partei Deutschlands, 8. Jahrgang, Nr. 3 vom 19. Jänner 1977

/1.19/ R. Jungk, Der Atomstaat, Kindler, 1977

/1.20/ H. Schaefer, Kernfragen, Unsere Energieversorgung heute und morgen, Econ-Verlag, Düsseldorf, 1978

/1.21/ J. A. Weber, Power Grab: The Conserver Cult and the Coming Energy Catastrophe, Arlington House, 165, Huguenot Street, New Rochelle, New York 10801

/1.22/ B. Oberbacher, Battelle Institut Frankfurt, Nutzen der Kernenergie - ökologisch-ökonomische Aspekte, E. Schmidt Verlag, Berlin, 1978

/1.23/ G. Keiser, Die Energiekrise und die Strategien der Energiesicherung, Verlag F. Vahlen, München, 1979

/1.24/ A. Boulloche et al., The Sciences and Democratic Government, Mac Millan

/1.25/ J. Simpson, The Nuclear State, Mac Millan, 1979

/1.26/ C. Franks, The Politics of Peaceful Nuclear Power, Mac Millan, 1979

/1.27/ J. Doederlein, Nuclear power as a public issue: protection of the public interest, IAEA Bulletin 20 (1978) 54

/1.28/ M. Mesarovich, E. Pestel, Menschheit am Wendepunkt, 2. Bericht an den Club of Rome zur Weltlage, Rowohlt, Hamburg, 1977

/1.29/ W. Müller, B. Stoy, Entkoppelung, Wirtschaftswachstum ohne mehr Energie? Deutsche Verlagsgesellschaft, Stuttgart, 1978

/1.30/ OECD Publications, Interfutures Report, Facing the Future, OECD, Paris, 1979

/1.31/ H. Märzendorfer, Lebensstandard und Wirtschaftswachstum, Energiewirtschaftliche Tagesfragen 26 (1976) Nr. 8, p. 418

/1.32/ W. Häfele, Bedeutung der Energie für den Lebensstandard, die wirtschaftliche Entwicklung und die Umwelt, Technische Mitteilungen 70 (1977) Nr. 617

/1.33/ Atomstaat - Utopie oder Wirklichkeit, Bild der Wissenschaft Nr. 1 (1978) 86

/1.34/ H. Michaelis, Der Atomstaat und was davon übrigbleibt, Bild der Wissenschaft Nr. 2 (1978) 120

/1.35/ A. Mock, Energie und Arbeitsplätze, Energie Aktuell, 3 Nr. 2 (1979) 9

/1.36/ J. Staribacher, Österreichische Energiepolitik, Energie Aktuell, 3 Nr. 3 (1979) 4

/1.37/ D. Oesterwind, Harte und weiche Energieformen, Atomkernenergie 34 Nr. 3 (1979) 172

/1.38/ D. Bünemann, Gedanken zur Kernenergiediskussion, Atomkernenergie 30 Nr. 2 (1977) 73

/1.39/ V. Hauff, Argumente in der Energiediskussion, Bände 4/5 (Energie, Wachstum, Arbeitsplätze), 6 (Energieversorgung, Lebensqualität), Neckar Verlag, 1978

/1.40/ S. Penner, L. Icerman, Energy, Vol. 1, Demands, Resources, Policy, Addison Wesley, Reading, Mass., 1974

/1.41/ P. Beckmann, Why Soft Technology Will not Be America's Energy Salvation, Golem Press, Boulder, 1979

/1.42/ G. Breuer, R. Jungk, Die Herausforderung, Energie für die Zukunft - Gefahren und Möglichkeiten, Bertelsmann, München, 1975

/1.43/ G. Brandes, Wirtschaftswachstum und Stromversorgung, Elektrizitätswirtschaft 79 Nr. 5, 190

/1.44/ J. Hill, Public Acceptance of Nuclear Power, J. Inst. Nuc. Eng. 20 Nr. 5, 132

/1.45/ H. Metzger, The coercive utopians, Denver Post, 30 April 1978

/1.46/ R. Bünde, Nettoenergiebilanzen von Kraftwerken, MPI-Technologiebericht Nr. 23, Garching Projekt Systemstudie, März 1979

/1.47/ A. Lovins, Sanfte Energie, Rowohlt, Reinbek, 1979

/1.48/ W. Seifritz, Sanfte Energie-Technologie - Hoffnung oder Utopie? Thiemig, München, 1980

/1.49/ Siting of Major Energy Facilities, OECD-Report, August 1979 (9778081) ISBN 92-11836-5

/1.50/ Atomkraftwerke - Atomgeschäft - NEIN DANKE, rotfront, 6 Nr. 9, September 1978, Monatszeitung der Gruppe Revolutionäre Marxisten, Österr. Sektion der IV. Internationale

/1.51/ Energieimporte immer problematischer, Energie Bulletin Nr. 5 (1979) 3

/1.52/ L. Bauer, Weltenergiebedarf bis zum Jahre 2000, Energie

Bulletin, Nr. 1 (1980) 3

/1.53/ Statt Kernenergie Abhängigkeit vom Osten, Energie Bulletin, Nr. 1 (1980) 12

/1.54/ D. Ion, Availability of World Energy Resources, Graham and Trotman, Suppl. 1975 - 1978

/1.55/ D. Schmitt, Entwicklung des Weltenergiebedarfes bis 2000, Atomwirtschaft 22 Nr. 12 (1977) 627

/1.56/ W. Frank, Energiesparen? Österreichische Zeitschr. f. Elektrizitätswirtschaft (ÖZE) Nr. 5 (1975) und 34 Nr.2 (1981) 23; Die Presse, 9. 2. 1977

/1.57/ K. Bayer, Der Energieverbrauch der österr. Industrie, Monatsberichte öst. Inst. f. Wirtschaftsforschung Nr. 8 (1975)

/1.58/ K. Musil, Österr. Energieprognosen, Monatsberichte Inst. Wirtschaftsforschung Nr. 12 (1976), Nr. 11 (1975)

/1.59/ L. Musil, Allgemeine Energiewirtschaftslehre, Springer, Wien, 1972

/1.60/ BMf. Handel, Energiebericht 1979, Wien, April 1979

/1.61/ Institut für Gesellschaftspolitik, Energie und Wachstum, Heft 16, Wien 1975

/1.62/ BMf. Wissenschaft und Forschung, Forschungspolitik Aktuell, Wien, Oktober 1974

/1.63/ BMf. Wissenschaft und Forschung, Symposium Energie und Zukunft, Wien, Oktober 1974 (Österr. Energiekonzept)

/1.64/ T. Bohn, Probleme zukünftiger Energieversorgung, Jülich, 1974

/1.65/ Österreichisches Energieforschungskonzept, Wien, 1975

/1.66/ Österreichisches Energieforschungskonzept 80, BMf. Wissenschaft und Forschung, Wien, Februar 1981

/1.67/ Schweizerische Bankgesellschaft, Ohne Energie keine Zukunft, Schriften zu Wirtschaftsfragen Nr. 73, Zürich, 1980

/1.68/ D. Oesterwind, O. Renn, A. Voß, Sanfte Energieversorgung, Möglichkeiten, Probleme, Grenzen, Kernforschungsanlage Jülich, Juni 1980

/1.69/ Katholische Sozialakademie Österreichs, Verantwortete Zukunft. Mit oder ohne Atomenergie, Wien 1980

/1.70/ F. Krause, H. Bossel, K. Reissmann, Energie-Wende, Wachstum und Wohlstand ohne Erdöl und Uran, S. Fischer, Frankfurt, 1980

/1.71/ P. Penczynski, Welche Energiestrategie können wir wählen? Siemens, München, 1978

/1.72/ R. Gerwin, Die Welt-Energieperspektive, Nach dem IIASA Bericht, Max Planck Gesellschaft, Deutsche Verlagsanstalt, Stuttgart, 1980

/1.73/ B. Ruske, D. Teufel, Das sanfte Energie-Handbuch. Wege aus der Unvernunft der Energieplanung der BRD, Rowohlt, Hamburg, September 1980

/1.74/ Alles Leben ist Energie, Gesellschaft für Energiewesen, Wien, 1980

/1.75/ Trend, Nr. 10 (1980) 141

/1.76/ Zeitschrift Technologie und Politik, Das Magazin der Wachstumskrise, Rowohlt

2 <u>Energiearten, Energieumwandlung, Energieverbrauch</u>

/2.1/ S. Penner, L. Icerman, Energy, Vol. 2, Non-nuclear Energy Technologies, Addison, Wesley, Reading, Mass., 1975

/2.2/ E. Rummich, Nichtkonventionelle Energienutzung, Springer, Wien, 1978

/2.3/ K. Rehrl, Der Energiebedarf der Landwirtschaft, Heft 18 der landtechnischen Schriftenreihe, Österr. Kuratorium für Landtechnik, Wien

/2.4/ Energiekrise, Die Presse, 10. Juni 1980, 7

/2.5/ R. Wilson, W. Jones, Energy, Ecology and the Environment, Academic Press, New York, 1974

/2.6/ E. Hoffman, The Concept of Energy, Ann Arbor Science Publishers, Ann Arbor, Mich., 1977

/2.7/ Energy Balances of OECD countries 1975 - 1977, Energy supply and demand, OECD, Paris, 1979

/2.8/ Energy Statistics 1975 - 1977, OECD, Paris, 1979

/2.9/ Energy Policies and Programmes of IEA countries, 1978 Review OECD, Paris, June 1979

/2.10/ Proceed. 13th Intersociety Energy Conversion Engineering Conference, August 20 - 25, 1978, San Diego, Cal., Society of Automotive Engineers

/2.11/ B. Fischer, Energieverbrauch bis zum Jahre 2000, in /2.12/

/2.12/ H. Braun et al., Umweltschutz bei nuklearer und konventioneller Energiegewinnung, G. Thieme, Stuttgart, 1973

/2.13/ Aktuelle Probleme der Energiewirtschaft, Schriftenreihe der Technischen Universität Wien, Springer, Wien, 1977

/2.14/ L. Bauer, Gegenwärtiger Stand und Entwicklungstendenzen der Gesamtenergiewirtschaft, Elektrotechnik und Maschinenbau, EuM 94 (1977) 14

/2.15/ Energieländerbericht Schweiz der IEA, SVA-Bulletin 22 Nr. 11, 18, Juni 1980

/2.16/ U. Hansen, Entwicklungslinie der Weltenergiesituation, Bericht über die 10. Weltenergiekonferenz 1977, Istanbul, Atomwirtschaft, Feber 1978

/2.17/ H. Grümm, Grenzen der Energieerzeugung, VGB-Kraftwerkstechnik 53 Nr. 8 (1973) 508

/2.18/ H. Michaelis, Energieprobleme im europäischen Raum, Österr. Zeitschrift f. Elektrizitätswirtschaft (ÖZE) 27 Nr. 8 (1974) 250

/2.19/ W. Häfele, Strategien zur Bewältigung unserer energetischen Zukunft, ÖZE 31 Nr. 1 (1978) 1

/2.20/ World Energy Conference IX (1974) Survey of Energy Resources

/2.21/ BMf. Handel, Energiebericht 1979, Wien, April 1979

/2.22/ G. Bischoff, W. Gocht, Energietaschenbuch, Vieweg, Braunschweig, 1979

/2.23/ S. Schurr, Energy, Economic Growth, and the Environment, John Hopkins Univ. Press, Baltimore, 1972

/2.24/ Energy for the 1980's, Power Engineering 84 Nr. 1 (1980) 34

/2.25/ L. Bauer, 215 Arbeitssklaven je Österreicher, Energie Aktuell 2 Nr. 6/7, 4

/2.26/ H. Rögener, Thermodynamik der Energieumwandlung, Atomkernenergie 32 Nr. 4, 212

/2.27/ C. Andreae, Österr. sozio-ökonomische Entwicklung der nächsten Jahre, ÖZE 31 Nr. 11/12 (1978) 33

/2.28/ H. Märzendorfer, Energieverbrauch der kommenden Jahre, ÖZE 31 Nr. 11/12 (1978) 358

/2.29/ L. Bauer et al., Bericht über den 18. Kongreß UNIPEDE, Juni 1979, Warschau, ÖZE 32 Nr. 12 (1979) 509

/2.30/ D. Schmitt, Entwicklung des Weltenergiebedarfes, Atomwirtschaft 22 Nr. 12 (1977) 627

/2.31/ R. Baille, Energy Conversion Engineering, Addison Wesely, Reading, Mass., 1978

/2.32/ L. Bauer, Chancen nichtkonventioneller Energiequellen, Österr. Hochschulzeitung 28 1. Oktober 1976

/2.33/ G. Fettweis, Weltkohlenvorräte, Reihe: Bergbau, Rohstoffe, Energie Band 12, Glückauf Verlag, Essen, 1976

/2.34/ Strom für Österreich, Zahlen, Daten, Fakten, Verband der Elektrizitätswerke Österreichs, Wien, 1980

/2.35/ Strom für Österreich vorausgeplant, ibidem, 1980

/2.36/ G. Neumann, A. Reichl, Österr. Ing. Zeitschrift 24 Nr. 2 (1981) 38

/2.37/ ÖZE 34 Nr. 3, März 1981, 64 - 69 (Weltenergiekonferenz 1980)

/2.38/ F. Cap, ÖZE 34 Nr. 2 (1981) 43 - 45

/2.39/ BMf. Wissenschaft und Forschung, Konzept für Rohstoffforschung in Österreich, Wien, 1981

3 Wasserkraft

/3.1/ J. Kobilka, Bedeutung der Wasserkraft für Österreich, GTE Symposium Graz, November 1979, ÖZE 33 Nr. 2 (1980) 47

/3.2/ H. Lauffer, Talsperren und Flußstauwerke Österreichs, Österr. Wasserwirtschaft 29 Heft 9/10 (1977)

/3.3/ K. Knauer, A. Götz, Das Wasserkraftpotential Österreichs, Stand 1978, ÖZE 28 (1975) 248

/3.4/ C. Davis, K. Sorensen, Handbook of Applied Hydraulics, McGraw Hill, New York, 1969

/3.5/ B. Weedy, Electric Power Systems, J. Wiley, London, 1967

/3.6/ Future of Water, Energy Developments 3 Nr. 3, October 1979, 43

/3.7/ S. Feder, Small hydro-plants, Energy International 17 Nr. 1 (1980) 21

/3.8/ D. Willer, Small hydro installations, Power Engineering 84 Nr. 1 (1980) 62

/3.9/ E. Kössler, Sicherheit durch Wartung von Wasserkraftanlagen, Energie Aktuell 2 Nr. 3 (1978) 16

/3.10/ E. Kössler, Wasserkraft in Entwicklungsländern, Energie Aktuell 2 Nr. 6/7 (1978) 14

/3.11/ J. Kobilka, Strom aus der Donau, Energie Aktuell 3 Nr. 2 (1979) 6

/3.12/ F. Hermann, Donau-Ausbau, Energie Aktuell 3 Nr. 3 (1979) 9

/3.13/ Kleinwasserkraftwerke, Energie Aktuell 3 Nr. 3 (1979)

/3.14/ Kraftwerksgruppe Malta, ÖZE Sonderheft 1/2 (1979)

/3.15/ G. Schiller, Schwankungen der Wasserkrafterzeugung, ÖZE 32 Nr. 4 (1979) 241

/3.16/ S. Ming, Small Water Power in China, Energy Developments 4 Nr. 1, März 1980, 10, siehe auch /1.61/

/3.17/ Österr. Gesellschaft für Land- und Forstwirtschaftspolitik, Der Alpenraum als europäische Aufgabe und Herausforderung, Dir. Dipl.-Ing. Dr. H. Wagensonner, Das Energiepotential der Alpenregion (Symposium 1974) 18 - 20 November 1974, Mayrhofen

/3.18/ Zeitungsnachrichten über 25.000 Tote bei Dammbruch in Morvi, Indien

/3.19/ K. Stefko (Illwerke) Vortrag Innsbruck, 19. Jänner 1981 siehe auch /1.2/, /1.3/, /1.8/, /1.14/, /1.20/, /2.1/, /2.2/, /2.4/, /2.5/, /2.21/, /2.22/

4 Fossile Brennstoffe Kohle - Öl - Erdgas

/4.1/ P. Beckmann, The Health Hazards of NOT Going Nuclear, Golem Press, Boulder, Colorado, 1976, siehe auch /1.8/, /1.13/, /1.14/, /2.4/, /2.5/

/4.2/ W. Seifritz, Role of Nuclear Energy in More Efficient Exploitation of Fossil Fuel, Int. J. Hydrogen Energy 3 (1978) 11

/4.3/ Crude Oil Import Prices 1973 - 1978, OECD, Paris, 1979

/4.4/ E. Goodger, Alternative Chemical Fuels, Mac Millan, 1980

/4.5/ G. Zimmermeyer, Radioaktive Belastung durch Steinkohlekraftwerke, Glückauf, Zeitschrift für Technik und Wirtschaft d. Bergbaues 114 Nr. 13 (1978)

/4.6/ F. Niehaus, Carbon-Dioxide, IAEA Bulletin 21 Nr. 1 (1979) 2

/4.7/ R. Munn, The greenhouse effect, Mazingira, World Forum for Environment Nr. 2 (1977) 78

/4.8/ P. Beckmann, The Carbon Dioxide Hypothesis, Access to Energy 5 Nr. 1 (1977)

/4.9/ US Council of Environmental Quality, Energy and the Environment, Report 1973

/4.10/ R. Hammond, Nuclear Power Risks, American Scientist 62 (1974) 155

/4.11/ Kohlekraftwerke emittieren radioaktive Stoffe, Physikal. Blätter 34 Nr. 5 (1978) 236

/4.12/ W. Kolb, Die Emission radioaktiver Stoffe aus Kern- und Steinkohlekraftwerken, Vergleich der Strahlenbelastung, Report PTB-Ra-8, Physikalisch-Technische Bundesanstalt, Februar 1978

/4.13/ F. Jochum, H. Bechthold, Rauchgasentschwefelung mit neuen Zahlen, Energie 30 (1978) 213

/4.14/ Nitrosamine als Krebsursache in Großstädten, Science 23 Jänner 1970

/4.15/ L. Lave, L. Freeburg, Health effects of electricity generation form coal etc., Nuclear Safety 14 Nr. 5 (1973) 409

/4.16/ National Academy of Sciences, Air Quality and Stationary Source Emission Controle, Report March 1975

/4.17/ D. Rose et al., Nuclear Power visavis its alternatives, chiefly coal, Mass. Institute of Technology, 10. Dec. 1975

/4.18/ L. Lave et al., US mortality and air pollution, Univ. of Pittsburgh, Report 1971 und J. Amer. Statistical Assoc. 68 (1973) 284

/4.19/ J. Cairns, The Cancer Problem, Scientific American, Nov. 1975

/4.20/ Clean air act, Access to Energy 1, October 1973, 2, Oct. 1974

/4.21/ Schwefeldioxydkatastrophe London Dezember 1952, Access to Energy 3 Nr. 6, February 1976, 5 Nr. 8, April 1978

/4.22/ J. Kolar, Schadgasemissionen, Wärme 84 Nr. 2/3 (1978) 74

/4.23/ S. Guzenko et al., Coal Slagging, Elektricheskie Stantsii-Soviet Power Engineering 7 Nr. 3 (1978) 142

/4.24/ Rauchgasentschwefelung, Energie (Resch) 31 Nr. 12 (1979) 49

/4.25/ A. Buberl, Schutzsystem gegen Meerwasserverseuchung durch Öl, Energie Aktuell 3 Nr. 1 (1979) 16

/4.26/ Radioaktive Kohle, Initiativ, Zeitschrift der Österr. Atomkraftgegner, Nr. 14, Dez. 1979/Jänner 1980

/4.27/ K. Kunstle et al., Kohlenwasserstofferzeugung mittels Kernenergie, Atomkernenergie 33 Nr. 3 (1979) 170

/4.28/ H. Flohn, Vor einer Klimakatastrophe, Umschau 77 Nr. 17 (1977)

/4.28a/ F. Niehaus, Umweltbelastung durch Energieerzeugung, Birkhäuser, Basel, 1977

/4.29/ A. Schack, Physikal. Blätter 1 (1972) 26

/4.30/ L. Hamilton, A. Manne, Health and Economic Costs of Alternative Energy Sources, IAEA Bulletin 20 Nr. 4 (1978) 44

/4.31/ C. Comar, L. Sagan, Health effects of energy production, Ann. Rev. Energy 1 (1976) 58

/4.32/ L. Sagan, Nature 250 (1974) 107

/4.33/ W. Schikarskii, Energiewandlung - Auswirkung auf Umwelt, Atomwirtschaft-Atomtechnik Nr. 11 (1978) 524

/4.34/ C. Keller, Atomkernenergie 30 Nr. 2 (1977) 73

/4.35/ ÖZE 33 Nr. 2 (1980) 67

/4.36/ K. Vohra, IAEA Bulletin 20 Nr. 5 (1978) 35

/4.37/ E. Stoll, Coal Mining, Sciences 11 Nr. 7 (1971) 6

/4.38/ K. Zimen, CO_2 - Problem, Atomwirtschaft 22 Nr. 10 (1977) 516

/4.39/ T. Augustson et al., CO_2 - Problem, J. Atomospheric Science 34 (1977) 448

/4.40/ E. Gerking, Energie 30 Nr. 8 (1978) 261 und 415

/4.41/ W. Winkelstein et al., Air Pollution and Mortality, Arch. Environm. Health 14 (1967) 162

/4.42/ Mutagene Substanzen in Kohleasche, Science vom 1. Juni 1978, 73

/4.43/ Heft "Thema Kernenergie", Österr. Elektrizitätswerke, p.19

/4.44/ Radiologische Beweissicherung Zwentendorf, p 12

/4.45/ Access to Energy 3, Februar 1976; ÖZE 33 Nr. 6 (1980) 235

/4.46/ R. Mukerjee, Chemical Pollutants and Radiation, IAEA Bulletin 20 Nr. 3 (1978) 31, Benzpyrene and radiation

/4.47/ United Nations Environment Programme, 1 Impacts of Fossil Fuel, Nairobi 1979

/4.48/ F. Kenneth Hare et al., Is the climate changing? Mazingira, the world forum for environment and development Nr. 1 (1977) 19, 30, 40, 49

/4.49/ H. Böttenbruch, Rauchgasentschwefelung muß verboten werden (aus Umweltschutzgründen), Energie (Resch) 32 Nr. 2, 26

/4.50/ Rauchgasentschwefelung, Inititativ Nr. 2 (1980) 6; Energie 30 Nr. 12 (1978) 415

/4.51/ Schwefeldioxidproblem: Access to Energy 2 Nr. 2; 3 Nr.4; 3 Nr. 6; 5 Nr. 1; 5 Nr. 8; 6 Nr. 7; 7 Nr. 7 (45.000 tote Amerikaner jählich durch Kohlekraftwerke); und Atomwirtschaft Nr. 11 (1978) 524

/4.52/ Zunahme CO_2 - Gehalt: Wissenschaftliche Nachrichten Nr. 52, Jänner 1980, 10, siehe auch SVA Bulletin 20 Nr. 6 (1980) 21

/4.53/ Stromkostenvergleich Kohle - Öl - Uran, SVA Bulletin 22 Nr. 11, Juni 1980, 20

/4.54/ Kohlenkraftwerke strahlen mehr als KKW, Westfalen 3 MW Kohle - jährlich 19 mrem; Stade 662 MW KKW - jährlich 0.4 mrem; Reutter 2. Oktober 1979, siehe auch /4.11/, /4.12/

/4.55/ G. Pitt, Coal and Modern Coal Processing, Academic Press, London, 1979

/4.56/ R. Ellington, Liquid Fuels from Coal, Academic Press, New York, 1977

/4,57/ Österr. Statistisches Zentralamt, Umweltdaten 1978, Heft 479 (Beitr. österr. Statistik), (In Wien pro Jahr 40.000 t Schwefeldioxid emittiert)

/4.58/ P. Beckmann, Health Hazards, siehe auch /4.1/, jährlich mindest 20.000 Tote in USA als Folge der Verwendung von Kohle als Energieträger

/4.59/ E. Stoll, Coal Mining, the way to dusty death, The Sciences 11 Nr. 7 (1971) 6 und 32

/4.60/ US Geological Survey, Oil Spill Accidents, US Gov. Print Off. Sept. 1971

/4.61/ Energiebericht 1979, Österr. BMf. Handel, S. 130 (1000 MW Kohlekraftwerk emittiert jährlich 500 t CO, 20.000 SO_x, 8000 t NO_x, 100 t Kohlenwasserstoff, 5000 t Staub), siehe auch Festschrift "20 Jahre SGAE - radioaktive Abfälle" (1977) 18 und O. Bobleter et al., EuM 91 Nr. 6 (1974) 308

/4.62/ A. Hull, Releases from nuclear and fossile-fueled power plants, Nucl. News 4 (1974) 51

/4.63/ Physikalische Blätter 34 Nr. 5 (1978) 236

/4.64/ Nuclear Safety, August 1979

/4.65/ Sience 202 Nr. 4372, 8. Dezember 1978, 1045

/4.66/ Physikal. Techn. Bundesanstalt, Atomwirtschaft 23 Nr. 3 (1978)

/4.67/ P. Schmidtlein et al., Vergleich der Strahlenexposition durch konventionelle und kerntechnische Anlagen, Reaktortagung Hannover, 1978

/4.68/ Kann die Kohleveredelung uns weiterhelfen? Erlangen 1979, Kraftwerksunion

/4.69/ Power Engineering for Tomorrow's World, 1979, Kraftwerksunion 15520WS 127920

/4.70/ Turbines, Generators, Power Plants, Kraftwerksunion 1979, 15417WS 05794

/4.71/ Coal-Energy for the future? WISE, World Information Service on Energy 3 Nr. 1, Jan./Feb. 1981, 10

/4.72/ Säureregen greift Beton an, Technische Mitteilungen Österr. Ing. Verein, Tirol, Nr. 3, 1981

/4.73/ L. Yaffe, The Health Hazards of Not Going Nuclear, Chemistry in Canada 31 Nr. 2 (1979) 25 - 32

/4.74/ Die "Presse", 16. Juni 1979

/4.75/ Shell - Informationen Nr. 2 (1981)

/4.76/ Access to Energy 5 Nr. 1, September 1977

/4.77/ K. Friedrich, ÖZE 33 Nr. 5 (1980) 148

5 Sonnenenergie

/5.1/ Faninger, H. Kleinrath, P. Gilli, W. Heindl, W. Korzen, Solarthermische Kraftwerke, Österr. Gesellschaft für Sonnenenergie und Weltraumfragen, Mai 1979, dbv Verlag für Technische Universität Graz

/5.2/ G. Faninger et al., Solarheizungssysteme, ibidem 1979

/5.3/ G. Faninger, M. Brück, Regenerative Energiequellen zur Erzeugung von Niedertemperaturwärme, Öst. Gesellschaft für Sonnenenergie, Garnisongasse 7, 1090 Wien

/5.4/ Eine Demonstrationsanlage zur solaren Warmwasserbereitung, Teil 3, Ergebnisse 1977 und 1978, SGAE Bericht Nr. A0020, PH-268/79, Jänner 1979, Österr. Studiengesellschaft für Atomenergie, Seibersdorf

/5.5/ selber Titel wie /5.4/, Teil 1, Beschreibung der Anlage, ibidem, Mai 1977, SGAE Nr. 2752, PH-220/77

/5.6/ J. Dirrig, H. Hick, M. Lammer, H. Woldron, Mathematische Simulation und Analyse von Anlagen zur Niedertemparaturversorgung von Gebäuden, ibidem, SGAE Nr. A0040, PH-273/79 März 1979

/5.7/ G. Faninger, M. Brück, Thermische Nutzung der Sonnenenergie in Österreich, 1. Teil Warmwasserbereitung, Raumheizung, BMf. Wissenschaft und Forschung, Währingerstraße 28, 1090 Wien

/5.8/ M. Brück, W. Heindl, F. Neuwirth, G. Schaffer, Die Globalstrahlung auf beliebig orientierte und geneigte Ebenen in Österreich, ASSA-Informationsdienst 7/1978, Juli 1978, Wien IX (ASSA - Österreichische Gesellschaft für Sonnenenergie und Weltraumfragen)

/5.9/ G. Faninger, J. Ortner, Sonnenenergie Meßstationen in Österreich, Ergebnisse, ASSA-Informationsdienst 6/1978, Juni 1978, Wien IX

/5.10/ W. Häfele, Der Beitrag der Sonnenenergie zur Deckung des gegenwärtigen und zukünftigen Energiebedarfes, ASSA mit IIASA, Laxenburg, Bericht 2178, Februar 1978, ASSA Wien IX

/5.11/ M. Brück et al., Bericht über solare Heizung, Sonnenkraftwerke u. a., ASSA-Informationsdienst 3/1978, März 1978, ASSA Wien IX

/5.12/ G.Faninger, Nutzung der Sonnenenergie im Wohnungsbau, ASSA-Informationsdienst 5/1978, Mai 1978, ASSA Wien IX

/5.13/ P. Gilli, F. Schabkar, H. Halozon, Verringerung des Energieaufwandes mit Hilfe von Wärmepumpen, September 1977, dbv-Verlag der Technischen Universität Graz, Technikerstraße 5, 8010 Graz

/5.14/ Forschungs- und Entwicklungsaktivitäten auf dem Gebiet der Sonnenenergie an österreichischen Universitäten und Forschungszentren, ASSA-Informationsdienst 5/1977, Sept. 1977, ASSA Wien IX

/5.15/ P. Sabady, Wie kann ich mit Sonnenenergie heizen? Helion Verlag, CH-8022 Zürich

/5.16/ Rechtsfragen bei der Nutzung der Sonnenenergie und bei Verwendung von Wärmepumpen in Österreich, ASSA-Informationsdienst 12/1978, Dezember 1987, ASSA Wien IX

/5.17/ Sonnenenergie, ASSA-Informationsdienst 4/1977, August 1977, ASSA Wien IX

/5.18/ Sonnenenergie, ASSA-Informationsdienst 11/1978, November 1978, ASSA Wien IX

/5.19/ Sonnenenergie - Solare Heiz- und Kühlsysteme, ASSA-Informationsdienst 8/1978, August 1978, ASSA Wien IX

/5.20/ H. Hick, T. Schmeskal, Vorversuch zum österreichischen 10 kW Sonnenkraftwerk, Bericht SGAE-Nr. 2954, PH-251/78, Juli 1978, Österr. Studiengesellschaft für Atomenergie, Seibersdorf

/5.21/ Die Wärmepumpe, ASSA-Informationsdienst 8/1977, Dezember 1977, ASSA Wien IX

/5.22/ J. Duffie, W. Beckman, Solar Energy Thermal Processes, Wiley, Interscience, New York, 1974

/5.23/ Sonnenkraftwerke, Fakten und Daten, ASSA-Informationsdienst 6/1977, Oktober 1977, ASSA Wien IX

/5.24/ H. Rau, Heliotechnik, Pfriemer Verlag, München, 1975

/5.25/ Sonnenenergie und österr. Nationalfeiertag 1977, Kollektortests, ASSA-Informationsdienst 7/1977, November 1977, ASSA Wien IX

/5.26/ G. Bräunlich, Möglichkeiten zur Nutzung der Sonnenenergie in Österreich, Institut für Umweltforschung Graz, ifu Beirat 15. März 1975, Forschungszentrum Graz

/5.27/ Sonnenenergienutzung in Österreich, ASSA-Informationsdienst 3/1977, Juli 1977, ASSA Wien IX

/5.28/ J. R. Williams, Solar Energy, Technology and Applications, Ann Arbor Science Publishers, Ann Arbor, Michigan, 1975

/5.29/ Sonnenenergie, ASSA-Informationsdienst 2/1977, Juni 1977, ASSA Wien IX

/5.30/ U. Bossel, Herausgeber, Heizen mit Sonne, Tagungsbericht 23 - 24 Februar 1976, Göttingen, Deutsche Gesellschaft für Sonnenenergie, Gräfelfing

/5.31/ Turnheim, Berndorfer Solarsystem zur Nutzung der Sonnenenergie, Berndorf, August 1975

/5.32/ G. Faninger, Derzeitige und zukünftige Möglichkeiten der Sonnenenergie - Nutzung, öst. Phys. Tagung, Innsbruck

/5.33/ Solar Radiation Simulation, Institute of Environmental Sciences, Mt. Prospect, Illinois, January 1965

/5.34/ E. Elmiger, Sonnenenergienutzung in der Schweiz, Bulletin SEV 67 (6. März 1976) 221

/5.35/ G. Faninger, Nutzung der Sonnenenergie, ASSA, dbv Verlag Technische Universität Graz, 1978

/5.36/ E. Justi, Stand und Aussichten der Sonnenenergie, Nachr. Chemie Technik, Verlag Chemie, Weinheim 23 Nr. 16 (1975)

/5.37/ Austrian 10 kW Solar Power Plant, Federal Press Service, Wien, 1977

/5.38/ K. Kaindl, Sonnenenergiesatelliten, ASSA-Informationsdienst 1/1980, Jänner 1980, ASSA Wien IX

/5.39/ Solar- und Wärmepumpenanlagen, Marktübersicht, ASSA-Informationsdienst 1/1980, Jänner 1980, ASSA Wien IX

/5.40/ Fortschritte in der Solartechnik, ASSA-Informationsdienst 3/1979, 4/1979, September - Dezember 1979, ASSA Wien IX

/5.41/ Wirkungsgrade von Solarzellen, Österr. Zeitschrift für Elektrizitätswirtschaft 32 Nr. 6 (Juni 1979) 323

/5.42/ Energiequellen und ihre Chancen, KWU Geschäftsbericht 1973, (Solarzellen S. 39)

/5.43/ E. Vogel, Sonnenenergie (u.v.a. Prospekte über Sonnenkollektoren und Wärmepumpen)

/5.44/ Nutzung der Sonnenenergie, Steirische Wasserkraft und Elektrizitäts-AG, (Betriebssicherheit und Kosten) Oktober 1977

/5.45/ H. Köfler, Sonnenenergie - Illusion oder Wirklichkeit, Techn. Rundschau Nr. 19, 26. November 1974

/5.46/ M. Ledinegg, Heizung mit Sonnenenergie, Österr. Ing. Zeitschrift 18, 135

/5.47/ P. Glaser, Solar Power via Satellites, Astronautics and Aeronautics 11 (1973) 60

/5.48/ D. Farrington, Direct use of Sun's Energy, Yale University Press, New Haven, 1974

/5.49/ H. Inhaber, Solar Power More Dangerous Than Nuclear? Int. At. E. Agency Bulletin 21 Nr. 1 (1979) 11

/5.50/ W. Paltz, Solar Electricity, Butterworths, London, 1978

/5.51/ S. Kar et al., Electrochemical Solar cells, Solar Energy 23 Nr. 2 (1979) 129

/5.52/ Lu Ti, Solar Energy in China, Energy Developments 3 (Dec. 1979) 22

/5.53/ G. Hewig, Solarzellen, Atomkernenergie 34 Nr. 3 (1979) 165

/5.54/ K. Schnitz, Sonnenenergie - Konkurrent zur Kernenergie? Atomkernenergie 34 Nr. 3 (1979) 177

/5.55/ G. Bruckmann et al., Sonnenkraft statt Atomenergie, Molden, Wien, 1978

/5.56/ L. Bauer, Buchkritik von /5.55/, Österr. Zeitschrift für Elektrizitätswirtschaft 31 Nr. 6 (1978) 206

/5.57/ Sonnenstromsatellit, ÖZE 32 Nr. 11 (1979) 506

/5.58/ Fortschritte bei Solarzellen, Energie Aktuell, Heft 1 (1980) 19

/5.59/ H. Hick et al., Computer Simulationsmodell für ein multivalent beheiztes Einfamilienhaus, Bericht AO112-PH-296/80, März 1980, Österr. Studiengesellschaft für Atomenergie, Forschungszentrum Seibersdorf; Bericht PH-319/81, März 1981

/5.60/ Strom aus Solarzellen unwirtschaftlich, Techn. Mitt. Ö. Ing. Verein Tirol, Nr. 4 (1980)

/5.61/ Prof. Gornik, Vortrag 19. 3. 1980, Innsbruck, Solarzellen-Wirkungsgrad praktisch max. 18%, theoret. max. 24%, Lebensdauer 10 - 20 Jahre. Zur Erzeugung nötige Energie modernste Zelle in ca 5 Jahren hereingebracht. Wöchentliches Reinigen nötig. Warme Zelle hat sinkenden Wirkungsgrad.

/5.62/ Wasserstoffproduktion und Sonnenenergie
siehe auch Abschnitt 14!, /5.35/ (S. 51), /5.24/ (S. 211), /5.30/ (S. 23)

1. Phil. Trans. Roy. Soc. London 295 (1980) 463
2. ibf Spectrum Nr. 277, 1. April 1977
3. G. Peschek, Photochem. Nutzung der Sonnenenergie, EuM 94 (1977) 49
4. Energy Conversion 18 Nr. 1 (1978) 1
5. Hammond, /1.17/ (S. 133)
6. Rummich, /2.2/ (S. 173)
7. div. Autoren, Photochemische und photobiologische Nutzung der Sonnenenergie, ASSA-Informationsdienst 4/1978, April 1978

/5.63/ Traum vom sonnengeheizten Wolkenkratzer ausgeträumt (Gewinn: 5% der benötigten Heizenergie) dpa 095 al, 17. März 1977

/5.64/ Sandia Laboratories, Midtemperature Solar Systems Test Facility

/5.65/ Faninger, Was die Sonnenenergie kostet, Trend Nr. 10 (1977)

/5.66/ B. Sørensen, Renewable Energy, Academic Press, New York, 1980

/5.67/ J. Bolton, Solar Power and Fuels, Academic Press, New York, 1977

/5.68/ H. Köfler, Sonnenenergie - Illusion oder Wirklichkeit, Techn. Rundschau Nr. 49, 26. November 1974

/5.69/ A. Brunner, Sonnenenergie zur Brauchwasserbereitung - eine fromme Illusion, Neue Züricher Zeitung Nr. 126, 4. Juni 1975

/5.70/ Sonnenenergie - kein Ersatz für Kernkraftwerke, SEV-Bulletin Nr. 10 (1975) 10

/5.71/ W. Häfele, Atomwirtschaft 20 Nr. 10 (1975) 498 (Landbedarf 40 km^2 für 1000 MW Sonnenenergie)

/5.72/ Pessimismus - Optimismus - Euphorie, SET-Sonnenenergietechnik Nr. 3, Februar 1976

/5.73/ Panda Report, Alternative Energie-Anlagen in der Schweiz, Schweizer Vereinigung für Sonnenenergie, Großbuch, Sept. 1979

/5.74/ H. Kleinrath, Solare Elektrizitätserzeugung, ÖZE 33 Nr. 5 (1980) 179

/5.75/ G. Stix, Vorstellung der 1. Sonnenenergieanlage Tirols, Frühjahr 1975

/5.76/ F. Cap, Sonnenenergie? Nein danke! "die industrie" 81 (13. Februar 1981) 25 - 26 und die "Presse" 19. Feber 1981

/5.77/ R. Dahlberg, Solarfarmen, VDI-Nachrichten Nr. 31 - 36; Technische Mitteilungen des Öst. Ing. Vereins Tirol Nr. 8 (1980)

/5.78/ Berichte und Informationen über Sonnenenergie Nr. 1/2, Februar 1981, Österreichische Gesellschaft für Sonnenenergie und Weltraumfragen, ASSA, Wien

/5.79/ Solar-Heizungssysteme 1981, Bericht einer Tagung, 20 - 21 Mai 1981, Wien, ibidem

/5.80/ Marktübersicht Jänner 1981: Kollektoren, Wärmepumpen, Brausewasserboiler, ibidem

/5.81/ Sonnenkraftwerke: Entwicklungsstand und Zukunftsaussichten aus internationaler Sicht, Jänner 1981, ibidem

/5.82/ Forschungsvorhaben der Internationalen Energieagentur auf dem Gebiet der Sonnenenergie, März 1981, ibidem

/5.83/ Der Sonnenenergiesatellit, März 1981, ibidem

/5.84/ "Energie in einer lebenswerten Umwelt", Tiroler Tageszeitung, Innsbruck, 12. Juni 1980

/5.85/ H. Cube, H. Steinle, Wärmepumpen, Düsseldorf, 1978

/5.86/ R. Milborn, Bivalente Heizung, Vortrag Österr. Ing. Verein, Innsbruck, 13. November 1980

/5.87/ H. Hick et al., Sonnenmeßstation Seibersdorf, Report PH-311/80, Oktober 1980

/5.88/ Sonnenenergie Informationsdienst ASSA, Nr. 9/1978, Sept. 1978

/5.89/ Solar- und Wärmepumpenanlagen in Österreich, ASSA-Informationsdienst Nr. 2/1980, Juni 1980

/5.90/ Prospekt Firma Stiebel-Eltron, Spittal a.d.Drau, 1980
siehe auch /1.72/, /1.73/, /2.2/

6 Geothermische Energie

/6.1/ Geothermische Energie für Kenia, Energie Aktuell 2 Nr. 6/7 (1978) 8

/6.2/ F. Janitschek, Geothermische Kraftwerke, Öst. Zeitschr. f. El. Wirtschaft 31 Nr. 11/12 (1978) 375

/6.3/ F. Fraß, Thermodynamik der geothermischen Energienutzung, ÖZE 32 Nr. 3 (1979) 109

/6.4/ F. Janitschek, Geothermische Kraftwerke, ÖZE 32 Nr. 4 (1979) 258

/6.5/ G. Lüttig, Heat from the Earth, Energy Developments Nr. 4 (December 1978) 28

/6.6/ P. Krüger, C. Otte, Geothermal Energy, Stanford University Press, Stanford, 1973 (Erdbebengefahr)

/6.7/ Access to Energy 1 Nr. 11; 2 Nr. 7; 2 Nr. 10; 3 Nr. 7

/6.8/ Faninger, 19. April 1978, Innsbruck "Erdbodenabkühlung ökologisch nicht zu verantworten"

/6.9/ Kosten und Risken geothermischer Energie, Energie Bulletin Nr. 1 (1980) 7

/6.10/ F. Fraß, Thermodynamik der geothermischen Energienutzung, ÖZE 32 Nr. 3 (1979) 209

/6.11/ F. Oszûszky et al., Geothermische Energie, ÖZE 33 Nr. 5 (1980) 172
siehe auch /1.8/, /1.13/, /1.14/, /1.15/, /2.2/, /2.5/

7 Meereswärme

/7.1/ siehe auch /1.8/ (S. 279)
/7.2/ siehe auch /2.1/ (S. 405, 421, 431, 433)
/7.3/ J. d'Arsonval, Revue Scientifique, 17. Sept. 1881
/7.4/ G. Claude, Power from Tropical Seas, Mech. Engin. 52 (1980) 1039
/7.5/ C. Zener, Solar Sea Power, Physics Today 26 (1973) 48 January 1972
/7.6/ siehe auch /1.14/ (S. 74)
/7.7/ siehe Rummich, /2.2/ (S. 145)
/7.8/ J. McGowan, Ocean Thermal Energy Conversion, Solar Energy 18 (1976)
/7.9/ W. Metz, Science 198 (October 1977) 180
/7.10/ siehe auch /1.2/ (S. 134)
/7.11/ Artikel in Access to Energy 1 (Dec. 1973), 2 Nr. 3 (Nov. 1974), 2 Nr. 11 (July 1975), 4 Nr. 6 (Feb. 1977), 5 Nr. 7 (March 1978), 5 Nr. 12 (Aug. 1978), 7 Nr. 1 (Sept. 1979)
/7.12/ siehe auch /5.66/

8 Bioenergie, Biosprit

/8.1/ Methanol als Energieträger, Energie Aktuell 2 Nr. 4/5 (1978) 18
/8.2/ Biogas in Österreich, Energie Aktuell 2 Nr. 8/9 (1978) 38
/8.3/ Energiegewinnung aus Biomasse in Schweden, Energie Aktuell Sonderheft 2 (1978)
/8.4/ F. Geiger, Stroh als Brennstoff, Energie Aktuell 3 Nr. 1 (1979) 6
/8.5/ N. Prohaska, Energieversorgung durch Biogas aus Stallmist, Energie Aktuell 3 Nr. 1 (1979) 13
/8.6/ Bioenergie in Österreich, Energie Aktuell 3 Nr. 2 (1979) 20
/8.7/ Energie aus Pflanzen, Energie Aktuell 3 Nr. 2 (1979) 33
/8.8/ E. Urban, Alkohol als Kraftstoff, Energie Aktuell 3 Nr. 3 (1979) 12

/8.9/ U. Sonnenschein, Rinde als Brennstoff, ibidem S. 26

/8.10/ P. Howald, Pyrolyse - Gratisenergie aus Abfall, ibidem S. 26

/8.11/ C. Thalhammer, Treistoffalkohol, Energie Aktuell 3 Nr. 4 (1979)4

/8.12/ V. Smil, Biogas Energy Supply, Energy international 14 (1977) 25

/8.13/ ÖZE 31 Nr. 1 (1978) 43

/8.14/ siehe /1.6/ (S. 129, 137, 142, 144)

/8.15/ Access to Energy 7 Nr. 5 (1. Jänner 1980)

/8.16/ siehe /1.15/ (S. 83)

/8.17/ A. Pickl, Energiebilanz der Feldfrüchte, Steirische Landwirtschaftskammer 1979

/8.18/ siehe /2.2/ (S. 117)

/8.19/ T. Reed, R. Lerner, Methanol, Science 182 (1973) 1299

/8.20/ E. Wigg, Methanol Critique, Science 186 (1974) 785

/8.21/ J. Papamarcos, Power from solid waste, Power Engineering September 1974, 46

/8.22/ T. Maugh, Fuel from wastes - a minor source, Sience 10 (November 1972) 599

/8.23/ A. Johnson, Biomass energy, Astronautics and Aeronautics November 1975, 64

/8.24/ C. Calef, Not out of the Woods, Environment 18 (September 1976) 17

/8.25/ E. Holzinger, Abfallstrohverwertung, Diplomarbeit, TU Wien, 1977

/8.26/ H. Stigler, Energiegewinnung aus Holz, Diplomarbeit, TU Wien, 1978

/8.27/ Artikel in Access to Energy 1 (Jan. 1974), 2 (Feb. 1974), 3 Nr. 2 (Oct. 1975), 5 Nr. 6 (Feb. 1978), 6 Nr. 7 (March 1979), 7 Nr. 5 (Jan. 1980)

/8.28/ Müll-Vergasung, Energie (Resch) 32 Nr. 2 (Feb. 1980) 38

/8.29/ O. Bobleter, Energie aus Biomasse, Vortrag 19. Okt. 1979, Ing. Verein Innsbruck, Techn. Mitteilungen ÖIAV Tirol Nr. 2 (1980)

/8.30/ BRD gegen agrarische Alkoholproduktion, Oel Service, Hamburg

/8.31/ Energieverluste bei Alkoholerzeugung, Access to Energy 6 Nr. 11 (Juli 1979)

/8.32/ siehe auch /5.40/ und Info öst. Kurat. Landtechnik Nr. 2 (1980)

/8.33/ Kühe als Warmwasserbereiter, HASTRA HEUTE Nr. 2 (1976)

/8.34/ Biomasse? Energie Bulletin Nr. 3 (1979)

/8.35/ L. Anderson et al., Fuels form Wastes, Academic Press, New York, 1977

/8.36/ EPRI Journal Nov. 1977, Minicipal Wastes - Problems or Opportunity?

/8.37/ Biosprit, Energie Aktuell Nr. 2 (1980) und Info siehe /8.32/

/8.38/ A. Schmidt, Bioelektrizitätserzeugung, ÖZE 33 Nr. 5 (1980) 169, siehe auch /5.62.6/

/8.39/ Vortrag Bolhar - Nordenkampf, Pflanzen als Energiequelle, 31. März 1981, Innsbruck

/8.40/ Biogaspotential in Östereich, Information 23/80 der Gesellschaft für neue Energietechnologien, Juni 1980

9 Windenergie

/9.1/ Nutzung der Windenergie in Österreich, Energie Aktuell 2 Nr. 1/2 (1978) 19

/9.2/ Windmühlenstrom in USA, ibidem, S. 25

/9.3/ Windenergie in der UdSSR, ibidem 2 Nr. 6/7 (1978) 33

/9.4/ H. Aitenberger, Windmühle, ibidem 3 Nr. 1 (1979) 8

/9.5/ Österreich. Windkraft, ibidem 3 Nr. 2 (1979) 36

/9.6/ Windenergie und Frachtsegelschiffe, Wise, weltweiter Energie-Informationsdienst Nr. 2 (Juli 1978)

/9.7/ F. Janitschek, Windkraftwerke, ÖZE 31 Nr. 11/12 (1978) 375

/9.8/ F. Janitschek, Windkraftwerke, ÖZE 32 Nr. 4 (1979) 257

/9.9/ siehe auch /2.2/ (S. 118)

/9.10/ 965 Windkraftwerke = 500 MW, für 75% der Zeit verfügbar, Power Engineering 83 Nr. 6 (1979) 64

/9.11/ Windenergie im Jahr 2000: nicht 1% des BRD Bedarfes, Energie 30 Nr. 7 (1978) 222

/9.12/ "Growian", Atomkernenergie 34 Nr. 4 (1979) 241

/9.13/ D. Inglis, Wind Power, University of Michigan Press, Ann Arbor

/9.14/ ÖZE 31 Nr. 11/12 (1978) 373

/9.15/ siehe auch /1.15/ (S. 57)

/9.16/ ÖZE 32, Nr. 4 (1979) 257 und 31 Nr. 11

/9.17/ P. Putnam, Power from the wind, D. Van Nostrand, New York, 1948

/9.18/ siehe /2.1/ (S. 441)

/9.19/ siehe /1.6/ (S. 122)

/9.20/ siehe /1.2/ (S. 137)

/9.21/ siehe /1.3/ (S. 282)

/9.22/ P. Thomas, Electric Power from the Wind, Federal Power Commission, Washington, D.C., 1945

/9.23/ C. Johnson et al., Wind Power, Power Engineering Oct. 1974, 50

/9.24/ N. Wade, Science 7 (1974) 1055, siehe /2.2/ (S. 118)

/9.25/ W. Kafka, Windenergie, Umweltschutz 13 (1976) 239

/9.26/ U. Hütter, Brennstoff - Wärme - Kraft 6 (1954) 270

/9.27/ P. Lissaman, Wind Energy Overview, Int. Energy Conv. Engin. Conf. 1976, 1734

/9.28/ E. Hewson, Power Generation from Wind, Bul. Am. Meteor. Soc. 56 Nr. 7 (July 1975) 66

/9.29/ K. Hohenemser, Environment 19 (Jan. 1977) 1

/9.30/ L. Johnson, Wind Power Digest 9 (1977) 24

/9.31/ B. Newman, Spacing of Wind Turbines, Energy Conversion 16 (1977) 169

/9.32/ H. Thirring, Windmills to Nuclear Power, Greenwood Press, New York, 1968

/9.33/ L. Zelby, Don't Get Swept Away by Wind Power Hopes, Bul. At. Sci. 32 (March 1976) 59

/9.34/ Artikel von Access to Energy 1, Oct. 1973, 2 Nr. 2 (1974), 6 (Feb. 1979),

/9.35/ Die Presse, 20. Februar 1980

/9.36/ Power Engineering 83 Nr. 6 (1979) 99

/9.37/ Energie 30 Nr. 7 (1978) 222

/9.38/ Windenergie in Österreich, Information 25/80 vom Juni 1980 der Gesellschaft für Energietechnologien, Wien

/9.39/ W. Trauner, Vortrag GTE Symposium, Graz, November 1979

10 Energie der Gezeiten und der Meereswellen

/10.1/ siehe /2.1/ (S. 475)

/10.2/ J. Feffreys, Nature 246 (1973) 346

/10.3/ T. Gray et al., Tidal Power, Plenum Press, New York, 1972

/10.4/ J. Isaacs, D. Seymour, Int. J. of Environmental Studies 4 (1973) 201

/10.5/ H. Sverdrup et al., The Oceans, Prentice Hall, Englewood Cliffs, New York, 1942

/10.6/ siehe /1.15/ (S. 57)

/10.7/ siehe /1.8/ (S. 279)

/10.8/ P. Garay, Consulting Engineer, Oct. 1974, 66

/10.9/ siehe /1.20/ (S. 54)

/10.10/ ÖZE 31 (Jänner 1978) 43

/10.11/ siehe /1.2/ (S. 141, 147)

/10.12/ siehe /1.3/ (S. 265)

/10.13/ siehe /2.2/ (S. 147)

/10.14/ H. Kayser, Wave Motion, Energy International 12 (1975) 19

/10.15/ P. Koske, Energie aus dem Meer, Universitas 32 Nr. 7 (Juli 1977) 693

/10.16/ Artikel in Access to Energy 1 (Dec. 1973), 3 Nr. 10 (June (1976), 6 Nr. 3 (Nov. 1978) 6 Nr. 12 (Aug. 1979)

/10.17/ siehe /5.66/

/10.18/ Power Engineering 83 Nr. 6 (1979) 99

/10.19/ U. Kaier, Energie 30 Nr. 7 (1978) 219, Nutzung Meereswellen entlang 250 km deutsche Küste bringt nur 3600 MW, zerstört aber alle Strände

/10.20/ S. Salter, Wave Power, Nature 249 (1974) 720

11 Schwerkraftmaschinen und anderes. Perpetuum Mobile sowie exotische Methoden

/11.1/ F. Cap, Ein parametrischer Dynamo, ÖZE 32 Nr. 8 (1979) 369

12 Kernenergie aus dem Uran

/12.1/ Grundtatsachen und Allgemeines

/12.1.1/ P. Endt, M. Demeur, Nuclear Reactions, North Holland, Amsterdam, 1959

/12.1.2/ H. Thirring, Die Geschichte der Atombombe, Phönixbücher, Neues Österreich, Wien, 1946

/12.1.3/ F. Cap, Physik und Technik der Atomreaktoren, Springer, Wien, 1957 und (russisch) F. Kap, Fizika i Tekhnika Yadernykh Reaktorov, MIR, Moskau, 1960

/12.1.4/ W. Heisenberg et al., Atomenergie, Verlag der Elektizitätswerke, Frankfurt, 1956

/12.1.5/ H. Thirring, H. Grümm, Kernenergie, Oldenbourg, München, 1963

/12.1.6/ H. Smyth, Atomic Energy, Princeton University Press, 1946

/12.1.7/ J. Fassbender, Einführung in die Reaktorphysik, Thiemig, München, 1967

/12.1.8/ D. Emendörfer, K. Höcker, Theorie der Kernreaktoren, 2 Bände, BI Hochschultaschenbücher, Bibliograph. Institut Mannheim, 1964

/12.1.9/ R. Schulten, W. Güth, Reaktorphysik, ibidem 1969

/12.1.10/ A. Galanin, Theorie der thermischen Kernreaktoren, Teubner, Leipzig, 1959

/12.1.11/ E. Gaul, Atomenergie oder Ein Weg aus der Krise? Rowohlt 1976

/12.1.12/ H. Wüstenhagen, Bürger gegen Kernkraftwerke, Rowohlt, 1975

/12.1.13/ W. Häfele et al., Fusion and Fast Breeder Reactors, Int. Instit. Appl. Systems Analysis, Laxenburg, 1977

/12.1.14/ K. Wirtz, K. Beckurts, Elementare Neutronenphysik, Springer, Berlin, 1958

/12.1.15/ Directory of Nuclear Reactors, 4 Bände, Int. At. En. Agency, Wien, 1962

/12.1.16/ Power and Research Reactors in Member States, May 1969 Edition, IAEA Wien

/12.1.17/ R. Jungk, Menschen im Jahr 2000, Umschau Verlag, Frankfurt, 1964 (eine pro-Schrift, obwohl von Jungk)

/12.1.18/ T. Rinderer, Sehr geehrter Herr Bundeskanzler, In Sachen Zwentendorf, Sensenverlag, Wien, 1978

/12.1.19/ Broda-Häfele-Lötsch-Weinzierl-Weisskoph-Weizsäcker, Kernenergie in Österreich, pro und contra, Springer, Wien, 1976

/12.1.20/ K. Winnaker, Schicksalsfrage Kernenergie, Econ, Düsseldorf, 1978

/12.1.21/ S. Hunt, Fission, Fusion and the Energy Crisis, Pergamon Oxford, 1974

/12.1.22/ D. Inglis, Nuclear Energy, its Physics and its Social Challenge, Addison Wesley, Reading, Mass., 1973

/12.1.23/ Gibt es eine Alternative zur Kernenergie? Wochenzeitung, Die Zeit, Sonderdruck Nr. 44-51, 22. Okt. - 9. Dez. 1977

/12.1.24/ Kernenergie - Moratorium? Kraftwerk Union, Mülheim-Ruhr, September 1977

/12.1.25/ Power Reactors of the World, IAEA Bull. 11 Nr. 1 (1969) 28

/12.1.26/ Österreich - Dokumentation, Kernenergie, 4 Bände, Bundespressedienst, Wien, 1977
1 Experten und Öffentlichkeit
2 Wirtschaftlichkeit, Abfall, Risiko, GAU
3 Sicherheit
4 Abwärmeproblematik, biolog. med. Fragen

/12.1.27/ Regierungsbericht Kernenergie, Bundeskanzleramt, Wien, 1977

/12.1.28/ H. Lutz, R. Weber, Die Wahrheit über Kernkraftwerke - zum Beispiel Wylerau, Verlag Lang, Bern, 1978

/12.1.29/ Initiative österr. Atomkraftgegner, Wie ist das mit den Atomkraftwerken wirklich? Selbstverlag Enns, 1978

/12.1.30/ Initiative österr. Atomkraftgegner, Wie ist das mit den Atomkraftwerken wirklich? G. Pfaffenwimmer, Wien, 1978

/12.1.31/ Thema Kernenergie. Fragen und Antworten, Verband der Elektrizitätswerke Österreichs, Wien, 1978

/12.1.32/ Gefährdet Kernenergie die Umwelt? W. Müller et al., Handelsblatt, Düsseldorf

/12.1.33/ Strom für die Zukunft, GKT-Gemeinschaftskraftwerk Tullnerfeld, Zwentendorf

/12.1.34/ Kernkraftwerke in Europa, EuM, Elektrotechnik und Maschinenbau 94 Nr. 12 (Dez. 1977)

/12.1.35/ Kernkraftwerke in der Bundesrepublik Deutschland, Deutsches Atomforum, Bonn, Juni 1977

/12.1.36/ Warum wir Zwentendorf brauchen, Verband der Elektrizitätswerke Österreichs, 1978

/12.1.37/ Energie, Kernenergie, Schweiz. Vereinigung für Atomenergie, Bern, Sept. 1976

/12.1.38/ Österr. Dokumentation, Kernenergie, ein Problem unserer Zeit, Bundespressedienst, Wien, 1976

/12.1.39/ Energie, von der man spricht, Deutsches Atomforum, Bonn

/12.1.40/ Breeder Reactors, Access to Energy 3 Nr. 11 (July 1976), 4 Nr. 8 (April 1977)

/12.1.41/ Projekt AGROTHERM, Access to Energy 4 Nr. 4 (Dez. 1976), 4 Nr. 7 (March 1977)

/12.1.42/ A. Sakharov, Spiegel, 19. Dezember 1977

/12.1.43/ Über politische Hintergründe der Atomgegner, Access to Energy 4 Nr. 8 (April 1977)

/12.1.44/ K. Schöpf, Kernspaltkraftwerk und Umwelt, ÖZE - Beilage "Das Kernkraftwerk", 19 (1977) 30

/12.1.45/ "Thermal pollution" (und Kraft-Wärme-Kupplung), siehe auch /12.1.41/

1. Beckmann, /4.1/ (S. 131) (Fischvermehrung)
2. Access to Energy 3 Nr. 6 (1. Feb. 1976)
3. K. Schöpf, siehe /12.1.44/ (S. 23)
4. Nützlicher Wärmemüll, Projekt Agrotherm, Bild der Wissenschaft, Sonderheft Kernkraftwerke (H. Haber)
5. Access to Energy 4 Nr. 4 (1. Dec. 1976), 4 Nr. 7 (1. March 1977)
6. T. Beresovski et al., Urban district heating using nuclear heat (survey), atomic energy review 17 Nr. 4 (1979) 915
7. S. Adams et al., Ecological Impacts Offshore Nuclear Power Plants, Nuclear Safety 20 Nr. 5 (1979) 582
8. D. Keller, HHT, Heizkraftwerk von morgen, Technische Rundschau 71 Nr. 17 (24. April 1979)(HHT = Heliumgekühlter Hochtemperaturgasturbinenreaktor, Techn. Rundschau 71 Nr. 8 (20. Feb. 1979)
9. H. Barnert, Wärmeversorgung durch Kernenergie, Atomwirtschaft (Oktober 1978) 452
10. Erstes Kernheizwerk in Gorki, SVA Bull. 22 Nr. 7 (1980) 12
11. Kernheizwerke im Kommen, Energie Bull. Nr. 4 (1979) 11
12. IAEA, Tech. Report Series Nr. 155, Thermal Discharges at Nuclear Power Stations, Wien, 1974
13. K. Höll, Gefährdung unserer Flüsse durch die Kühlwässer der Atomkraftwerke, Städtehygiene 12 (1971) 41
14. F. Ebner, H. Gams, Schwermetalle in der Donau, Öst. Abwasser Rundschau Nr. 3, 47
15. Henning et al., Nebelbildung durch Kühltürme, Energie und Technik Nr. 3 und 4 (1971)

16. R. Hofmann et al., Abwärmenutzung in der Landwirtschaft, Berichte, Amt für Wissenschaft und Forschung, Bern

/12.1.46/ G. Schwab, Morgen holt dich der Teufel, Bergland Buch, Salzburg, 1968 (Verschwiegenes von der Atomenergie)

/12.1.47/ Kernforschungsanlage Jülich, Kernfragen 1978 (Übersicht über Gesamtproblematik)

/12.1.48/ F. Cap, Energieprobleme, Kernkraftwerke und Umweltschutz, Gemeinwirtschaft Nr. 10 (1978) 2

/12.1.49/ M. Duret, Long Term Uranium Demand and Supply in Canada, Report NEACRP-L-233, October 1979, Chalk River Nuclear Laboratories

/12.1.50/ ÖNORM A7006, Grundbegriffe der Kernenergiewirtschaft

/12.1.51/ J. Hallerbach, Die eigentliche Kernspaltung, Luchterhand, Darmstadt, 1978

/12.1.52/ Nuklearprojekte Lybien und Mexiko, SVA-Bulletin 22 Nr. 11 (Juni 1980) 14

/12.1.53/ Energie, Kernenergie, Alternativen, Verband Elektrizitätswerke Österreichs

/12.1.54/ Nuclear Power Capacity Soars 25% Outside USA, News Release April 1980, Atomic Industrial Forum USA

/12.1.55/ Stand und Aussichten der Kernenergie in Westeuropa, Informationstagung, Zürich, 3. - 4. März 1980 (SVA)

/12.1.56/ The Savings With Nuclear Energy, und Recycling Nuclear Fuel, Atomic Industrial Forum, USA

/12.1.57/ IAEA - what it is, what it does, IAEA Wien, April 1978

/12.1.58/ Atomkraft - Ausweg oder Irrweg, Sonder-Nr. Neue Kronenzeitung (F. Graupe) 1978

/12.1.59/ Kernenergie erreicht in OECD 13% Versorgungsanteil, In/ /14/80 vom 4. März 1980, Verband E-Werke Österreichs

/12.1.60/ W. Barthel et al., Der unsichtbare Tod, Stern, Hamburg, 1979

/12.1.61/ K. Montanus, Die Anti-Kernkraft-Bewegung marschiert, Atomstrom 25 Nr. 3 (1979) 65

/12.1.62/ Manpower Development for Nuclear Power, Guidebook Technical Report Series 200, IAEA, Wien, 1980

/12.1.63/ Kosten von Atomstrom

1. J. Crowley, Nuclear Costs, nuclear engineering 23 (July 1978) 39

2. Kostenvorteil des Kernenergiestroms (4 Pf/kWh gegenüber Öl und Steinkohle), K. Künzel, Bayernwerk, In/ /25/80 vom 30. April 1980, ÖZE
3. Hinterhuber, Kosten der Kernenergie, Innsbruck 8. Nov. 1976 (50g/kWh statt 60g für konventionelles Dampfkraftwerk, Zwentendorf 45 g, Voigtsberg 60-70 g/kWh)
4. Kostenvergleich Kernkraft zu Kohle, Energie Bulletin Nr. 6 (1979)

/12.1.64/ W. Pollard, E. Schwarz, Eine theologische Betrachtung der Kernenergie, Atomstrom 25 Nr. 5 (Sept. 1979) 135

/12.1.65/ Atomkraftwerke nein, Dokumentation der österr. Atomkraftgegner, 1977 (Demonstrationsberichte u.a.)

/12.1.66/ J. Grawe, Kernenergie als Ölersatz, Energie 32 Nr. 1 (Jän. 1980) 1

/12.1.67/ siehe /4.53/ (Benzinerzeugung aus Kernkraft, siehe auch Energie 31 Nr. 6 (Juni 1979) 174)

/12.1.68/ K. Lorenz (Nobelpreisträger), Nuclear Power Stations, Austria Today 3 (1977) 26

/12.1.69/ Schweiz ersparte durch KKW Beznau und Mühleberg, die 46 Milliarden kWh lieferten, zehn Milliarden t Heizöl (2,4 Milliarden sfr) und kaufte statt dessen 6t U235 für 600 Mill. sfr (einschließlich Wiederaufbereitung und Abfalllagerung), Presse, 26. Juni 1978

/12.1.70/ H. Hirsch, Kernenergie: pro und contra, Phys. Blätter 33 Nr. 9 (1977) 385

/12.1.71/ Ford - Studie zur Kernenergie, Atomwirtschaft 5 (1977) 25

/12.1.72/ C. Weizsäcker, Friedliche Nutzung der Kernenergie-Chancen und Risken, Sonderdruck Nr. 26 (14. März 1978) 241 BRD Bulletin

/12.1.73/ E. Schmitz, Stimmen Sie Nein zu Zwentendorf, Flugblatt 1978 ("Pu zersetzt jedes Material")

/12.1.74/ E. Schmitz, Kein Atomtod für Österreichs Kinder, Flugblatt 1978 ("KKW = Gratisabonnement auf Strahlentod")

/12.1.75/ P. Weish, "Inbetriebnahme von Zwentendorf wäre keine Katastrophe, wäre umwelthygienisch bedeutungslos", Tiroler Tageszeitung, 23. Oktober 1978, Vortrag von W. in Innsbruck

/12.1.76/ H. Böck, Umweltbeeinflussung durch Kernenergie (Bergbau, Wiederaufbereitung, etc.), Umweltschutz Nr. 10 (1976) 246

/12.1.77/ G. Stix, Was ist, wenn wir auf Atomstrom verzichten? Tiroler Tageszeitung 22. Juli 1978

/12.1.78/ Osteuropa setzt auf Atomenergie, Tiroler Tageszeitung, 4. August 1978

/12.1.79/ Foratom, The Nuclear Power Industry in Europe, Foratom, Bonn, 1978

/12.1.80/ Kernenergie Adreßbuch Bundesrepublik Deutschland, 3. Ausgabe, Verlag Handelsblatt, Düsseldorf, Sept. 1979

/12.1.81/ S. Croall, K. Sempler, Atomkraft für Anfänger, Rowohlt, Reinbeck, 1980

/12.1.82/ Initiative österr. Atomkraftsgegner, Flugblatt "Anklageschrift" (gegen Benya, Androsch, Firnberg, Grümm, Häfele, Pindur, Plöckinger, Rothmayer etc., etc.)

/12.1.83/ Bevölkerung ungeschützt, Initiativ Nr. 8 (November 1978)

/12.1.84/ Anti-Atom-Kader täuschen Anhänger (Abschaffung der Großtechnologie gefordert), Energie Bulletin Nr. 1 (1980)

/12.1.85/ E. Münch, P. Borsch, Gibt es eine wissenschaftliche Kernenergiekontroverse? Atomwirtschaft Jänner 1977, 27

/12.1.86/ H. Bethe, Necessity of Fusion Power, Scientific American 234 (1976) 3

/12.1.87/ C. Hohenemser et al., The District of Nuclear Power, Science 196 (April 1977) 25

/12.1.88/ J. Surrey, Opposition to Nuclear Power, Energy Policy (Dec. 1976) 286

/12.1.89/ E. Broda, Nuclear Consultation, Nature 264 (1976) 103

/12.1.90/ H. Hirsch, H. Novotny, Nature 266 (1977) 107 (S. 103 und 104 über die österr. Informationscampagne, siehe auch /12.1.26/, Band 1)

/12.1.91/ G. Kolb, F. Niehaus et al., Der Energieaufwand für den Bau und Betrieb von Kernkraftwerken ("Nettoenergiebilanz"), KFA Jülich, Bericht Jül-2130, August 1975

/12.1.92/ M. Matthöfer, Kernenergie, BMf. Forschung Bonn, 1975

/12.1.93/ H. Kater, Atomkraftwerksgefahren aus ärztlicher Sicht, Sponholtz, Hameln, 1978

/12.1.94/ Bodo Manstein, Strahlen. Gefahren der Radioaktivität und Chemie, S. Fischer, 1978

/12.1.95/ K. Traube, Der Mythos vom unverzichtbaren Atomstrom, Spiegel Nr. 44 (Oktober 1979)

/12.1.96/ Böse Entdeckung - Chapman zeigt, Nettoenergiebilanz der KKW negativ, Der Unabhängige Nr. 1 (4. Jänner 1975) München

/12.1.97/ Europakorrespondenz Wien, Nr. 249/250 (Jän./Feb. 1976) Simon Wiesenthal, Ausrottung der Deutschen durch Atomenergie

/12.1.98/ Kernenergie, eine Bürgerinformation, BMf. Forschung und Technologie, Bonn, 1978

/12.1.99/ R. Gerwin, So ist das mit der Kernenergie, Econ, Wien, 1977

/12.1.100/ E. Münch, Tatsachen über Kernenergie, Girardet, Essen, 1980 (mit ausführlichen Literaturangaben)

/12.1.101/ F. Windhager, Kernenergie für Österreich, Band 4 der Schriftenreihe Sicherheit und Demokratie, Wien, 1980

/12.1.102/ W. Kelzer, Kernernergie, KF Karlsruhe, 1975

/12.1.103/ W. Koelzer, H. Grupe, Fragen und Antworten zur Kernenergie, Bonn, 1977

/12.1.104/ Kurier, Wien (4. Feb. 1976), Salzburger Nachrichten (4. Feb. 1976), Kurier (7. Feb. 1976 "Atomenergie technologisches Ungeheuer") - Bridenbaugh

/12.1.105/ Vorwärts, Sozialdemokratische Wochenzeitung, U. Rosenbaum, Gelbes Licht für KKW, Bonn Nr. 9 (26. Feb. 1976)

/12.1.106/ Dr. H. Gruhl, Mitgl. Deutscher Bundestag, Bonn (22. Feb. 1976), Debatte über Kernenergie

/12.1.107/ Reactors for Tomorrow's World (Schnelle Brüter), Kraftwerk Union 1554WS 1279 15 (November 1979)

/12.1.108/ Atomic Energy Commission, Japan, Annual Report 1976

/12.1.109/ W. Häfele, Kernenergie und ihre Alternativen, Atomwirtschaft 20 Nr. 10 (1975) 498

/12.1.110/ P. Lingens, Ende der Logik (der Atomgegner), Profil (28. April 1980) 13

/12.1.111/ Jahrbuch der Atomwirtschaft 1981, Handelsblatt, Düsseldorf, 1981

/12.1.112/ Woher das Kernkraftwerk seinen Brennstoff bekommt, Informationskreis Kernenergie, Bonn, 1977

/12.1.113/ Nucleare Haftpflichtversicherung
1. siehe /1.8/ (S. 237)

2. Nuclear Insurance, Access to Energy 3 Nr. 5 (Jan. 1976)
3. siehe /4.1/ (S. 76)
4. H. Braun, Die Versicherung von Kernkraftwerken, Atomwirtschaft - Atomtechnik Nr. 5 (Mai 1974) 227, Dekkungssumme über 1 Milliarde DM)
5. Kernenergiehaftpflichtsgesetz der Schweiz, SVA Bull. 3/4 (1980)
6. Österreichisches Atomhaftpflichtgesetz, BGBl. 117/ 1964
7. siehe /1.2/
8. Die Sicherheit von KKW aus der Sicht des Versicherers, Industrie 45 (5. Dez. 1976) 21

/12.1.114/ Druckwasserreaktor, Kraftwerke Union, Bericht KWU 295a (April 1976)

/12.1.115/ Kernkraftwerke mit Leichtwasserreaktoren, Kraftwerk Union, Bericht KWU 368 (März 1977)

/12.1.116/ Energiequelle Uran, Kraftwerk Union, Bericht KWU 405 (August 1977)

/12.1.117/ Energiequellen und ihre Chancen, Kraftwerk Union, Bericht KWU 266 (März 1977)

/12.1.118/ Schweiz. Vereinigung für Atomenergie, Die Versorgung Europas mit Kernbrennstoffen, Tagungsreferate, Zürich, 5. - 6. März 1979

/12.1.119/ J. Robertson, Nuclear Energy in Canada: The CANDU System, Report AECL-6328 (October 1979) und Science 199 (10. Feb. 1978) 657

/12.1.120/ Schweiz. Vereinigung für Atomenergie, Aussichten der verschiedenen Reaktorsysteme, Tagungsreferate, Zürich, 25. - 27. Jänner 1976

/12.1.121/ nuclear power quick reference II, General Electric, Nuclear Energy Group, Report GED-5542C

/12.1.122/ Deutsches Atomforum, Faktenpapier Kernthemen, Bonn, (März 1979)

/12.1.123/ H. Grupe, W. Koelzer, Fragen und Antworten zur Kernenergie, Informationszentrale der Elektrizitätswirschaft, Bonn, April 1980

/12.1.124/ K. Kegel, E. Stecker, B. Szeimies, Uranbedarf und Uranversorgung in der Bundesrepublik Deutschland, Deutsches Atomforum, Bonn, Oktober 1978

/12.1.125/ F. Klein, Uran - Exploration, Bergbau und Technik der Uranzerzaufbereitung, Deutsches Atomforum, Bonn, Okt. 1978

/12.1.126/ H. Dibbert, H. Mohrhauer, Urananreicherung, Konversion, Deutsches Atomforum, Bonn, November 1978

/12.2/ Kernreaktortechnik und Strahlenschutz
siehe auch /12.6/

/12.2.1/ H. Hausner, S. Roboff, Materials for Nuclear Power Reactors, Chapman and Hall, London, 1955

/12.2.2/ H. Kohler, Reaktortypen, Bericht RKÖ, Kraftwerk Union, Frankfurt/Main, Mai 1978

/12.2.3/ IAEA Technical Services and Assistance, IAEA, Wien, 1973

/12.2.4/ IAEA Recurring Inspection of Nuclear Reactor Steel Pressure Vessels, Technical Report Series Nr. 81, IAEA, Wien, 1968

/12.2.5/ IAEA Guide to the Periodic Inspection of Nuclear Reactor Steel Pressure Vessels, Technical Report Series Nr. 99, IAEA, Wien, 1969

/12.2.6/ Jahrbuch Bautechnik im Kraftwerksbau, Vulkanverlag Essen, 1976

/12.2.7/ S. Glasstone, Principles of Nuclear Reactor Engineering, van Nostrand, New York, 1955

/12.2.8/ F. Münzinger, Atomkraft - der Bau von Atomkraftwerken und seine Probleme, Springer, Berlin, 1975

/12.2.9/ H. Etherington, Nuclear Engineering Handbook, McGraw Hill, New York, 1958

/12.2.10/ Inspection and Enforcement by the Regulatory Body for Nuclear Power Plants, Safety Series 50-SG-G4, IAEA, Wien, 1980

/12.2.11/ Conduct of Regulatory Review and Assessment During the Licensing Process for Nuclear Power Plants, Safety Series 50-SG-G3, IAEA, Wien, 1980

/12.2.12/ R. Schulten, Nutzung der Kernenergie zur Veredelung fossiler Brennstoffe, zur Herstellung von Stahl und von chemischen Produkten, Westdeutscher Verlag, Opladen, 1977

/12.2.13/ W. Oldekopp, Einführung in die Kernreaktor- und Kernkraftwerkstechnik, Teil 1 und Teil 2, Thiemig, München, 1975

/12.2.14/ K. Vohra, Radiation Protection and Risk Analysis, IAEA Bulletin 20 Nr. 5 (1978) 35

/12.2.15/ Int. Commission on Radiological Protection, Recommendations, Nuclear Safety 20 Nr. 3 (1979) 330

/12.2.16/ KFA Bericht Jülich Nr. 1220 (1975) (max. 1% der natürlichen Strahlung)

/12.2.17/ Dekontamination nicht demontierbarer Einrichtungen, Kernenergie 22 Nr. 11 (1979) 373

/12.2.18/ K. Wellinger et al., Bruchgefahr Reaktordruckbehälter, Nucl. Eng. and Design 20 (1972) 215

/12.2.19/ R. Gopal et al., 3rd Conf. on Periodic Inspection of Pressurized Components, Proc. London, Sept. 1976

/12.2.20/ American Physical Society, Nuclear Reactor Safety, Rev. Mod. Phys. Suppl. 1, 47 (1975) und Physics Today (Juli 1975) 38

/12.2.21/ H. Seipel et al., Ergebnisse der deutschen Reaktorsicherheitsforschung, Atomwirtschaft 21 Nr. 6 (1976) 302

/12.2.22/ O. Voigt et al., Störfallursachen, Atomwirtschaft (Dez. 1973) 584

/12.2.23/ W. Jacobi, Strahlenschutzpraxis, Thiemig, München, 1962

/12.2.24/ R. Glocker, E. Macherauch, Röntgen- und Kernphysik, Thiemig, München, 1971

/12.2.25/ Öst. Ing. Zeitschrift 15 (1972) 333 (Sicherheitsbehälter)

/12.2.26/ General Atomic International, Der Hochtemperaturreaktor, Wien, September 1975

/12.2.27/ W. Mattich, J. Bugl, Hochtemperaturreaktor, Atomwirtschaft 20 (1975) 483

/12.2.28/ Commissioning Procedures for Nuclear Power Plants, Safety series 50-SG-04, IAEA, Wien, 1980

/12.3/ Biologisch-medizinische Strahlenprobleme

/12.3.1/ Institut Interuniversitaire des Sciences Nucléaires, Protection contre les radiations, Delporte, Mons, 1956

/12.3.2/ F. Wachsmann, Strahlenschutz geht alle an, Thiemig, München, 1969

/12.3.3/ M. Oberhofer, Strahlenschutzpraxis, Thiemig, München, 1972

/12.3.4/ M. Eisenbud, Environmental Radioactivity, Academic Press, New York, 1973

/12.3.5/ World Health Organisation, Health Implications of Nuclear Power Production, WHO-ICP/CEP 804 (1), Copenhagen, 1972

/12.3.6/ F. Kessler, Kernenergiegewinnung und Kernstrahlung, Vieweg, Braunschweig, 1969

/12.3.7/ P. Weish, E. Gruber, Radioaktivität und Umwelt, Fischer, Stuttgart, 1975 (S. 104: Milch 1200 pCi pro Liter)

/12.3.8/ L. Rausch, Strahlenrisiko, Piper, München, 1979

/12.3.9/ IAEA Seminar Wien (März 1979), Application of the dose limitation system for radiation protection, IAEA, Wien, 1979

/12.3.10/ R. Graeub, Die sanften Mörder, Atomkraftwerk demaskiert, Fischer, Frankfurt, 1977

/12.3.11/ Behaviour of Tritium in the Environment, Symposium, Oct. 1978, IAEA, Wien, 1979 (siehe auch /12.3.28/)

/12.3.12/ R. Lapp, The Radiation Controversy, Reddy Communications, Greenwich, Conn., 1979

/12.3.13/ G. Fuchs, Atomkrieg, Strahlenkrankheit, Strahlentod, Sensenverlag, Wien, 1964

/12.3.14/ Arbeitskreis Ökologie an der Universität Salzburg, Atomenergie, Selbstverlag, 1978

/12.3.15/ Radiation - a fact of life, IAEA, Wien, 1979 (Milch 1240 pC/lit)

/12.3.16/ Strahlenschutzkommission am BMf. Inneres, BRD, Vergleichbarkeit der natürlichen Strahlenexposition mit der Strahlenexposition durch technische Anlagen, Gesellschaft für Reaktorsicherheit, Köln, Dez. 1976

/12.3.17/ Nuclear Energy and the Environment, IAEA, Wien

/12.3.18/ Isotopes in Day to Day Life, IAEA, Wien, 1977

/12.3.19/ Biological Implications of Radionuclides Released from Nuclear Industries, IAEA Bulletin 21 Nr. 4 (1979) 51

/12.3.20/ Genetic Risks in Hiroshima, Access to Energy (1. May 1974)

/12.3.21/ Biological Implications of Radionuclides Released from Nuclear Industries, Proceed. Sympos. Vienna, 26 - 30 March 1979, IAEA, Wien, 1979

/12.3.22/ Sternglass Controversy

1. Access to Energy 5 Nr. 4 (Dec. 1977)
2. Beckmann, siehe /4.1/ (S. 141)
3. H. Böck, Analyse der Argumente von Sternglass, Naturwiss. Rundschau 27 Nr. 10 (Okt. 1974) 411
4. Univ. Prof. Vetter, Nuklearmedizin, Wien, siehe auch /12.3.12/
5. K. Ott, Das Sternglass Phänomen und die Wirkungen niedriger Kernstrahlungsdosen, Atomwirtschaft (Jänner 1972) 25
6. Harrisburg TMI and leukemia, Population Dose and Health Implication, Gov. Printing Office, Washington
7. Kein Anstieg der Kindersterblichkeit in Harrisburg, SVA Bulletin 22, Nr. 8 (April 1980) 12 (US Gesundheitsministerium)
8. To Sternglass' Report on Sr90 Levels in Milk (Dec. 1977)
9. US Environmental Protection Agency, 9. Aug. 1978, "Sr90 Levels in Milk" (Widerlegung von Sternglass), M. Goldman, Director, Radiobiology Lab., University of California
10. E. Sternglass, Sr90 Levels in Milk, Preprint (27. Oct 1977)
11. Sternglass Harrisburg Behauptungen unhaltbar, SVA Bull. 22 Nr. 6 (1980) 20 und Beilage Natur und Wissenschaft, Frankfurter Allgemeine (10. April 1980)
12. P. Hull, Statistics and Sternglass, 6th Health Phys. Soc. Sympos. Washington, November 1971
13. E. Sternglass, Low level radiation, Ballantine
14. Sternglass, Bull. At. Scientists 25 (1969) 18
15. Sternglass Refuted, Norwich Bulletin 10 Nr. 176 (13. Sept. 1978)
16. siehe die Kritik an den Fälschungen von Sternglass in /12.6.12.20/

/12.3.23/ Health effects of low level radiation (siehe auch unter /12.3.24/

1. Access to Energy 5 Nr. 8 (April 1978), 5 Nr. 9 (May 1978)
2. siehe /2.5/ (S. 227)
3. Frank Macfarlane-Burnet (Nobelpreisträger), Naturwiss. Rundschau 29 Nr. 9 (1976) 305 (Existenz einer Schwelle)
4. J. Gofman, A. Tamplin, Radiation Thresholds, Health Physics 21 (1971) 47
5. N. Frigerio et al., Report on Very Low Level Radiation, Argonne National Lab., 1975
6. N. Frigerio et al., Carcinogenic Hazard from Low Level Radiation, Argonne National Lab., Rep. ANL/ES--26 (1973)
7. B. Cohen, Gofman's radioactive radiation fantasies, Reason (März 1980) 24 (Sonderdruck : POBox 40105, Santa Barbara, Calif., 2,- $); Access to Energy 7 Nr. 8 (April 1980)
8. BEIR-Report, Effects on Population of Exposure to Low Levels of Ionizing Radiation, Nat. Research Council, Washington D.C., November 1972 (Hiroshima, Nagasaki)
9. Effects of Low Level Radiation, IAEA Press Release PR 80/8 (1979)
10. W. Jacobi, Strahlendosis und Strahlenrisiko, Atomwirtschaft 19 (Juni 1974) 278
11. O. Bobleter, Scriptum Strahlenschutzpraktikum, Univ. Innsbruck
12. A. Brill et al., Ann. Internal Medecine 56 (1962) 590
13. I. Bross, Leukemia from low level radiation, New Engl. J. Med. 287 (1972) 107
14. How concerned should we be about low-level radiation? IAEA, Wien, Juni 1980
15. J. Brown, Linearity or Nonlinearity of Dose Response for Radiation Carcinogenesis, Health Phys. 31 (1976) 231

/12.3.24/ Krebs und radioaktive Strahlung

1. Hanford, Access to Energy 6 Nr. 1 (Sept. 1978)
2. siehe die Literatur unter /12.3.23/
3. W. Jacobi, Strahlungsdosis und somatisches Strahlenrisiko, Atomwirtschaft (Juni 1974) 278

4. B. Cohen, Environmental Impact of Nuclear Power, University of Pittsburgh, Juli 1975

5. S. Jablon, Findings of the Atomic Bomb Casuality Commission, Nuclear Safety 14 Nr. 6 (Nov. 1979) 651

6. K. Trott, Gesundheitliche Gefährdung von Strahlenarbeitern. Die Hanford Befunde, atomwirtschaft Nr. 11 (1978) 513

7. Krebsrisiko, Kernenergie und Umwelt, atomwirtschaft 23 Nr. 3 (1978); siehe auch /4.36/ (Chancer risk analysis), /12.1.32/

8. K. Chadwick, H. Leenhouts, The Molecular Theory of Radiation Biology, Springer, Berlin, 1981

/12.3.25/ Krebs durch chemische u.a. nicht nukleare Umweltfaktoren (siehe auch /4.36/)

1. C. Keller, Atomkernenergie 30 (1977) 73

2. Beckmann, /4.1/ (S. 117), Karte von Krebshäufigkeitsverteilung und Lage fossil befeuerter Kraftwerke, siehe auch /4.14/ - /4.20/

3. K. Huppert, (Krebshäufigkeit in der Bundesrepublik), Atomwirtschaft-Atomtechnik Nr. 4 (April 1978) 111; siehe auch /12.3.12/

4. Rauchen und Lungenkrebs, Nuclear Power and Environment, Int. At. En. Agency, Wien, 1973

5. Benzpyren: a) siehe /4.36/ (S. 39) - 1 ng/m^3 = 48 Tote auf 1 Million oder 240 mrem/a
b) siehe /4.46/ (S. 31)

6. B. Carnow, P. Meier, Benzpyren, Arch. Environ. Health 27 (1974) 207

7. Benzpyren in der Luft von Bochum entspricht in gesundheitlicher Schädigung dem 300-fachen der erlaubten Strahlungstoleranzdosis, Access to Energy 7 Nr. 2 (Oct. 1979)

8. H. Glubrecht, Dose comparison radiation and chemical pollutants, Atomkernenergie 33 Nr. 2 (1979) 126

9. Mehr Krebs durch Kohlekraftwerke als durch Kernkraftwerke, vgl. /12.6.12.13/ Strahlung in der Umgebung von Kraftwerken. Kernenergie kontra Steinkohle, Die Presse (16. Juni 1979), Kohlekraftwerk Kamensko-Dneprowsk 70 mal gefährlicher als KKW Nowo-Woronesh, vgl.

Umweltverschmuter Kohle, Energie Bulletin Nr. 5 (1979) 7

10. Kohlekraftwerk 100 mal gefährlicher, Physikalische Blätter (Mai 1978) 237
11. Access to Energy 6 (März 1979)
12. Krebstodrisikovermehrung
    + 5.5 % durch Benzpyren in der Stadtluft
    + 19 % durch Emission von Kohlekraftwerken
    + 41.9 % durch gesamte Luftverschmutzung
    + 0.06% durch Kernkraftwerke
    IAEA Bulletin 20 Nr. 5 (Oktober 1978) 35
13. Luftverschmutzung und Lungenkrebs (Steiermark), Schwierigkeiten des Beweises der Zunahme oder Abnahme der Häufigkeit einer Krankheit, M. Ratzenhofer, Pathologe, 23. März 1978 an Cap
14. Royal Society Study Group, Long Term Toxic Effects, Juli 1978
15. W. Jacobi, Radiologische und chemische Umwelteinflüsse, Atomkernenergie 24 (1974) 217
    siehe auch /4.14/ - /4.20/, /12.3.23.10/

/12.3.26/ Reparaturmechanismus in der Zelle gegen Strahlenschäden

1. H. Altmann, Institut für Biologie, Forschungszentrum Seibersdorf
2. P. Pellerin, Reparaturmechanismus von Strahlenschäden, atomwirtschaft (1975) 617
3. W. Jacobi, atomwirtschaft (Juni 1974)
4. siehe BEIR-Report, /12.3.23.8/
5. Lapp /12.3.12/, siehe auch /12.3.24.8/
6. P. Hanawalt, R. Haynes, The repair of DNA, Scientific American (February 1967)

/12.3.27/ Umweltschutz durch Kernkraftwerke

1. L. Wilson, Langzeitprognosen der Energieversorgung, MIT
2. W. Haefele, International Institute for Applied System Analysis, Laxenburg
3. Dokumentation M23, Verband der Elektrizitätswerke Österreichs
4. Environmental Impacts of Nuclear Energy, UN Environment Programme Report ERS-2-79, Nairobi (Sept. 1979)

5. Energie von der man spricht. Eine Information des Deutschen Atomforums
6. H. Büker et al., Kernenergie und Umwelt, Studie BMf. Technologie, BRD, Jul-929-HT-WT (1973)
7. F. Cap, Energieprobleme, Kernkraftwerke und Umweltschutz, Gemeinwirtschaft Nr. 10 (1978); UNI-Press (Ende October 1978)
8. siehe /1.22/
9. K. Schöpf, Kernspaltungskraftwerk und Umwelt, Das Kernkraftwerk 19 Nr. 2 (1977) 21
10. Prof. Hug, Institut für Strahlenbiologie, Universität München, siehe /12.3.39/
11. siehe /12.1.48/, /12.1.75/, /12.1.76/, /12.3.43/, /12.3.54/
12. Nuclear Power and the Environment, American Nuclear Society, Hinsdale, Ill., 1976

/12.3.28/ Tritium

1. L. Farges, D. Jacobs, The behaviour of tritium in the environment, Atomic Energy Review 17 Nr. 1 (März 1979) 213 (natürlichen T-Vorkommen etc.)
2. siehe /12.3.11/
3. siehe /12.3.31/ (S. 50) - T-Aufnahme durch Fischessen
4. C. Folkers et al., Tritium Containment, Report UCRL-52627 (18. Dec. 1978)
5. Tritiumfreisetzung, atomwirtschaft Nr. 5 (1979) 231
6. Tritiumfreisetzung in Windscale (20.000 C/Jahr) = Feisetzung der schweiz. Uhrenindustrie, IAEA Press Release 78/26
7. Tritium-Produktion in der Natur, Phys. Rev. 105 (1957) 1125

/12.3.29/ Radioaktivität von Nahrungsmitteln, insbes. Milch etc., siehe auch /12.3.31/

1. BMf. Gesundheit und Umweltschutz, Radioaktivitätsmessungen in Österreich 1970 - 1974 (Luft in Zwentendorf, Donauwasser 1,4 - 5,6 pC/l, Kuhmilch 970 - 1390 pC/l)
2. GKT Tullnerfeld, Radiologische Beweissicherung 1976, Luft, Kuhmilch 1106 - 1318 pC/l (auch Angaben über derzeitige Luftradioaktivität in Zwentendorf)

3. Radioaktivität in ASTRA-Abwasser (292 pC/l), Bohnen (11.800 pC/l), Brot (1.890 pC/l), Kartoffeln (3.720 pC/l), Leuchtziffernblatt Armbanduhr (490 pCi), Milch (1.200 pC/l), siehe in /12.3.39/ (S. 21)
4. Natürliche Radioaktivität in der Donau 1.5 - 1.6 pC/l, Jahresmittelwert 2.6 pC/l, A. Frantz, E. Wanderer, in Wasser und Abwasser (1974) 9
5. Natürliche Strahlungsbelastung (Gebäude, Rö-Diagnostik, Nahrung, etc.), sgae querschnitt, Sonder Nr. I/77 (S. 9)
6. 17. Bericht der eidgenöss. Kommission zur Überwachung der Radioaktivität 1973, Schrift N 2/1974, Bulletin Eidgen. Gesundheitsamt vom 21. Sept. 1974, Beilage B, Seiten 166-167 (auch 1500 pC pro Liter Milch gemessen - Kalium 40 im wesentlichen)
7. Radiologische Beweissicherung GKT, 1977
8. Sources and effects of ionizing radiation, United Nations, Scientific Committee on Atomic Radiation, Report to the General Assembly, 1977
9. Radioactivity of common liquids (hier Milch), Questions and Answers, Seite 30, American Nuclear Society 1976 (Milch 1400, Whisky 1200 pC/l)
10. 19. Bericht der eidgen. Kommission, siehe oben unter 6. - gibt für 1975 auf Seite 6: 1700 pC/l Milch Vergleiche Zwentendorf Abwasser in der Donau: 2 pC/l (siehe 11. - 14.)
11. Genehmigungsbescheid für das Kernkraftwerk Zwentendorf, BMf. Gesundheit und Umweltschutz
12. Sicherheitsbericht GKT Tullnerfeld Band 1, April 1971 (KWU)
13. Dipl.-Ing. Pechacek, Dipl.-Ing. Binner, pers. Mitteilung (Kühlwassermenge 35m^3/sec, Donau 800-1850 m^3/s, bei 6000 Betriebsstunden 2,14 pC/l kaum je erreicht im Kühlwasser. Mit Daten 1974 - 1976 Biblis wäre Zwentendorf 0,42 pC/l); Spinat: 5285 pC/kg, Abluft Zwentendorf 0,3 C/h
14. Krawczynski /12.5.1/ (S. 30)

15. Weish - Gruber in /12.3.7/ geben auf Seite 104 an, daß 1 l Milch allein an K-40 die Aktivität 1200 pCi enthält
16. F. Ludwieg, Radioaktive Isotope in Futter- und Nahrungsmitteln, Thiemig, München 1962
17. Radiologische Beweissicherung 1974, Gemeinschaftskernkraftwerk Tullnerfeld (Luft in Zwentendorf 3 - 14 pCi/m^3)
18. Anreicherung radioaktiver Stoffe in der Nahrung, Initiativ Nr. 4 (23. Juni 1978)
19. E. Broda, Eintritt von Spurenelementen in die Nahrungskette, Nat. wiss. Rundschau 26 (1973) 381

/12.3.30/ BM des Inneren der BRD, Stellungsnahme der Strahlenschutzkommission, Vergleichbarkeit der natürlichen Strahlenexposition mit der Strahlenexposition durch kerntechnische Anlagen

/12.3.31/ Kontrollierte Freisetzung radioaktiver Stoffe aus Kernkraftwerken, RWE, Essen, siehe auch /12.3.19/
1. Bericht über Freisetzung (deutsche Bundesregierung) "Umweltradioaktivität und Strahlenbelastung 1975", Drucksache 8/311 vom 22. April 1977
2. T. Decker et al., Releases from Nuclear Power Plants, 1972 - 1977, Nuclear Safety 20 Nr. 4 (1979) 468
3. Abgaben in der EG, Atomwirtschaft Nr. 12 (1979) 606, 612 und Nr. 11 (1978) 544, 527; 21 Nr. 12 (1976) 590
4. R. Blanchard et al., Radionuclides Discharged, Nuclear Safety 20 Nr. 2 (1979) 190
5. W. Schüller, Atomwirtschaft 23 Nr. 7/8 (1978) 330 und Atomkernenergie 33 Nr. 1 (1979) 47
6. Wobrauschek, Elektrotechnik und Maschinenbau (EuM) 91 (1974) 324
7. K. Küffer, ÖZE 29 Nr. 7 (1976) 295

/12.3.32/ Natürliche Radioaktivität (500 mrem) in Kerala, M. Riordan, Radiological Protection Bulletin Nr. 8 (Juli 1974)

/12.3.33/ K. Aurand et al., Die natürliche Strahlenexposition des Menschen, Thieme, Stuttgart, 1974

/12.3.34/ Z. Bacq, Grundlagen der Strahlenbiologie, Thieme, Stuttgart, 1958

/12.3.35/ A. Casarett, Radiation Biology, Prentice Hall, London, 1968

/12.3.36/ H. Dertinger, H. Jung, Molekulare Strahlenbiologie, Springer, Berlin, 1969

/12.3.37/ H. Fritz-Niggli, Strahlengefährdung, Strahlenschutz, Huber, Stuttgart, 1975 und Strahlenbiologie, Thieme, Stuttgart, 1959

/12.3.38/ O. Hug, Strahlenschäden und Strahlenschutz, atomwirtschaft (1971) 294

/12.3.39/ Die Dosisbelastung der Bevölkerung durch den ASTRA Reaktor in Seibersdorf, sgae querschnitt, Sondernummer I-1975, siehe auch Strahlenbelastung im Forschungszentrum Seibersdorf, Seibersdorf Journal Nr. 4 (1980) - 124 mrem/Jahr

/12.3.40/ Bundesärztekammer, Gefährdung durch Kernkraftwerke, Deutsches Arzteblatt Heft 41 (Okt. 1975) 2821

/12.3.41/ J. Bride et al., Radiological Impact of Airborne Effluents of Coal and Nuclear Plants, Science 202 (8. Dec. 1978) 1045 (höhere Strahlungsbelastung durch Kohlekraftwerke als durch KKW)

/12.3.42/ K. Schöpf, Kernspaltungskraftwerk und Umwelt, Das Kernkraftwerk 19 Nr. 2 (1977) und Beilage zu ÖZE 30 Heft 9 (1977)

/12.3.43/ D. Teufel et al., Tutorium Umweltschutz Heidelberg, Radioökologisches Gutachten Wyhl, Mai 1978

/12.3.44/ Widerlegung von /12.3.43/, siehe Dokumentation der Bundesregierung (BRD), Zur friedlichen Nutzung der Kernenergie und Nuclear Regulatory Commission Widerlegung Atomic Industrial Forum, Info (February 1980)

/12.3.45/ Heiltherapeutische Wirkung radioaktiver Strahlung

1. ibf Report (23. Juni 1978)
2. E. Broda, Gibt es biopositive Wirkungen ionisierender Strahlung, Biologie in unserer Zeit 3 Nr. 4 (S. 108)
3. J. Pohl-Rüling, F. Scheminzky, Strahlentherapie 95 (1954) 267
4. F. Scheminzky, 25 Jahre Bäderforschung Gastein, Badgasteiner Blatt Nr. 35 und Nr. 36 (1961)

/12.3.46/ Strahlenschutz in Kernkraftwerken, Österr. Ing. Zeitschrift 21 Nr. 10 (1978) (einschl. Abfallbeseitungung, Beweissicherung etc.)

/12.3.47/ KKW nicht Ursache für weiße Spatzen, AP 24. April 1980, bayrischers Umweltministerium

/12.3.48/ Strahlungsdosis im Doppelbett vom Ehepartner ist in 8 Stunden 30 mal größer als bei einem KKW leben, Prof. Teller zitiert SAFE, Monroeville, 1978

/12.3.49/ K. Trott, Gesundheitliche Gefährdung strahlenexponierter Personen, Atomwirtschaft 23 Nr. 11 (1978) 513

/12.3.50/ O. Huber, Strahlenexposition durch kerntechnische Anlagen, Bericht Nr. 5 (1976), Institut für Strahlenhygiene

/12.3.51/ Strahlenkarte Österreichs, BMf. Gesundheit und Umweltschutz, Wien, 1975

/12.3.52/ A. Steward et al., Radiation Exposure of Hanford Workers, 10th Symposium Health Phys. Soc. Saratoga Springs, New York (11 - 13. Oct. 1976)

/12.3.53/ J. Sevc, Lung Cancer in Uranium Miners, Health Phys. 30 (1976) 433

/12.3.54/ Flowers Report, Royal Commission on Environmental Pollution, 6th Report Nuclear Power, London (1976) H. Maj. Stationary Office

/12.3.55/ H. Reuter, Ausbreitunsbedingungen von Luftverunreinigungen, Arch. Met. Geophys. Biokl. Ser. A 19 (1970) 173

/12.3.56/ C. Mays, Strahlenwirkung am Menschen, Health Physics 25 (1973) 585, 19 (1972) 713

/12.3.57/ Natürliche Radioaktivität in Baumaterialien und in Häusern

1. F. Steinhäusler, Dissertation Innsbruck, 1972 (Die natürliche Radioaktivität von Baumaterialien und der Luft in Wohnungen)
2. F. Steinhäusler, Health Physics 29 (1975) 705
3. J. Pensko, Somatic and genetic risks due to natural radiation of buildings, Kerntechnik 17 (1975) 533
4. Höhere Radioaktivität in wärme isolierten Häusern, Access to Energy 7 Nr. 10 (Juni 1980)
5. H. Hurwitz, Are Solar homes more radioactive? Amer. Nucl. Soc. (1980)

6. B. Cohen, Health of Effects of radon from insulation of buildings, Health Physics 39 (1980) 937
7. P. Beckmann, Hearings Dept. of Energy, 27. Feb. 1981, US House of Representatives
8. Nat. Bureau of Standards, NBS Publication 581, Radon in Buildings, US Gov. Printing Office, Washington, D. C., June 1980
9. siehe auch /12.3.12/
10. Access to Energy 8 Nr. 8 (April 1981)

/12.3.58/ hot particles
1. W. Jacobi, Problem der heißen Partikel, Atomkernenergie 28 (1976) 29
2. B. Rajewsky et al., Heiße Teilchen, Atompraxis 8 (1962) 237

/12.3.59/ IAEA, Environmental Behaviour of Radionuclides, IAEA, Wien, 1973

/12.3.60/ IAEA, Impacts of Nuclear Releases Into the Aqueous Environment, IAEA, Wien, 1975

/12.3.61/ IAEA, Environmental Surveillance Around Nuclear Installations, IAEA, Wien, 1974

/12.3.62/ Reaktorsicherheitsinstitut Wien, 27. März 1980, Brief an Cap

/12.3.63/ A. Barthelmeß, Die Strahlenschädigung des Erbgutes, Bericht K 19, Gesellschaft für Strahlenforschung, München

/12.3.64/ K. Haberer, Radionuklide im Wasser, Thiemig, München, 1964

/12.3.65/ R. Kaplan, Gefährdung der Erbanlagen durch Strahlen, Naturwissenschaften 44 (1957) 433

/12.3.66/ D. Nachtigall, Physikalische Grundlagen für Dosimetrie und Strahlenschutz, Thiemig, München, 1971

/12.3.67/ SVA Tagung Zürich, 16. - 28. März 1973, Allgemeine Strahlenbelastung des modernen Menschen

/12.3.68/ A. Tamplin, J. Gofman, Population control through nuclear pollution, Nelson Hall, Chicago, 1970

/12.3.69/ G. Mehl, Radioaktivmessung am lebenden Körper, Atomkernenergie Nr. 11/12 (1956) 383

/12.3.70/ IAEA, Biological Implications of Radionuclides released from nuclear industries, Vienna, Dec. 1979, 2 vols

/12.3.71/ A. Martin, Radiation Protection, Chapman-Hall, London, 1979

/12.3.72/ Commission Europ. Comm., Radiologische Belastung durch natürliche Radioaktivität, Luxembourg, Feber 1980

/12.3.73/ W. Camplin, Radiological Impact of Coal fired Power Stations, Report ISBN 0 85951138-3, HM Stationary Office, London und SVA Bull. 23 Nr. 3 (Februar 1981) 14

/12.3.74/ Wholesomeness of irradiated food, FAO and WHO, Rome, 1977 und Food Irradiation Newsletter, List of Clearances, IAEA, Wien (monatlich)

/12.4/ Kernexplosivstoffe, Atomkrieg, Plutonium, Proliferation

/12.4.1/ T. Ginsburg, Die friedliche Anwendung von nuklearen Explosionen, Thiemig, München, 1965

/12.4.2/ V. Schuricht, Kernexplosionen für friedliche Zwecke, Vieweg, Braunschweig, 1977

/12.4.3/ G. Dean, Atomwaffen oder Isotope, Bohrmann Verlag, Wien, 1955

/12.4.4/ Atomkrieg - wie schütze ich mich? Ringier, Zofingen, 1950

/12.4.5/ J. Braun, Schutz vor Atombomben, Prinzhorn, Solbad Hall, 1951

/12.4.6/ S. Melman, Fallout Shelters, Grove Press, New York, 1961

/12.4.7/ U. Jetter, Atomwaffen, Physik Verlag, Mosbach, 1962

/12.4.8/ National Survival-Handbook of Civil Defence, US Dept. Health, Education and Welfare, US Government Printing Office, Washington, 1956

/12.4.9/ Atomiv Warfare Defence, Navy Training Courses, US Government Printing Office, Washington, 1955

/12.4.10/ R. Schrader, Die Wirkungen von Kernexplosionen, Umschau Verlag, Frankfurt, 1958

/12.4.11/ G. Reinhard, W. Kintner, Atomwaffen im Landkrieg, Verlag Wehr und Wissen, Darmstadt, 1955

/12.4.12/ IAEA-Symposium Wien, März 1978, Problems associated with the export of nuclear plants, IAEA, Wien, 1978

/12.4.13/ siehe /12.6.5/ (S. 208)

/12.4.14/ P. Stevens, H. Claibone, Weapons Radiation Shieldings Handbook, Defence Support Agency, Washington D. C., 1970

/12.4.15/ S. Glasstone, The Effects of Nuclear Weapons, US Government Printing Office, Washington, 1957

/12.4.16/ A short history of non-proliferation, IAEA, Wien, 1976

/12.4.17/ Selbstbau einer Atombombe aus Reaktorplutonium

1. siehe /12.1.19/ (S. 31)
2. M. Willrich, T. Taylor, Nuclear Theft, Ballinger Publisher, Cambridge, Mass., 1974, siehe auch /12.4.20.6/
3. siehe /12.6.5/ (S. 216)
4. siehe /2.5/ (S. 339), /4.1/
5. siehe /1.2/ (S. 244, 248-251)
6. siehe /12.1.40/ (S. 16)
7. siehe /12.1.27/ (S. 167)
8. siehe /12.5.8/ (S. 37)
9. Access to Energy, 1 April 1974, 1 April 1975, 1 Sept. 1975, 1. April 1976, 1. April 1977, 1 Jan. 1978
10. A. Lovins, Nuclear Weapons and power-reactor plutonium in Nature, (Access to Energy 7 Nr. 9, May 1980)
11. siehe /12.6.39/ bezgl. Reaktorplutonium
12. Wirkung einer Handgranate - Kernenergie und Umwelt, Atomwirtschaft (Juli 1978)
13. W. Meyer et al., The homemade nuclear bomb syndrome, Nuclear Safety 18 Nr. 4 (1977) 427

/12.4.18/ Die Kernmaterialüberwachung in der BRD, Deutsches Atomforum, Bonn, Oktober 1977, siehe auch /12.4.26/

/12.4.19/ Plutonium als Gift

1. B. Cohen, The Hazards of Plutonium Dispersal, University of Pittsburgh, July 1975
2. A 27 years study of selected Los Alamos plutonium workers, Report LA-5148-MS, Los Alamos Scientific Laboratory, Jänner 1973
3. Access to Energy, Sonderausgabe "Plutonium Toxicity"
4. G. Dolphin, Hot Particle, Radiotopical Protection Bulletin Nr. 8 (July 1974)
5. H. Jordan, Distribution of Plutonium, Proceed. Environmental Plutonium Symposium LA 4756 (Aug. 1971) 21 - 24
6. H. Grümm, Wissenswertes über Plutonium, sgae-querschnitt Sonder-Nr. I/77

7. R. Rothmayer, Plutonium als Schreckgespenst, Die Presse, 9. April 1977
8. Plutonium-Toxizität, Nachr. Chem. Techn. 22 Nr. 19 (1974) 411
9. Pu-Sonderheft Health Physics 29 Nr. 4 (1975)
10. J. Edsall, Pu-Toxicity, Bull. At. Scientists (Sept. 1976) 27
11. W. Bair, Adv. Radiation Biol. 4 (1974) 255
12. W. Bair et al., Plutonium: Biomedical Research, Science 183 (1974) 715
13. J. Healy, Plutonium Health Implication, Health Phys. 29 (1975) 441
14. IAEA, Transuranium Nuclides in the Environment, IAEA, Wien, 1976
15. M. Thorne et al., Nature 263 (1976) 555
16. Pu the most toxic material, NRP Board, Harwell, Radiotopical Protection Bulletin 9 (1974) 54 (Tritium 200 mal so radiotoxisch als Pu)
17. Plutonium Toxizität und die Manipulation von Tamplin und Cochran, um die Krebserzeugung durch heiße Teilchen zu "beweisen", Nachr. Chem. Techn. 22 Nr. 19 (1974) 411
18. J. Weiss et al., Intestinal Absorption of Pu, Health Physics 37 Nr. 6 (1979) 821
19. G. Voelz, Medical Follow-up of Plutonium Workers, Health Phys. 37 Nr. 4 (1979) 445
20. J. Stanley et al., Inhalation Toxicology of Pu, Health Phys. 35 Nr. 6 (1978) 888
21. G. Guilmette et al., Influence of injected Pu, Health Phys. 35 Nr. 4 (1978) 529
22. Toxicity of Inhaled Hot Pu Particles, Radiation and Environmental Biophysics 15 Nr. 1 (1978)
23. B. Cohen, Hazards of Pu toxicity, Bull. Amer. Phys. Soc. 23 (1978) 165
24. Pu Entfernung aus dem menschlichen Körper, Access to Energy 8 Nr. 3 (Nov. 1980)

/12.4.20/ Proliferation der Atomwaffen

1. H. Espiell, Treaty for the Prohibition of Nuclear Weapons, IAEA Bull. 20 Nr. 5 (Oct. 1978) 25

2. H. Heger, Internationale Kernmaterialüberwachung 1978, Atomstrom 24 Nr. 6 (Nov. 1978) 152
3. G. Meyer-Wöbse, Schutz von Kernmaterial, Atomwirtschaft (Dez. 1978) 599, siehe auch (Mai 1978) 209
4. W. Marschall, Plutoniumhandel dämmt Proliferation, SVA-Bull. 22 Nr. 7 (1980) 11
5. Nonprofilerationspolitik, Seminar Salzburg 4. - 16. Sept. 1978, Atomwirtschaft Nr. 2 (1979) 99
6. T. Taylor, Nuclear Safeguards, Annual Review Nucl. Science 25 (1975)
7. IAEA Safeguards, Treaty on non-proliferation of nuclear weapons, IAEA, Wien
8. Control of Nuclear Material, IAEA Bulletin 17 Nr. 2 (1975) 18
9. R. Bödege et al., Spaltstoffüberwachung in KKW, Atomwirtschaft 21 Nr. 3 (1976) 135
10. Keine Pu-Verluste 1976 - 1977, IAEA Press Release PR 78/15, siehe auch /12.4.18/ und /12.4.16/

/12.4.21/ Neutronenbombe, F. Winterberg, Atomkernenergie - Kerntechnik 34 Nr. 2 (1979) A30

/12.4.22/ E. Münch, Die Sicherung kerntechnischer Anlagen gegen Sabotagen, Atomkernenergie 33 Nr. 3 (1979) 229

/12.4.23/ F. Lewis, H-Bombe vermißt, Bertelsmann, 1967

/12.4.24/ K. Münnich, Durch Atomexplosion erzeugter Radiokohlenstoff, Naturwiss. 45 (1958) 327

/12.4.25/ L. Pauling, No more war, Dodd and Mead, New York, 1960

/12.4.26/ N. Gyldèn, Risks for illegal production of nuclear explosives, Report FOA-4 C 4567-T3, Stockholm

/12.4.27/ Sabotage

1. US Nuclear Regulatory Commission, Sabotage safety nuclear power plants, Nuclear Safety 17 (1976) 665
2. C. Chester, Threat to public from nuclear terrorists, Nuclear Society 17 Nr. 6 (1976) 659
3. S. Barragher, Coal and nuclear energy generation, Stanford Research Institute, Report to NSF, Menlo Park, 1970
4. B. Cohen, Plutonium disposal hazards, Oak Ridge, Institute for Energy Analysis, 1975

5. A. Duchêne, International Symposium on Radiation Protection Measurements, Aviemore, Scotland, July 1974, Luxembourg Commission of Europ. Comm. EUR 5397e (1975)

6. siehe /12.4.22/, /12.6.39/, /12.6.59/

/12.4.28/ F. Kamelander, Neutronenwaffen, Juli 1980

/12.5/ Radioaktive Abfälle

/12.5.1/ S. Krawczynski, Radioaktive Abfälle, Thiemig, München, 1967

/12.5.2/ P. Beckmann, The Non-Problem of Nuclear Wastes, Golem Press, Boulder, 1979

/12.5.3/ Arbeitsgruppe "Wiederaufbereitung", Atommüll - Der Abschied von einem teuren Traum, Rowohlt, 1977

/12.5.4/ R. Gerwin, So ist das mit der Energieversorgung, Econ, Düsseldorf, 1978

/12.5.5/ siehe /12.6.5/ (S. 161)

/12.5.6/ Proceed. Workshop Brussels, Jan. 1979, The migration of long-lived radionuclides in the geosphere, OECD, 1979

/12.5.7/ Die Entsorgung der Österreichischen Kernkraftwerke, 2 Teile, Arbeitskreise Kernbrennstoff und radioaktiver Abfall, Wien, Oct. 1976, siehe auch /12.6.2/

/12.5.8/ Aktuelle Themen der Kernenergie, Report Jül-Conf-24, Dec. 1977, Kernforschungsanlage Jülich (Abfälle, Plutonium)

/12.5.9/ Die nukleare Entsorgung in der Schweiz, Verband schweiz. Elektrizitätswerke, Februar 1978

/12.5.10/ The Mangement of Radoactive Wastes, IAEA, Wien, 1977 (März 1976 Symposium), Vol. 1 und 2

/12.5.11/ W. Lenneman, Management of Radioactive Wastes, IAEA Bulletin 21 Nr. 4 (1979) 2, 59, 17 (1975) 2

/12.5.12/ P. West, Management radioactive wastes, Atomic Energy Review 11 Nr. 1 (1973) 179, siehe auch /12.5.23/

/12.5.13/ Nuclear Wastes, Access to Energy 3 Nr. 2 (Oct. 1975), 4 Nr. 4 (Dec. 1976)- nach 450 Jahren Radioaktivität von natürlichem Uranerz; ibidem 5 Nr. 6 (Feb. 1978), 5 Nr. 10 (June 1978)- explosion in USSR, 5 Nr. 12 (Aug. 1978)

/12.5.14/ F. Baumgärtner, Chemie der Nuklearen Entsorgung, Thiemig, München 1978

/12.5.15/ The Oklo Phenomenon

1. The Oklo Phenomenon, Access to Energy 3 Nr. 9 (May 1976)
2. S. Eklund, IAEA, Oklo - A Nuclear Reactor 1800 Million Years Ago, IAEA Bulletin 17 Nr. 3 (1976) 2
3. R. Nandet, The Oklo Nuclear Reactors, Interdisciplinary Science Reviews 1 (1976) 1
4. R. Walton, G. Cowan, Relevance of Nuclide Migration at Oklo to the Problem of Geologic Storage of Radioactive Waste, Proc. Sympos. on The Oklo Phenomenon, Libreville, 1975, IAEA, Wien (1975) 499
5. siehe auch /12.5.21.13/ und /4.1/ (S. 105)

/12.5.16/ W. Koelzer, Auswirkungen radioaktiver Emissionen von KKW und Wiederaufbereitungsanlagen, Deutsches Atomforum, Bonn, Januar 1979

/12.5.17/ Kernenergie und radioaktiver Abfall, Information 4e, Österr. Elektrizitätswirtschaft

/12.5.18/ Zwischenlagerung

1. siehe /12.3.25.3/
2. V. Morozov, On-site management of power reactor wastes, Atomic Energy Review 17 Nr. 3 (Sept. 1979) 789
3. IAEA Press Release PR 79/3, Nuclear Waste Tested under Real Conditions for 20 Years
4. R. Stüger et al., Zwischenlagerung, Atomwirtschaft 23 (Oktober 1978) 465
5. Zwischenlager für Stade, SVA-Bulletin 22 Nr. 6 (März 1980)
6. K. Huppert, Zwischenlagerung, Atomwirtschaft Nr. 4 (1978) III
7. M. Hagen et al., Radioaktive Abfälle (Übersicht), Atomwirtschaft 21 Nr. 7 (1976) 338
8. P. Dyne, Nuclear Wastes in Canada, Chalk River, Atomic Energy of Canada, 1976
9. IAEA, Radioactive Wastes, IAEA, Wien, Dezember 1978 (Routinelagerung)
10. P. Krejsa, Österr. Zwischenlagerstelle für radioaktive Abfälle, EuM 93 Nr. 11 (1976) 496
11. OECD, Radioactive Waste Management in Western Europe, ENEA, Paris, 1971

12. Atommüll, Profil, Dezember 1980

/12.5.19/ Wiederaufbereitung

1. Levi, Wiederaufbereitung, Atomwirtschaft - Atomtechnik, Heft 4 (April 1978) 11, siehe auch /12.5.4/, /12.5.14/
2. Wiederaufbereitung in La Hague, Aussendung M 22, Verband Elektrizitätswerke Österreichs
3. P. West, Radioaktive Abfälle von Wiederaufbereitungsanlage, Atomic Energy Review 11 Nr. 1, 179
4. Bundesverband Bürgerinitiativen Umweltschutz, Januar 1978, Die Auswirkung schwerer Unfälle in Wiederaufbereitungsanlagen und Atomkraftwerken - Abdruck von zwei Studien des Institutes für Reaktorsicherheit, Köln, IRS-Studie, Arbeitsbericht Nr. 290, Aug. 1976
5. Wiederaufbereitung und Verglasung in La Hague, sgaequerschnitt Nr. 2 (1978) II
6. H. Levi, Wiederaufbereitung in Frankreich, Atomwirtschaft Nr. 4 (1978) II
7. G. Koch, Existierende Wiederaufbereitungsanlagen, Atomkernenergie 33 Nr. 4 (1979) 241, 251 (Marcoule, Cap de la Hague, Dounraey, Milli, Karlsruhe, Savannah River, Idaho Falls, Hanford, Eurochemic, Windscale, Trombay, West Valley, Morris, Tokai-mura, Tarapur, Barnwell, Oak Ridge, etc.)
8. R. Rothmayer, Besuch der Wiederaufbereitungsanlage in La Hague, Die Presse, 5. Juni 1978
9. Kritik an IRS-290 Studie (vgl. 4.), Dipl.-Ing. Binner, Institut für Reaktorsicherheit, 1978
10. W. Issel et al., Betriebserfahrungen mit Wiederaufbereitungsanlagen, Atomwirtschaft 20 Nr. 7/8 (1975) 339, 342
11. R. Gasteiger, Abfälle aus WA, ibidem, S. 349
12. siehe /12.1.100/ (S. 90)

/12.5.20/ Verwertung von radioaktiven Abfällen

1. S. Kobayashi, Technische Verwertung hochradioaktiver Abfälle, Atomic Energy Review 13 Nr. 3 (Sept. 1975)
2. siehe /12.1.22/ (S. 149)
3. G. Meurin, Anwendung ionisierender Strahlen, Deutsches Atomforum, Bonn, Dezember 1978

/12.5.21/ Endlagerung

1. Der Atommüll und seine Endlagerung, Aussendung M 9, Verband der Elektrizitätswerke Österreichs, 8. Oct. 1977
2. Die Endlagerung radioaktiver Abfälle, Dokumentation M 11, ibidem, 7. Okt. 1977
3. Film "Abfallagerung in der Asse", Österr. Atomforum
4. D. Richter, Underground disposal of radioactive wastes, Atomic Energy Review 18 Nr. 1 (März 1980) 259
5. D. Richter, Underground disposal, IAEA Bulletin 20 Nr. 4 (1978) 30, 21 Nr. 4 (1979) 59
6. Radioaktiver Abfall in der Schweiz, NAGRA, Elektrizitätsverwertung Nr. 12 (1978) und Bericht des Eidg. Amtes für Energiewirtschaft, Bern, 4. Dez. 1975
7. Amerikanisches Abfallbeseitigungsprogramm, Atomic Energy Clearinghouse, 18. Feb. 1980
8. H. Böhm, Entsorgung der KKW, Wärme 84 Nr. 5 (Oct. 1978) 106
9. E. Merz, Endlagerung hochaktiver Spaltproduktabfälle, Atomwirtschaft 24 Nr. 8/9 (August 1979) 409
10. P. Ploumen et al., Temperaturentwicklung bei Endlagerung, Atomwirtschaft 24 Nr. 2 (1979) 85, 23 Nr. 1 (1978) 44
11. R. Hammond, Nuclear Wastes, American Scientist 67, S. 146
12. B. Cohen, Radioactive Waste Disposal, Scientific American 236 Nr. 6 (1977) 21
13. IAEA, The Management of Radioactive Wastes, März 1977 (Mit Bildern von Asse und Oklo)
14. Atommüll zur letzten Ruhe, Energie Bulletin Nr. 5 (1979)
15. Endlagerung Schweden gelöst, Energie Bulletin Nr. 6 (1979)
16. D. Richter, Underground Disposal, IAEA Bulletin 20 Nr. 40 (1978) 30
17. D. Klein, R. Stüger, Dauerlager für ausgediente Brennelemente, Atomwirtschaft 23, Nr. 9 (1979) 401 und Das Kernkraftwerk 18 Nr. 2 (1976) 21

18. H. Jakusch, Die Bindung radioaktiver Verdampfungskonzentrate durch Sedimentation in Bitumen, Das Kernkraftwerk 17. Jhg. Nr. 1/2 (1975) 1 (Beilage zu ÖZE 28 Nr. 6 (1975)
19. H. Jakusch et al., Neuentwicklungen zur Bitumisierung von radioaktivem Abfall, EuM Jhg. 93 Nr. 11 (1976) 502
20. Endlagerung im Salzbergwerk Bartensleben, DDR, Atomwirtschaft 23 Nr. 12 (1978) 557
21. H. Jäckli, Endlagerung, Bulletin SEV 68 (1977) 1
22. F. Oszuszky, Das Kernkraftwerk 18 Nr. 2 (1976) 13
23. K. Schöpf, Die Beseitungung radioaktiver Abfälle in der Kernenergiewirtschaft, Das Kernkraftwerk 21 Nr. 3 (1980) 21 (Beilage zu ÖZE 33 Nr. 10 (1980)
24. H. Krause, Die Behandlung radioaktiver Abfälle, Deutsches Atomforum, Bonn, Oktober 1979
25. Österr. Kerntechnische Gesellschaft, Die Entsorgung für eine Kernenergienutzung in Österreich, Wien, Oct. 1980
26. Deutsche Gesellschaft für Wiederaufarbeitung von Kernbrennstoffen, Das nukleare Entsorgungszentrum, Hannover, 1978
27. Fachvorträge, Die Entsorgung der Kernkraftwerke, Badenwerk, Februar 1977
28. Schweiz. Vereinigung für Atomenergie, Wiederaufbereitung, Plutonium und Endlagerung, Informationstagung, 13. - 14. Juni 1977
29. siehe auch /4.1/ (S. 15), /12.5.1/, /12.5.2/, /12.5.4/, /12.5.10/, /12.5.14/, /12.5.24/, /12.5.25/, /12.5.26/, /12.5.28/, /12.5.61/

/12.5.22/ G. McCarthy, Nuclear Waste Management, Plenum Press, New York Vol. 1 (1979), W. Lennemann, Management Radioactive Wastes, Atomic Energy Review 14 Nr. 2 (1976) 421, siehe auch /12.5.69/

/12.5.23/ Transport radioaktiven Materials
1. G. Swindell, IAEA Bulletin 20 Nr. 5 (Oct. 1978) 17
2. div. Autoren, IAEA Transport Regulations, IAEA Bull. 21 Nr. 6 (Dez. 1979) 2 und Sonderheft 1973

3. P. Krejsa, Transportrisiko radioaktiver Abfälle, Österr. Studiengesellschaft f. Atomenergie

4. IAEA Bull. 17 Nr. 2 (1975) 44, Physical Protection of Radioactive Material in Transport

5. IAEA Regulations for Safe Transport of Radioactive Material, Safety Series Nr. 6 (1973)

6. R. Barker, Safety in Transport of Radioactive Material, IAEA Bull. 23 (1981) 7

/12.5.24/ J. Grover, Solidification of High-Level Radioactive Wastes, IAEA Bulletin 20 Nr. 4 (1978) 23

/12.5.25/ Report to Amer. Phys. Soc. by study group on nuclear fuel cycles and waste mangement, Rev. Mod. Phys. 50 Nr. 1, part II (Jan. 1977) S1

/12.5.26/ B. Cohen, High level radioactive waste, Rev. Mod. Phys. 49 Nr. 1 (Jan. 1977) 1

/12.5.27/ Nukleare Verbrennung radioaktiver Abfälle

1. G. Kamelander, pers. Mitteilung und Artikel in "Die Presse"

2. L. Cecile, Nuclear Transmutation as Waste Disposal, S. 513, Vol. 4 in /12.5.29/

3. W. Bocola et al., S. 211 in Vol. 2 in /12.5.10/

/12.5.28/ H. Zund, Die nukleare Entsorgung der Schweiz, Motor-Columbus AG, Baden, Vorabdruck

/12.5.29/ IAEA, Proc. Int. Conf. Nuclear Power and its Field Cycle, Salzburg, 2. - 13. Mai 1977

/12.5.30/ H. Dryoff et al., Radioaktive Abfälle und ihre Beseitigung, Atomwirtschaft - Atomtechnik 21 Nr. 7 (1976) 340

/12.5.31/ H. Krause, Anfall radioaktiver Abfälle in der BRD, Atomwirschaft - Atomtechnik 21 Nr. 7 (1976) 343

/12.5.32/ W. Bähr, W. Hild, Behandlung schwach- und mittelaktiver Abfälle aus kerntechnischen Anlagen, Atomwirtschaft - Atomtechnik 21 Nr. 7 (1976) 346

/12.5.33/ H. Bokelund et al., Behandlung hochradioaktiver Abfälle, Atomwirtschaft - Atomtechnik 21 Nr. 7 (1976) 352

/12.5.34/ K. Kühn, Zur Endlagerung radioaktiver Abfälle, Atomwirtschaft - Atomtechnik 21 Nr. 7 (1976) 357

/12.5.35/ K. Knotik, P. Leichter, Einbettung von radioaktiv beladenen Ionenaustauscherharzen in Bitumen, EuM 93 Nr. 11 (1976) 507

/12.5.36/ Kurzbericht, ASEA-Heißisostatisches Pressen, ÖZE 30 Nr. 4 (1977) 260

/12.5.37/ W. Heimerl, E. Schiewer, Neue Möglichkeiten zur Herstellung spaltprodukthaltiger Gläser und Glaskeramiken, Atomwirtschaft - Atomtechnik 22 Nr. 4 (1977) 223

/12.5.38/ F. Kaufmann et al., Keramische Schmelzanlage zur Verfestigung von HAW-Lösungen in Borsilikatglas, Atomwirtschaft - Atomtechnik 22 Nr. 7/8 (1977) 389

/12.5.39/ V. I. Zemlyanukhin et al., Clay-Phosphate Ceramics and Vitromets, Alternatives to Monolithic High Level Waste Glass Products, in /12.5.22/ (S. 195)

/12.5.40/ W. A. Ross, Report PNL-2481, ZC-70 (1978)

/12.5.41/ G. J. McCarthy et al. Synthesis of Nuclear Waste Monazites, Ideal Actinide Hosts for Geologic Disposal, Mat. Res. Bull. 13 (1978) 1239

/12.5.42/ J. N. C. Geel, H. Eschrich, New Developments on the Solidification of High Level Radioactive Wastes at Eurochemic, Trans. Am. Nucl. 20 (1975) 671

/12.5.43/ J. N. C. Geel et al., Conditioning High Level Radioactive Wastes, Chem. Eng. Prog. (1976) 49

/12.5.44/ L. J. Jardine, M. J. Steindler, Metal Encapsulation of Ceramic Nuclear Waste, in /12.5.22/ (S. 181)

/12.5.45/ W. S. Aaron et al., Cermet High-Level Waste Forms, Oak Ridge National Laboratory, ORNL/TM.6404, June 1978

/12.5.46/ R. Ray, Rational Molecular Engineering of Ceramic Materials, J. Am. Ceram. Soc. 60 (1977) 358

/12.5.47/ G. J. McCarthy, Crystal Chemistry of the Rare Earths in Solidified High Level Nuclear Wastes, Proc. 12th Rear Earth Res. Conf., Vail (July 1976) 665

/12.5.48/ G. J. McCarthy, High Level Ceramics, Trans. Am. Nucl. Soc. 23 (1976) 168

/12.5.49/ S. Forberg, T. Westermark, Synthetic Rutile Microencapsulation, A Radioactive Waste Solidification System Resulting in an Extremely Stable Product, in /12.5.22/ (S. 201)

/12.5.50/ H. T. Larker, Hot Isostatic Pressing for the Consolidation and Containment of Radioactive Waste, in /12.5.22/ (S. 202)

/12.5.51/ J. M. Rusin et al., Development of Multibarrier Nuclear Waste Forms, in /12.5.22/ (S. 169)

/12.5.52/ E. Ewest, H. W. Levi, Evaluation of Products for the Solidification of High-Level Radioactive Waste from Commercial Reprocessing in the Federal Republic of Germany, in /12.5.10/ 2 S. 15

/12.5.53/ A. K. De et al., Fixation of Fission Products in Glass Ceramics, in /12.5.10/ 2 S 62

/12.5.54/ T. Dippel et al., Weiterentwicklung von Borsilikatglas zur Verfestigung von hochradioaktiven Spaltproduktlösungen, Atomwirtschaft - Atomtechnik 25 Nr. 2 (1980) 81

/12.5.55/ J. E. Mendel et al., Thermal and Radiation Effects on Borsilicate Waste Glasses, in /12.5.10/ 2 S. 49

/12.5.56/ G. Malow, H. Andresen, Helium Formation from α-Decay and its Significance for Radioactive Glasses, in /12.5.22/ (S. 49)

/12.5.57/ 1. B. Verkerk, Actinide Partitioning, in /12.5.10/ 2 S. 225 (Aktivität nach 1000 Jahren Uranerz)
2. H. O. Hang, Some Aspects and Long-Term Problems of High-Level and Actinide-Contaminated Spend Fuel Reprocessing Wastes from the U-Pu and Th-U Fuel Cycles, in /12.5.10/ 2 S. 233

/12.5.58/ K. Kühn et al., Recent Results and Developments on the Disposal of Radioactive Wastes in the Asse Salt Mine, in /12.5.10/ 2 S. 287 (schwach, mittelaktiv)

/12.5.59/ J. A. Hetherington et al., Environmental and Public Health Consequences of the Controlled Disposal of Transuranic Elements to the Marine Environment, in Impact of Nuclear Releases to Aquatic Environment, IAEA, Wien (1975) 193

/12.5.60/ Regional Office for Europe of the WHO: Health Implications of Nuclear Power Production, Kopenhagen, WHO Regional Office for Europe (1977) 26

/12.5.61/ Deep Sea Drilling Project (1969 - 1976), Initial Reports of the Deep Sea Drilling Project, 1 - 35, US Government Printing Office, Washington

/12.5.62/ N. T. Mitchell et al., Options of the Disposal of High-Level Radioactive Waste, in /12.5.20/ (S. 509) - Meeresboden

/12.5.63/ W. C. McClain et al., Geological Disposal Evaluation Program, Oak Ridge National Laboratory, Report ORNL-5052

/12.5.64/ IAEA Radioactive Waste, Wien, 1978

/12.5.65/ F. Hecht, Radio- und Reaktorchemie, Akad. Verlagsgesellschaft, Frankfurt, 1968

/12.5.66/ H. Phuong, Convention Marine Pollution by Dumping Wastes, IAEA Bulletin 18 Nr. 1 (1976) 45

/12.5.67/ Luckscheiter et al., Fixierung von Spaltprodukten in Glaskeramik, Atomwirtschaft 20 Nr. 7/8 (1975) 359

/12.5.68/ Verwertung von Abfällen zur Schadstoffbeseitigung, SVA Bulletin 22 Nr. 10 (Mai 1980)

/12.5.69/ O. Bobleter, Unkonventionelle Abfallendlagermethoden, Atomkernenergie 35 (1980) 125

/12.6/ Spezielle Kernkraftwerkssicherheitsfragen
siehe auch /12.2/

/12.6.1/ E. Lewis, Nuclear Power Reactor Safety, Wiley, New York, 1977

/12.6.2/ BMf. Inneres, Sicherheit kerntechnischer Einrichtungen und Strahlenschutz, BMI, Bonn, 1975

/12.6.3/ F. Farmer, Nuclear Reactor Safety, Academic Press, New York, 1977 und Siting Criteria, Proc. Symp. Containment and Siting of Nuclear Power Plants, IAEA, Wien, 1967

/12.6.4/ D. Schmidt, Reaktorsicherheitstechnik, Springer, Berlin, 1979

/12.6.5/ Nuclear Power and Safety, NOU, 35C (1978), Universitetsforlaget Oslo 1978, Commission for the evaluation of safety conditions of nuclear power plants

/12.6.6/ Proceed. Sympos. Cannes, April 1978, Nuclear Power Plant Control and Instrumentation, 2 Bände, IAEA, Wien, 1978

/12.6.7/ Sympos. November 1963, Physics and Material Problems of Reactor Control Rods, IAEA, Wien, 1964

/12.6.8/ H. Lewis, Die Sicherheit von Kernkraftwerken, Spektrum der Wissenschaft (Mai 1980) 31

/12.6.9/ Decommissioning of Nuclear Facilities (Abbau verbrauchter KKW), Symposium November 1978, IAEA, Wien, 1979, siehe auch Schweizer KKW-Stillegungsstudie, SVA Bull. 23 Nr. 4 (Feb. 1981) und /12.6.21/, /12.6.23/, /12.6.28/, /12.6.32/, /12.6.52/

/12.6.10/ F. Katscher, Kernenergie und Sicherheit, BMf. Sicherheit und Umweltschutz, Wien, 1978

/12.6.11/ Meltdown at Montague, Citizen's Guide to Accident Consequences, Environmental Studies Group, Hampshire College, Amherst, Mass.

/12.6.12/ Harrisburg - Störfall
siehe auch /12.6.4/ - Anhang

1. G. Corey, Int. At. En. Agency Bulletin 21 Nr. 5 (1979) 54
2. Access to Energy 6 Nr. 9 (May 1979), 6 Nr. 10 (June 1979), 7 Nr. 4 (Dec. 1979), 7 Nr. 8 (April 1980)
3. Health Impact of TMI Accident, Nuclear Safety 20 Nr. 5 (1979) 591
4. Three Mile Island, Accident Report, General Electic Technical Series, Zürich, siehe auch Atomwirtschaft Nr. 6 (1979) 298, 304, 311, 313, 317
5. Population Dose and Health Impact of the Accident at the Three Mile Island Nuclear Station, May 10, 1979, At Hoc Population Dose Assessement Group, Stock 017-0001-00408-1, US Government Printing Office, Washington
6. Der Störfall im Kernkraftwerk Three-Mile-Island im Vergleich mit BBC Druckwasserreaktoren, Report ktv 04449, Juli 1979
7. G. Fläming, Prof. K. Bechert und Harrisburg, Atomstrom 25 Nr. 5 (Sept. 1979) 133
8. The Presidents Commission Report (Kemeny Report) Oct. 1979
9. Atomwirtschaft 24 Nr. 5 (1979) 207, 222 und Nr. 6 (1979) 313
10. F. Cap, Was geschah wirklich in Harrisburg? Das Kernkraftwerk 20 Nr. 2 (1979) 9, Beilage zu ÖZE 32 Nr. 8 (1979)
11. J. Kemeny, W. Müller, Robert Jungk, Der Störfall von Harrisburg, Erle, Düsseldorf, 1979 (kommentierter Text des Kemeny Berichtes /12.6.12.8/)
12. Max. Strahlenbelastung der Bevölkerung 6 mrem, SVA Bull. 20 Nr. 7 (1980) 15

13. H. Vetter, Krebsgefahr in Harrisburg? Energie Bull. Nr. 2 (1979) 5
14. W. Binner, Was in Harrisburg wirklich geschah, Energie Bulletin Nr. 1 (1979) 1
15. C. Perincioli, Die Frauen von Harrisburg, Rowohlt, Hamburg, 1980
16. Strahlenbelastung in Harrisburg, Nuclear Safety 20 Nr. 5 (1979) 591
17. Kernenergie nach Harrisburg, Energy International 16 Nr. 12 (1979) 30
18. Soviet Atomic Energy 47 Nr. 1 (1979) 575
19. Schweiz. Ing. Arch. Nr. 48 (1980) 1196
20. M. Schär, Neue Zürcher Zeitung Nr. 257 (5. Nov. 1980) 37

/12.6.13/ Large reactor accident, Access to Energy 3 Nr. 4 (Dec. 1975)

/12.6.14/ Nuclear Power Plant Control and Instrumentation, Proceed. Sympos. Cannes 24 - 28 April 1978, IAEA, Wien, 1978

/12.6.15/ Reactor accidents
siehe auch /12.1.47/, 12.6.12/, /12.6.26/, /12.6.55/
1. Brown's Ferry (Kabelbrand, 22. März 1975), Access to Energy 4 Nr. 8 (April 1977)
2. Fort Vrain, Access to Energy 5 Nr. 7 (March 1978)
3. Brunsbüttel, Atomwirtschaft 24 (1979) 237
4. Idaho Falls
5. H. Böck, Stattgefundene Reaktorstörfälle, Elt. u. Maschinenbau 91 Nr. 6 (1974) 364
6. H. Böck, Störfälle, Atomkernenergie 26 Nr. 4 (1975) 242
7. Lingen, 1. Aug. 1969, in /12.1.26/ Band 2, S. 32
8. Würgassen, 12. April 1972, ibidem
9. Grundremmingen, 19. November 1975, ibidem
10. R. Webb, Accident Hazards Nuclear Power Plants, Univ. of Mass. Press, Amherst, 1976
11. Lucens - LOF accident, siehe auch /12.1.26/, /12.1.47/ /12.6.5/
12. R. Gillette, Radiation Spill at Hanford, Science 181 (1973) 728

/12.6.16/ Earthquake and Nuclear Power, Access to Energy 5 Nr. 2 (Oct. 1977), siehe auch /12.6.20/, /12.6.42/, /12.6.45/

/12.6.17/ GAU und SUPERGAU
siehe auch /12.1.45.4/, /12.6.4/, /12.6.5/, /12.6.19/, /12.6.30/, /12.6.40/

1. R. Hammond, Nuclear Power Risks, American Scientist 62 (1974) 155 (Evakuierungsbereich)
2. US NCR Release, 16. März 1976
3. Was passiert bei einem GAU? ibf Bericht, siehe auch /12.1.45.4/ (S. 19)
4. Energie (Juli 1978) 249, Kernschmelzversuche Karlsruhe
5. Kernenergie und ihr Risiko, Kerntechnik 19 (Dezember 1977) 515
6. Kernschmelzen, Kerntechnik 19 Nr. 12 (1977) 515
7. Environmental Impact of Nuclear Power, Univ. of Pittsburgh, Juli 1975
8. Population Doses on Danish Territory from Hypothetical Core-melt at Barsebäck Reactor, Sweden, October 1977, Risø Report Nr. 356
9. "Was ist, wenn der Kern schmilzt?" Energie 30 Nr. 7 (1978) 249

/12.6.18/ Verfügbarkeit von Kernkraftwerken

1. Die Presse, 25. Sept. 1976, siehe auch /12.6.36/, /12.6.56/
2. F. Oszusky, A. Szeless, Arbeitsausnutzung von Kernkraftwerken im 1. Halbjahr 1979, atomwirtschaft (Nov. 1979) 527 (56 - 82% bei über 1000 Jahren Betriebserfahrung)
3. G. Moraw, A. Szeless, Verfügbarkeit von Kernkraftwerken 1978, atomwirtschaft 23 Nr. 5 (1979) 256 (bis 95%) und (Oktober 1978) 492
4. atomwirtschaft 23 (Dez. 1978) 592
5. Schnelle Brüter Phénix: 93.5%, SVA Bulletin 22 Nr. 6 (1980) 15
6. R. Hossner, Zuverlässigkeit, Verfügbarkeit und Ausnutzung von Kraftwerken, Deutsches Atomforum, Bonn, Juli 1979

/12.6.19/ Risken - Rasmussen Report

1. N. Raisic, Reliability of Nuclear Power Plants, Atomic Energy Review 13 Nr. 3 (Sept. 1975) 627
2. Rasmussen Report, An Assessment of Accident Risks in US Commercial Nuclear Power Plants, WASH 1400 (1975)
3. Deutsche Risikostudie, F. Heuser et al., GRS Köln, Vorabdruck
4. Gefährdet Kernenergie die Umwelt? Handelsblatt Düsseldorf
5. N. Rasmussen, Atomwirtschaft Nr. 6 (1976) 286
6. S. Rippon, Nucl. Eng. International (Dec. 1974)
7. H. Böck, WASH 1400, Eine Sicherheitsanalyse über kommerzielle Leichtwasserreaktoren in den USA, Das Kernkraftwerk 17 Nr. 3/4, Beilage zu ÖZE 28 Nr. 9 (1975)
8. Die deutsche Risikostudie, A. Birkhofer et al., atomwirschaft 22 (Juni 1977) 331 (Kernschmelzen)
9. W. Braun, Atomkernenergie 34 Nr. 2 (1979) 8
10. Der Rasmussen-Bericht, Report IRS-S-13, Inst. für Reaktorsicherheit, Köln, Frbruar 1976

/12.6.20/ Erdbebensicherheit
siehe auch /12.6.161/

1. Earthquakes and Assiciated Topics in Relation to Nuclear Power Plant Siting, Safety Series 50-SG-S1, IAEA, Wien, 1979
2. D. Hosser, G. König, S. Liphardt, Methodenuntersuchung zur erdbebensicheren Auslegung von Kernkraftwerken, Forschungsbericht BMf.T. RS 308, Frankfurt, Dezember 1979
3. Erdbebengefährdung des Standortes Zwentendorf, Kernenergie Faktensammlung B2, GTE, Wien, Oktober 1980

/12.6.21/ K. Schneider, Decommissioning of nuclear facilities, Atomic Energy Review 17 Nr. 1 (März 1979) 193, siehe auch /12.6.9/

/12.6.22/ E. Iansiti, L. Konstantinov, Nuclear Safety Standards, IAEA Bulletin 20 Nr. 5 (Oct. 1978) 46

/12.6.23/ L. Lanni, Nuclear Power Plant Decommissioning, IAEA Bull. 20 Nr. 6 (1978) 24

/12.6.24/ Schneller Brüter:

1. E. Khodarev, Liquid Metal Fast Breeder Reactors, IAEA Bulletin 20 Nr. 6 (Dec. 1978) 29
2. Could Accelerators replace fast breeders? CERN Courier 18 Nr. 5 (May 1978)
3. R. Hüper, Betriebserfahrungen mit schnellen Brütern in fünf Staaten, Atomstrom 24 Nr. 4 (Juli 1978) 81
4. Brüterentwicklung, Statusbericht 1979, Atomwirtschaft (Juli 1979) 385
5. G. Vendryes, Brüterentwicklung, Atomwirtschaft (Okt. 1978) 448, siehe auch /12.1.107/
6. A. Brandstätter, Stand der Schnellbrüterentwicklung, Wärme 84 Nr. 2/3 (1978) 57
7. W. Häfele, Reactor Strategies, Atomkernenergie 33 Nr. 3 (1979) 161
8. W. Häfele et al., Fusion and Fast Breeder Reactors, Internat. Institute for Applied Systems Analysis, Laxenburg, 1977
9. Energy International 16 Nr. 5 (1969) 23
10. R. Hüper, Atomwirtschaft 24 Nr. 7 (1979) 385
11. Norman, Criticism of breeder reactors, Nature 249 (1974) 202, 251 (1974) 270
12. J. Tinker, Breeders: risks man dare not run, New Scientist (1973) 473
13. O. Thielheim, Schnelle Reaktoren, Übersicht, Atomkernenergie Nr. 11/12 (1956) 383
14. K. Traube, Schnellbrüter, Atomwirtschaft 20 Nr. 10 (1975) 489
15. C. Sweet, The Fast Breeder Reactor, Mac Millan, London, 1980
16. Fast Reactor Physics 1979, Proceed. Int. Sympos., Aix - en Provence, 24 - 28 Sept. 1979, IAEA, Wien, 1980 - 2 Vols
17. Reaktoren für morgen, Bericht KWU 327, August 1975
18. F. Cap, Der schnelle Brüter, Das Kernkraftwerk 22 Nr. 2 (1981) 5, Beilage zu ÖZE 34 Nr. 3 (1981)
19. Proceed. Int. Conf. Breeder Reactor and Europe SVA, Bern
20. E. Khodarev, atomic energy review 18 Nr. 4 (1980) 989

/12.6.25/ Overview of Nuclear Safety Standards, IAEA Bulletin 21 Nr. 2/3 (June 1979) 13

/12.6.26/ E. Schultz, Vorkommnisse und Strahlenunfälle in kerntechnischen Anlagen, Thiemig, München, 1966

/12.6.27/ H. Seipel et al., Egebnisse der deutschen Reaktorsicherheitsforschung, Atomwirtschaft Nr. 6 (1976) 302

/12.6.28/ W. Francioni et al., Stillegung von Kernkraftwerken, EIR Bericht 368, Mai 1979, Eidg. Inst. f. Reaktorforschung Würenlingen

/12.6.29/ BM des Inneren, BRD, Sicherheitskriterien für Kernkraftwerke, 25. Juni 1974 (max. 30 mrem)

/12.6.30/ R. Peckover et al., Core Melt Behavior, Culham Report CLM-P591 (1979), auch Peckover, Thermal Moving Boundary CLM-P562 und CLM-P582

/12.6.31/ F. Mayinger, Notkühlsysteme, Atomkernenergie 32 Nr. 4 (1976) 220

/12.6.32/ D. Brosche et al., Stillegung von kerntechnischen Anlagen, Atomwirtschaft 24 Nr. 4 (1979) 170

/12.6.33/ W. Thomas, Kritikalitätssicherheit, Atomwirtschaft Nr. 4 (1978) 182

/12.6.34/ Sicherheitsbehälter-Standard, Atomwirtschaft Nr. 2 (1979) 101

/12.6.35/ G. Cheliotis et al., Brennstab-Berstversuch bei LOCA (Loss of Coolant Accident), Atomkernenergie 34 Nr. 4 (1979) 255, siehe auch /12.6.54/, /12.6.58/

/12.6.36/ K. Küffer, Erfahrungen Kernkraftwerk Beznau (radioaktive Abgabe, bis 99,6% Verfügbarkeit) ÖZE 29 Nr. 7 (1976) 295

/12.6.37/ H. Gutkowski, Kryptonabscheidung, Atomkernenergie 33 Nr. 4 (1979) 277

/12.6.38/ K. Pittner, Flugzeugabsturz auf Kernkraftwerke, Atomkernenergie 33 Nr. 4 (1979) 281

/12.6.39/ E. Münch, Sabotagesicherung, Atomkernenergie 33 Nr. 3 (1979) 229

/12.6.40/ R. Peckover, Post Meltdown Heat Removal, Culham Report CLM-P518 (1978)

/12.6.41/ In unmittelbarer Umgebung von Österreich sind 12 KKW: Info Nr. 2 Österr. Elektrizitätswirtschaft

/12.6.42/ Offener Brief an den Geologen Tollmann (Widerlegung des Erdbebengutachtens) 8. Sept. 1978

/12.6.43/ W. Hawickhorst, Reaktorsicherheit, RKÖ - KWU Erlangen, Januar 1978

/12.6.44/ A. Horner, Anti-AKW-TEE, 10. Februar 1978, Sicherheit von Atomkraftwerken

/12.6.45/ Geologe Tollmann durch Arbeitsgruppe Geowak widerlegt, Presse, 27. März 1980

/12.6.46/ Badische Bürgeinitiativen. Ist die Atomindustrie sicher? Der Katastrophenplan von Karlsruhe

/12.6.47/ Bürgerinitiative Innsbruck, und Profil 27/28, Mängel am Reaktordruckgefäß in Zwentendorf (Dr. Kromp), Flugblatt

/12.6.48/ Unterplattierungsrisse in französischen KKW? Energie Bulletin Nr. 5 (1979) 12

/12.6.49/ D. Pearce, Decision Making for Energy Futures, The Windscale Accident, OECD 0333274385 (1978)

/12.6.50/ US Federal Radiation Council, Radiation Hazard Control in Uranium Mining, FRC Report Nr. 8, US Gov. Pr. Off. (1967)

/12.6.51/ F. Lundin, Health Phys. 16. (1969) 571

/12.6.52/ D. Brosche et al., Stillegung von Kernkraftwerken, Atomstrom 22 Nr. 3 (1976) 81

/12.6.53/ H. Kohler, Sicherheit von Kernkraftwerken, KWU, November 1977

/12.6.54/ H. Robinson, LOFT and LOCA Experiments, Loft Technical Report 20-57, März 1976, Idaho National Engineering Lab. (LOFT: Loss of Fluid Test Facility, LOCA: Loss of Coolant Accident)

/12.6.55/ G. Hartwig, Störungsarten in KKW, Atomwirtschaft Sept./ Okt. 1976

/12.6.56/ Betriebsergebnisse KKW in der EG 1975, Atomwirtschaft Dez. 1976

/12.6.57/ T. Thompson et al., The Technology of Nuclear Reactor Safety, MIT Press, 1970

/12.6.58/ E. Hicken et al., LOFT - (Loss of fluid test) - Versuch, Reaktortagung 1977, Mannheim, Proc. S. 269

/12.6.59/ H. Striebel, Sicherheit von KKW Betrieb, Unsere Umwelt 4 Nr. 1 (1977) 10 (Sabotage), siehe auch /12.4.27/

/12.6.60/ Strahlenspüren aus der Luft, Öffentliche Sicherheit 37 Nr. 4 (1972) 17

/12.6.61/ Reaktorsicherheitskommission der BRD, Leitlinien für Druckwasserreaktor, 24. April 1974, Institut für Reaktorsicherheit, Köln

/12.6.62/ IAEA, The Agency's Safety Stadards and Measures, INFCIRC /18/Rev, April 1979, IAEA, Wien

/12.6.63/ IAEA, Steps to Nuclear Power, A Guidebook, IAEA, Wien, 1975

/12.6.64/ Wie sicher sind Kernkraftwerke? Handelsblatt Düsseldorf

/12.6.65/ Sicherheitsbericht GKT und Teile hiervon in /12.6.10/

/12.6.66/ Betriebserfahrungen mit Kernkraftanlagen in der BRD, Jahresbericht 1980, Atom und Strom 27, März/April 1981, Heft 2

/12.6.67/ J. Krammer et al., Die Reaktoranlage des KKW Tullnerfeld, Österr. Ing. Z. 15 Nr. 11)1972) 332

/12.6.68/ M. Rosen et al., Nuclear Power Plant Safety, IAEA Bulletin 22 (1980) 31

/12.6.69/ Unabhängige US Kommission zur Überwachung der Nuclear Regulatory Behörde, SVA Bulletin 22 Nr. 10, Mai 1980

/12.6.70/ W. Baier et al., Auswirkung von Kraftwerken auf die Ökologie von Gewässern, Deutsches Atomforum, Bonn, April 1980

/12.6.71/ W. Gutschmidt, Aspekte der Standortwahl für Kernkraftwerke, Deutsches Atomforum, Bonn, Juni 1979

/12.6.72/ Grundwasserschutz beim KKW Zwentendorf, GTE, Wien, Okt. 1980

/12.6.73/ H. Butz, Sicherheit von KKW, Deutsches Atomforum, Bonn, März 1979

/12.6.74/ 25 Fragen zur nuklearen Sicherheit, atw, Handelsblatt Düsseldorf

13 Energie aus Plasma

/13.1/ Grundbegriffe

/13.1.1/ F. Cap, Einführung in die Plasmaphysik, 3 Bände, Vieweg, Braumschweig, 1970, 1974

/13.1.2/ F. Cap, Handbook on Plasma Instabilities, 2 Bände, 1976, 1978, Academic Press, New York (dort ausführliche Literaturangaben zu allen Gebieten)

/13.1.3/ F. Cap, Plasma - Energiequelle der Zukunft, Das Kernkraftwerk 19 (1977) 1, Beilage zu ÖZE 30 Nr. 5 (1977) und Energie Bulletin Nr. 2, 3, 4 (1979)

/13.1.4/ M. Venugopalan, Plasma Chemistry of Fossil Fuels, Springer, Berlin, 1979

/13.1.5/ F. Chen, Introduchtion to Plasma Physics, Plenum Press, New York, 1974

/13.1.6/ R. Kippenhahn, C. Möllenhoff, Elementare Plasmaphysik, Bibliograph. Institut Mannheim, 1975 (mit ausführlichem Literaturverzeichnis)

/13.2/ Magnetohydrodynamische Stromerzeugung

/13.2.1/ Proceedings der zweijährlichen MHD-Konferenzen der OECD-ENEA (1962, 1964, 1966, 1971, 1975) und Proceed. Engineering Aspects of Magnetohydrodynamics, z.B. 17th Symposium, Stanford, Calif., March 27 - 29, 1978

/13.2.2/ N. Rosa, Magnetohydrodynamic Power Generation

/13.2.3/ G. Sutton, A. Sherman, Engineering Magnetohydrodynamics, McGraw Hill, New York, 1965

/13.2.4/ P. Roberts, Introduction to Magnetohydrodynamics, Longmans, London, 1967

/13.2.5/ A. Kulikovskiy, G. Lyubimov, Magnetohydrodynamics, Addison Wesley, Reading, Mass., 1965

/13.2.6/ G. Auer, Magnetohydrodynamische Stromerzeugung, ÖZE 32 Nr. 6 (1979) 307

/13.2.7/ F. Cap, H. Friedel, Magnetohydrodynamic Flow Patterns, ZAMP 17 (1966) 183, 18 (1967) 672

/13.2.8/ F. Cap, Potential Flow in MGD, Annalen d. Physik 11 Nr. 7 (1963) 197

/13.2.9/ K. Lackner, ZAMP 19 (1968) 844, Proceed. First Europ. Conf. Controlled Fusion and Plasma Phys., München, Okt. 1966

/13.2.10/ H. Falser, Effects High Electrical Conducticity in Two-dimensional Plasma Flow, ZAMP 20 (1969) 947 und Dissertation, Innsbruck, 1967

/13.2.11/ H. Friedel, MGD für beliebige magnet. Reynoldszahlen, ZAMP 18 (1967) 85 und Dissertation, Innsbruck, 1966, und J. Math. Phys. 8 (1967) 2234

/13.2.12/ F. Cap et al., Ähnlichkeitstransformationen für MGD Kanalströmungen, EuM 86 (1969) 512

/13.2.13/ E. Velinkov et al., Low temperature non-equilibrium plasma and MHD generators with non-equilibrium conductivity, atomic energy review 14 (1976) 325

/13.2.14/ siehe /1.15/ (S. 30)

/13.2.15/ siehe /2.5/ (S. 317)

/13.2.16/ P. Fritzer, Physikalische Grundlagen der MHD-Energieumwandlung, Übersichtsvortrag, Mai 1971, Österr. Produktivitätszentrum

/13.2.17/ Großkraftwerk mit MHD-Generator, Technische Mitteilungen ÖIAV Tirol Nr. 4 (1980) - Kohlenstaub 2900°C, Gleichstrom 365 MW, 100 V UdSSR

/13.2.18/ MHD-Großkraftwerk in UdSSR, ÖZE S. 270 (Band unbekannt)

/13.2.19/ Proceed. Sympos. Engin. Aspects of MHD, Mai 1977 Pittsburg, März 1978 Stanford etc.

/13.2.20/ R. Ramberber, Elektrodenleitfähigkeitsoptimierung, Dissertation, Innsbruck, 1976

/13.2.21/ P. Fritzer, MHD Stromgeneratoren, EuM 91 (1974) 73 und Dissertation, Innsbruck

/13.2.22/ R. Deutsch, New type MHD power generator electrodes, Plasma Physics 17 (1975) 225

/13.2.23/ R. Ramberger, AIAA Journal 16 (1978) 740

/13.2.24/ Access to Energy 1 Nr. 1 (Sept. 1973), 4 Nr. 5 (Jan. 1977), 6 Nr. 3 (Nov. 1978), 7 Nr. 2 (Oct. 1979)

/13.2.25/ O. Lielausis, Liquid Metal MHD, atomic energy review 13 Nr. 3 (1975) 527

/13.2.26/ K. Schöpf, Die 13. Energy Conversion Conference, San Diego, Calif., 1978, ÖZE 32 Nr. 3 (1979) 233

/13.2.27/ siehe /2.2/ (S. 74), /2.1/ (S. 282)

/13.3/ Thermionische Konverter u.ä.

/13.3.1/ siehe /2.5/, /13.1.1/, /13.1.3/

/13.3.2/ R. Pruschek, Nukleare Energieversorgungsanlagen für elektrische Antriebe, Jahrbuch 1964, WGLR, Institut für Kerntechnik, TH. Stuttgart (Übersicht Thermionik-Reaktoren)

/13.3.3/ A. Pushkarsky et al., Thermal to electric energy conversion, atomic energy review 13 Nr. 3 (1975) 479, (Thermionic, Thermoelectric, radio-isotope, MHD, sehr gute Übersicht)

/13.3.4/ siehe /2.1/ Vol. 2, S. 333 (thermionisch), /2.2/ S. 48 (thermoelektrisch), S. 57 (thermionisch), S 329 (thermoelektrisch und siehe /13.48/

/13.3.5/ Radionuklidbatterien, /2.2/ (S. 68)

/13.4/ Brennstoffzellen

/13.4.1/ A. McDougall, Fuel Cells, Mac Millan, 1976

/13.4.2/ A. Hart, G. Womack, Fuel Cells, Theory and Application, Chapman and Hall, London, 1967

/13.4.3/ siehe /2.5/ (S. 313)

/13.4.4/ siehe /1.13/ (S. 92)

/13.4.5/ A. Crawford, Fuel cell power stations, Energy Developments 4 Nr. 1 (März 1980) 12

/13.4.6/ Access to Energy 4 Nr. 11 (Juli 1977)

/13.4.7/ siehe /1.15/ (S. 120), /2.2/ (S. 295), /2.2/ (S. 11)

/13.4.8/ Proceed. 13th Intersociety Energy Conversion Engineering Conference, San Diego, Calif., August 20 - 25, 1978 (Brennstoffzelle, thermionische thermoelektrische Wandlung etc.)

/13.4.9/ Aluminium Brennstoffzelle, Access to Energy 8 Nr. 3 (Nov. 1980)

/13.5/ Kernfusion

/13.5.1/ H. Hirsch, Plasma Research, Energy for the future, Austria Today 3 (1977) 22

/13.5.2/ F. Cap, Nuclear Fusion - 60 Million Centigrade, Austria Today 4 (1978) 61

/13.5.3/ G. Miley, Fusion Energy Conversion, American Nuclear Society, 1976

/13.5.4/ Fusion Rector Design Concepts, Proceed. Workshop, 10 - 21 October 1977, Madison, IAEA, Wien, 1978

/13.5.5/ Proceed. Sympos. Plasma Wall Interaction, Inst. f. Plasmaphysik, Jülich, Pergamon Press, Oxford, 1977

/13.5.6/ K. Miyamoto, Plasma Physics for Nuclear Fusion, MIT Press, Cambridge, Mass., 1980

/13.5.7/ E. Velikhov, E. Kintner, Current state of controlled thermonuclear fusion, atomic energy review 14 Nr. 4 (1976) 719

/13.5.8/ Umfangreiche Literaturlisten in /13.1.1/, /13.1.2/

/13.5.9/ H. Hulme, Nuclear Fusion, Wykeham Publications, London, 1974

/13.5.10/ G. Auer, Energiegewinnung aus Kernfusion, ÖZE 33 Nr. 6 (1980), Das Kernkraftwerk 21 Nr. 1 (1980) 1 - Allgemeiner Teil

/13.5.11/ G. Auer, Energiegewinnung aus Kernfusion, ÖZE 33 Nr. 7 (1980), Das Kernkraftwerk 21 Nr. 2 (1980) 11 - Spezieller Teil: Magnetfeldeinschluß

/13.5.12/ G. Auer, F. Cap, Gewinnung von Fusionsenergie mittels Laser, ÖZE 33 Nr. 2 (1980), Das Kernkraftwerk 21 Nr. 4 (1980) 33

/13.5.13/ Sicherheitsfragen bei Fusionskraftwerken

1. F. Flakus, Fusion power and the environment, atomic energy review 13 Nr. 3 (1975) 587
2. Behavior of Tritium in the Environment, IAEA Bulletin 21 Nr. 1 (Feb. 1979) 55
3. G. Kamelander, Sicherheits- und Umweltfragen bei Fusionsreaktoren, EuM 97 Nr. 2 (1980) 37
4. H. Böck, Umweltbeeinflussung durch Kernspaltungs- und Kernfusionsreaktoren, Umweltschutz Nr. 10 (1976) 246
5. W. Seifritz, Fusionsreaktortechnologie, Neue Technik Nr. 1 (1975) 1, EIR Bericht 273, Würenlingen
6. G. Kulcinski, Fission and Fusion Reactor, Atomwirtschaft 13 (Dec. 1978) 582, siehe auch /13.5.15/
7. K. Wegner et al., Tritium-Permeationsanlage in Jülich, Kerntechnik 20 Nr. 12 (1978) 561

/13.5.14/ R. Pease, Controlled Nuclear Fusion Reactor, IAEA Bulletin 20 Nr. 6 (Dec. 1978) 9

/13.5.15/ J. Darvas, S. Förster, Kernfusion - unerschöpfliche Energiequelle? Wärme 84 (1978) 112

/13.5.16/ Kontrollierte Kernfusion, Wissenschaftl. Nachrichten, April 1980

/13.5.17/ F. Cap, Energiegewinnung aus Kernfusion, Universitas 33 Nr. 3 (1978) 299

/13.5.18/ Access to Energy 1 (März 1974), 1 Nr. 10 (Juni 1974), 2 Nr. 6 (Feber 1975), 2 Nr. 11 (Juli 1975), 3 Nr. 9 (Mai 1976)-Migma, 6 Nr. 2 (Oktober 1978)-Migma - Maglich.

/13.5.19/ Fusions - Fissions - Hybride

1. K. Schöpf, Fusions - Fissions - Hybride, Das Kernkraftwerk 32 Nr. 3 (1979) 1, Beilage zu ÖZE 32 Nr. 3 (1979)
2. A. Harms, Nuclear Energy Synergetics, März 1978, Manuskript
3. Advanced Nuclear Energy Systems, 2 Sonderhefte über Tagung in Graz, Dez. 1978, Atomkernenergie 32 Nr. 1 und Nr. 2 (1978)
4. G. Strasser, Brennstoffdynamik von Hybriden, Diplomarbeit, Innsbruck 1980, siehe auch /13.5.64/ - /13.5.68/, /13.5.70/ etc.

/13.5.20/ G. Auer, 7. Internationale Konferenz über Plasmaphysik und kontrollierte Kernverschmelzung, 23. - 30. Aug. 1978, Innsbruck, ÖZE 31 Nr. 10 (Okt. 1978) 334

/13.5.21/ Europäisches Fusionsprogramm, Atomstrom 25, Nr. 1 (Jän. 1979) 18

/13.5.22/ G. Kulcinski et al., Fission or Fusion? American Scientist 67 (1979) 78

/13.5.23/ F. Cap, Wann kommen die Fusionskraftwerke? Techn. Mitt. ÖIAV Tirol Nr. 3 (1976)

/13.5.24/ G. Auer, Fusion durch Teilchenstrahlen, ÖZE 34 Nr. 2 (1981), Das Kernkraftwerk 22 (1981) 1

/13.5.25/ Craig, Tritium production in Nature, Phys. Rev. 105 (1957) 1125 (Aus 14 N (n,T) 12C werden 1 T-Atom/cm^2, sec. gebildet), siehe auch /12.3.28/ und Dissertation Löschhorn, Innsbruck, 1976

/13.5.26/ T. Kammash, Fusion Reactor Physics, Ann Arbor Science Publ., Ann Arbor, Mich., 1975 (Laserfusion, Materialbedarf an Mo, V, Ti)

/13.5.27/ M. Kettani, M. Hoyaux, Plasma Engineering Butterworths, London, 1973

/13.5.28/ S. Glasstone, R. Lovberg, Kontrollierte thermonukleare Reaktionen, Thiemig, München, 1964

/13.5.29/ H. Hora, Laser Plasmas and Nuclear Energy, Plenum, New York, 1975

/13.5.30/ H. Motz, The Physics of Laser Fusion, Academic Press, New York, 1979

/13.5.31/ Plasma Physics and Controlled Nuclear Fusion Research, Proceedings der IAEA Kongresse, 1962 Salzburg, 1965 Culham, 1968 Novo Sibirsk, 1971 Madison, 1974 Tokyo, 1976 Berchtesgaden, 1978 Innsbruck, 1980 Brüssel, IAEA, Wien

/13.5.32/ International Congresses on Waves and Instabilities in Plasmas, Proceedings 1973 Innsbruck, 1975 Innsbruck, 1977 Paris-Palaiseau, 1980 Nagoya, Universität Innsbruck

/13.5.33/ G. Auer, Das INTOR und das JET-Projekt, Manuskript (Juni 1980), erscheint ÖZE

/13.5.34/ J. Linhart, Plasma Physics, Euratom, Brüssel, 1969

/13.5.35/ J. McNally, Fusion Chain Reactions, Nucl. Fusion 11 (1971) 187

/13.5.36/ R. Post, Controlled Fusion Research, Rev. Mod. Phys. 28 (1956) 338

/13.5.37/ H. Furth, Tokamak Fusion Reactor, Scientific American 241 (August 1979) 38

/13.5.38/ Controlled Nuclear Fusion Research, Nucl. Fus. 19 (1979) 125

/13.5.39/ R. Ribe, Fusion Reactor Systems, Rev. Mod. Phys. 47 (1975) 7

/13.5.40/ J. Dawson et al., Thermonuclear Power by Non-Maxwellian Ions, Phys. Rev. Lett. 26 (1971) 1156

/13.5.41/ H. Furth et al., Power Amplification by Ion Beams, Phys. Rev. Lett. 32 (1974) 1176

/13.5.42/ P. Kapitza, Controlled Thermonuclear Reaction, Rev. Mod. Phys. 51 (1979) 417

/13.5.43/ D. Jassby, Large Tokamak Experiments, Nucl. Fus. 17 (1977) 373

/13.5.44/ F. Chen, Alternate Concepts in Magnetic Fusion, Physics Today (May 1979) 36

/13.5.45/ W. Turner et al., Field Reversal, Nucl. Fus. 19 (1979) 1011 und S. Ortolani, 19 (1979) 535

/13.5.46/ M. Murakami et al., Tokamak Experiments, Phys. Today (May 1979) 25

/13.5.47/ K. Muyamoto, Stellarators, Nucl. Fus. 18 (1978) 243

/13.5.48/ J. Roth, Alternative Confinement, IEEE PS-6 (1978) 270

/13.5.49/ H. Bodin, High Beta Plasma, in Pulsed Fusion Rectors, Pergamon Press, Luxembourg, 1975

/13.5.50/ M. Levine et al., Tormac Reactor, Nucl. Fus. 18 (1978) 761

/13.5.51/ M. Bussac et al., MHD stability of Spheromak, Nucl. Fus. 19 (1979) 489

/13.5.52/ J. Nuckolls et al., Laser Fusion, Physics Today 26 (Aug. 1973) 46

/13.5.53/ K. Brueckner et al., Laser Driven Fusion, Rev. Mod. Phys. 46 (1974) 325

/13.5.54/ C. Stickley, Laser Fusion, Phys. Today 31 (May 1978) 50

/13.5.55/ K. Nishikawa, Inertial Confinement, Nucl. Fus. 19 (1979) 125 (laser), 137 (beams)

/13.5.56/ G. Yonas, Fusion with particle beams, Scientific American 239 (Nov. 1978) 40

/13.5.57/ D. Ryutov, Ion beam research, Nucl. Fus. 19 (1979) 1685

/13.5.58/ F. Winterberg, Electron beam fusion, Phys. Rev. 174 (1968) 212

/13.5.59/ F. Winterberg, Ion beam fusion, Plasma Phys. 17 (1975) 69

/13.5.60/ Pellet fusion with heavy ions, Phys. Today (Feb. 1978) 17

/13.5.61/ IAEA Conference 1978, Innsbruck, Vol. 3, S. 105, 211 (Electron and ion beam fusion)

/13.5.62/ B. Maglich, Self-colliding orbits, Phys. Rev. Lett. 27 (1971) 909

/13.5.63/ H. Bethe, Near Breeders, Annals Nucl. En. 2 (1975) 763

/13.5.64/ J. Manuscalo, Fusion-Fission Hybrids, Nuclear Technology 28 (1976) 98

/13.5.65/ Ya. Kolesnichenko et al., DT Plasma as neutron source for U 238 combustion, Nucl. Fus. 14 (1974) 114

/13.5.66/ L. Lidsky, Fission-Fusion Systems, Nucl. Fus. 15 (1975) 151

/13.5.67/ Ya. Kolesnichenko et al., DD Nuclear fusion hybrid reactor, Nucl. Fus. 16 (1976) 97

/13.5.68/ K. Schöpf et al., Synergetics at DD Fusion-Fission Breeder, Nucl. Fus. 19 (1979) 5

/13.5.69/ D. Jassby, Neutral beam driven tokamak, Nucl. Fus. 17 (1977) 309

/13.5.70/ B. Leonard, Review of Fusion-Fission Concepts, Nucl. Technology 20 (1973) 101

/13.5.71/ D. Deonigi, Fission-Fusion System in the Electric Economy, Trans. Amer. Nucl. Soc. 21 (1975) 58

/13.5.72/ H. Bethe, Fusion Hybrid, Nuclear News (May 1978) 41

/13.5.73/ C. Bathke, H. Towner, G. Miley, Fusion Technology, Trans. Am. Nucl. Soc. 17 (Sept. 1973) - kalte Fusion, vgl. K. Nowak, US Patent 3.859.164, schweiz. Patent 574.154, 575.699

/13.5.74/ Internat. Caucus of US Labor Party, 16. July 1975, div. Schriften der Fusion Energy Foundation, Europa Korrespondenz z.B. EUKORR 243/244 Nr. VI/VII, 75, S. 14 oder NEUE SOLIDARITÄT, Wiesbaden, 24. Juni 1976 oder Wochenpresse Nr. 36, 1. Sept. 1976

/13.5.75/ R. Weber, H-Bomben-Lösung des Energieproblems? Weltwoche Wissen Nr. 7 (11. Feb. 1981)

/13.5.76/ W. Seifritz, HACER, Fusion (Nov. 1980) 22

/13.5.77/ J. Raeder et al., Kontrollierte Kernfusion, Grundlagen ihrer Nutzung zur Energieversorgung, Theubner, Stuttgart, 1981

14 Wasserstoff als Energieträger

/14.1/ Brennstoff aus Wasser und Strom, Energie Aktuell 2 Nr. 8/9 (1978) 26

/14.2/ Y. Ronen, Wasserstoffwirtschaft und Nuklearenergie, Atomkernenergie 33 Nr. 2 (1979) 144

/14.3/ siehe /1.6/ (S. 120) - Photolyse des Wassers mit metallorganischen Komplexen

/14.4/ siehe /1.20/ (S. 167) - Wasserstofferzeugungsmethoden: Elektrolyse, Hitze, Kohlevergasung mittels Kernenergie

/14.5/ siehe /1.15/ (S. 77/

/14.6/ BMf. Wissenschaft und Forschung, Photochemische Nutzbarmachung der Sonnenenergie (Photolytische Wasserstoffherstellung), C. Peschek, Inst. f. physikal. Chemie, Univ. Wien, 1975

/14.7/ E. Rummich, Wasserstoff als Energieträger, EuM 94 Nr. 10 (1977) 408

/14.8/ E. Tschegg et al., Wasserstoff als Energieträger, Österr. Ing. Z. 20 Nr. 10 (1977) 339, 386

/14.9/ McAuliffe, Hydrogen and Energy, ISBN-0333-18432-7 (1980)

/14.10/ Ist Wasserstoff unsere Chance? ibf Spektrum Nr. 277 (1. April 1977)

/14.11/ siehe /5.62/ (Wasserstoffproduktion durch Sonnenenergie)

/14.12/ W. Seifritz, Wasserstoffwirtschaft, Elektrizitätsverwertung 50 Nr. 6 (1975) 217

/14.13/ siehe /1.8/ (S. 339)

/14.14/ siehe /2.2/ (S. 166)

/14.15/ Access to Energy 2 Nr. 9 (May 1975)

/14.16/ Wasserstofforschung in der EG, Atomstrom 24 Nr. 6 (1978) 161

/14.17/ siehe /1.14/ (S. 86)

/14.18/ siehe /2.1/ Vol. 2 (S. 127)

/14.19/ G. Marchetti, Hydrogen and Energy, Chem. Economy and Eng. Rev. Jap. 5 (1973) 7

/14.20/ H. Gaffran, Photochemical Hydrogen Production in Algae, J. Gen. Physiology 26 (1942) 219

/14.21/ M. Calvin, Solar Energy by Photosynthesis, Science 184 (1974) 375

/14.22/ K. Kordesch, Hydrogen-Air/Lead Battery Hybrid System for Vehicle Propulsion, J. Elchem. Soc. 118 (1971) 812

/14.23/ R. Murray et al., Hydrogen Engin. Proceed. 7th Energy Conversion Eng. Conf., San Diego, 1972

/14.24/ R. Swain, Hydrogen Fueled Automobile, ibidem

/14.25/ H. Sorenson, Reformed Fuel Car, ibidem

/14.26/ D. Gregory et al., Electrolytic Hydrogen as Fuel, Inst. Gas Technology, Chicago Ill. 60616, Jan. 1971

/14.27/ N. Getoff, Wasserstoff als Energieträger, Springer, Wien, 1977

/14.28/ Ruthenium spaltet Wasser, Chemie für Labor und Betrieb 27 (1976) 437

/14.29/ W. Muller, Metall Hybrides, Academic Press, New York, 1968

/14.30/ ASSA, Sekundärenergieträger Wasserstoff, März 1981, Wien

/14.31/ R. Dahlberg, VDI-Nachrichten Nr. 31, 1. Aug. 1980 etc.

/14.32/ Wasserstoff als künftiger Energieträger, Seibersdorf Jour. Nr. 3/4 (1981) 6

15 Vergleich von Schadensrisken

/15.1/ allgemeine Überlegungen über Risken
(siehe auch /2.5/)

/15.1.1/ S. Black et al., How Safe is Too Safe, IAEA Bulletin 22 Nr. 1 (Feb. 1980) 40

/15.1.2/ D. Hurst, Safety Principles, ibidem, S. 51

/15.1.3/ E. O'Donnell et al., Cost-Benefit Comparison, Nuclear Safety 20 Nr. 5 (1979) 525

/15.1.4/ T. Kelety, What risks should we run? New Scientist (12. May 1977) 320

/15.1.5/ W. Rowe, An Anatomy of Risk, Whiley, New York, 1977

/15.1.6/ E. Knox, Negligilbe Risks to Health, Community Health 6 (1975) 244

/15.1.7/ Pollution Factors, /1.8/ (S. 424)

/15.1.8/ Wahrscheinlichkeitsberechnung von Unfallchancen, /2.5/ (S. 179)

/15.1.9/ Der Begriff des Risikos /12.1.19/

/15.1.10/ J. Surrey, Energy and the Environment, MacMillan, 1978

/15.1.11/ H. Vetter, Wie sicher ist sicher genug? Die Presse (14. Juli 1979)

/15.1.12/ R. Stüger, B. Schütz, Die Risken verschiedener Stromerzeugungsalternativen, Mai 1980, Gesellschaft für neue Technologien in der Elektrizitätswirtschaft, Wien

/15.1.13/ R. Stüger, Risiko und Risikoakzeptanz, Energie Bulletin Nr. 1 (1981)

/15.2/ Inhaber Report und Riskenvergleich mit anderen Energiequellen

/15.2.1/ siehe /4.1/, /4.12/ (S. 157), /12.3.8/

/15.2.2/ H. Inhaber, Is Solar Power More Dangerous Than Nuclear? siehe /5.49/

/15.2.3/ F. Farmer, Considerations of Major Non-Nuclear Hasards, IAEA Bulletin 20 Nr. 6 (Dec. 1978) 13

/15.2.4/ H. Inhaber, Risk of Energy Production, AECB-1119, Atomic Energy Control Board of Canada, P.O.Box 1046, Ottawa, Canada, KIP-5S9

/15.2.5/ Dr. Prantl, Leiter der Gesundheits- und Umweltschutzabteilung des canad. Sozialministeriums

/15.2.6/ siehe /12.1.27/

/15.2.7/ Kernenergie und Umwelt, Interatom, Januar 1977

/15.2.8/ R. Howard, Canadian safety report inaccurate, Toronto Star, 29. Sept. 1979

/15.2.9/ O. Bobleter, R. Niesner, EuM 91 Nr. 6 (1973) 308, Kohlekraftwerk 500.000 mal schädigender als KKW

/15.2.10/ H. Bethe, Necessity of Fission Power, Scientific American 234 Nr. 1 (1976) 21

/15.2.11/ H. Inhaber, Risk Assessment, Society of Automotive Engineers SAE/P-78/75 (1978) 1312

/15.2.12/ H. Inhaber, Risk of Energy Production, Info Bulletin 78-1 (22. Feb. 1978), Atomic Energy Control Board, Ottawa

/15.2.13/ H. Inhaber, Risk with Energy, Science 203 (23. Feb. 1979) 718

/15.2.14/ Gefährliche Sonne, Energie 31 Nr. 3 (März 1979) 68

/15.2.15/ Access to Energy 6 Nr. 7 (1979)

/15.2.16/ Sansoni, TH München, Radionuklide in der Umweltverschmutzung, Vortrag in Innsbruck, 15. Nov. 1976

/15.2.17/ Vetter, Risken bei der Energieerzeugung, Vortrag in Innsbruck, 16. Okt. 1979

/15.2.18/ P. Beckmann, Stern Nr. 40 (1977), Vergleich Risiko Gastank, Ölraffinerie mit KKW

/15.2.19/ K. Schöpf, Energietechniken - verantwortbare Risken für Gesundheit und Umwelt? Manuskript, August 1979

/15.2.20/ P. Krejsa, Auch Sonnenenergie kann nicht ohne Gefahren genützt werden (Berufsmäßiges und öffentliches Risiko verschiedener Energieerzeugungsarten), Die Presse, 7/8 Juli 1980

/15.2.21/ J. Holdren et al., A Critique of the Inhaber Report, Resource Systems Institute, Honolulu, 1979

/15.2.22/ L. Jaffe, Chemistry in Canada 31 (1979) 25, siehe /4.73/

/15.3/ Rasmussen Report und Riskenvergleich

/15.3.1/ Reactor Safety Study, An Assessement of Accident Risks in US Nuclear Power Plants, Rasmussen Group, WASH-1400, NUREG 75/014, October 1975

/15.3.2/ H. Böck, Risikobetrachtungen, Das Kernkraftwerk 19 Nr. 1 (S. 5) und /12.6.19.7/

/15.3.3/ siehe /12.1.19/

/15.3.4/ siehe /1.3/ (S. 302)

/15.3.5/ J. Hill, The Abuse of Nuclear Power, IAEA Bulletin 19 Nr. 2 (April 1977) 42

/15.3.6/ E. Pochin, Radiation Risk Assessement, IAEA Bulletin 21 Nr. 4 (August 1979) 40

/15.3.7/ Tote durch andere Unfälle, /12.1.121/

/15.3.8/ siehe /12.1.26/ (S. 13) Kap. 5, Band 2 (mit Kritik von /15.3.1/) und S. 59, Maximales Schadenpotential Zwentendorf

/15.3.9/ H. Vetter, Zwentendorf, Öst. Hochschulzeitung Nr. 12 (1978) 4

/15.3.10/ Wie unsicher sind Kernkraftwerke? Physik in unserer Zeit 6 (Nov. 1975) 180

/15.3.11/ H. Butz, Sicherheitsauflagen für Kernkraftwerke, Atomwirtschaft 21 Nr. 3 (1976) p II

/15.3.12/ Access to Energy 2 Nr. 11 (1. Juli 1975)

/15.3.13/ Atomwirtschaft - Atomtechnik, Nr. 15 der atw Broschüren, Risken der Kernenergie, Handelsblatt, Düsseldorf, 1980, 56 Seiten

/15.3.14/ H. Danzmann, Die Risikobewertung von Kernkraftwerken, Deutsches Atomforum, Bonn, Dezember 1978

/15.4/ H. Agnew, Nuclear Power Perspective, Commonwealth Club, San Francisco, 29. June 1979

/15.5/ K. Vohrer, Radiation Risk Analysis, IAEA Bulletin 20 Nr. 5, S. 35

/15.6/ Ölpest Ursache für Walselbstmord, Tiroler Tageszeitung, 17. Juli 1979

/15.7/ Ölkatastrophe nach Tankerkollision, Kronenzeitung, 22. Juli 1979

/15.8/ Tanker kollidieren in der Karibik, Tiroler Tageszeitung, 23. Juli 1979

/15.9/ E. Munch, Sicherheit kerntechnischer Anlagen, Atomkernenergie 33 Nr. 3 (1979) 229 - Transport, Sprengstoffattentat, Pu 239 - 241 Zusammensetzung von Brennstoffelementen

/15.10/ F. Farmer, Risques catastrophes non-nucléaires, IAEA Bull. 20 (1978) 13

/15.11/ C. Comar, L. Sagan, Health Effects of Energy Production, Annual Rev. of Energy 1 (1976) 581

/15.12/ Reactor Accidents, Rev. Mod. Phys. 47 Suppl. Nr. 1 (1975) 1

/15.13/ C. Fleck, Kernkraftwerke, Öst. Hochschulzeitung (1. Dez. 1975) 7

/15.14/ A. Hull, Comparing releases from nuclear and fossile power plants, Nucl. News (April 1974) 51

/15.15/ K. Lindackers, Die Bedeutung technischer Risken, Atomwirtschaft (Juni 1974) 282

/15.16/ R. Chester et al., Environmental Effects, Nucl. Safety 20 (1979) 190

/15.17/ W. Häfele, Reactor strategies, Atomkernenergie 32 Nr. 3 (1979) 161

/15.18/ L. Duryee, Need for Rational Thinking, Energy Intern. 16 (1979) 31

/15.19/ R. Rothmayr, Emotion mit Atomstrom geheizt, Die Presse, 25. September 1976

/15.20/ O. Frisch, Angenommen, die Kernenergie wäre vor der Kohle dagewesen, Bull. ASE/UCS (1977) 13, 2. Juli 1977; Chemical and Engineering News, Washington, 23. August 1954

/15.21/ E. Dressler et al., Zuverlässigkeitsanalyse, Atomwirtschaft 20 (1975) 294

/15.22/ J. Doederlein, Reactor Safety Study, Sierra Club Review Committee, Nov. 1974, Kjeller, Norwegen, April 1975

/15.23/ A. Freudenthal, Risk Analysis, Nucl. Eng. Design 37 (1976) 179

/15.24/ Risk Assessement, Int. Council Scientif. Unions, Scope 8, Scientif. Committee on Environment

/15.25/ C. Starr et al., Risk Analysis, Ann. Rev. of Energy, 27. Aug. 1975, Electric Power Research Institute

/15.26/ I. Kompart et al., Risiko des Unfalltodes, Inst. f. Unfallforschung, Techn. Überwachungsverein, Köln, 1976

/15.27/ Risk-Cost-Benefit Study of Electrical Energy Sources, Nucl. Saf. 17 (1976) 171

/15.28/ Risks and environmental groups, Energy Intern. 17 (May 1980)

/15.29/ F. Cap, Exergie und die Arbeitsfähigkeit von Kernkraftwerken, ÖZE 34 (1981) 43

/15.30/ W. Seifritz, Role of Nuclear Energy in the More Efficient Exploitation of Fossil Fuel Resources, Int. Journal of Hydrogen Energy 3 (1978) 11

16 Energiesparen, Energiespeicherung, Energietransport

/16.1/ Österreich, Stromdrehscheibe Europas, Seibersdorf J. (Mai 1980) 5

/16.2/ Dreifachdampfprozess, /1.6/ (S. 171)

/16.3/ Elektrische Übertragungsleitungen, /1.15/ (S. 113)

/16.4/ Die sparsame Verwendung von Energie, /1.15/ (S. 137)

/16.5/ Nichtkonventionelle Energiespeicherung, /2.2/ (S. 201)

/16.6/ Nichtkonventioneller Energietransport, /2.2/ (S. 238)

/16.7/ Energiespeicherung, /2.1/ (S. 217)

/16.8/ Energietransport, /2.1/ (S. 632)

/16.9/ H. Schreiber, Elektrochemische Energiespeicherung, BMf. Wissenschaft und Forschung, Wien, 1976

/16.10/ Wagensonner, Energieverbrauchseinsparungen, /1.1/

/16.11/ Energiesparen, /12.1.26/ (S. 43, 112) Band 1

/16.12/ K. Traube, /12.1.95/

/16.13/ M. Nick, Kraft-Wärme Kopplung, Energie 32 (1980) 101, siehe auch ÖZE 32 (1980) 258, vgl. /9.16/

/16.14/ M. Bruck, Latentspeicher, ASSA-Informationsdienst Nr. 19 (Oktober 1978)

/16.15/ Wärmespeichern ist schwierig, Energie Bulletin Nr. 5 (1979) 6

/16.16/ Baustoffe als Latentwärmespeicher, Energie Aktuell Nr. 4 (1979) 4

/16.17/ Energieverschwendung - Wie lange noch? alternative, Zeitschrift der "aktion umwelt"

/16.18/ Energiesparen, Energie Aktuell Nr. 1 (1980)

/16.19/ Strahlenschäden durch Wärmedämmung, SVA Bull. 22 Nr. 7 (April 1980) 17

/16.20/ Energieverschwendung durch überdimensionierte Heizanlagen, Technische Mitteilungen, ÖIAV Tirol Nr. 3 (1980)

/16.21/ Rundsteueranlagen zur Senkung des Stromverbrauches, Info In/08/80 vom 31. Jän. 1980, Verband Elektrizitätswerke Österreichs

/16.22/ Transport and Storage of Energy, Europhysics News 6 Nr. 9 (1975) 5

/16.23/ OECD Energy Conservation in the International Energy Agency, 1978 Review, September 1979, OECD, Paris

/16.24/ Panzhauser, Das Nullenergiehaus, Technische Mitt. ÖIAV Tirol, 2/77, S. 5

/16.25/ Energie sparen, Merkur Magazin 13 Nr. 3

/16.26/ W. Frank, Energiesparen - Illusion und Möglichkeit, Öst. Ing. Z. 20 (1977) 289

/16.27/ J. Biermann, Hybridantrieb mit Schwungradenergiespeicher, ÖZE 32 (1979) 331

/16.28/ Salz speichert Sonnenwärme, ibf Report, 7. März 1980

/16.29/ Energiespeichermethoden, Access to Energy 1 (Jan. 1974), 1 (Feb. 1974), 2 Nr. 7 (March 1975), 4 Nr. 1 (Sept. 1976)

/16.30/ E. Attlmayr, Wärmespeichervermögen im Wohnungsbau, Bauindustrie Nr. 3 (1977) 8

/16.31/ Wärmedämmung erhöht Radioaktivität, Frankf. Allg. Z., 18. Dezember 1979

/16.32/ A. Scharmann, Wege zur Energieversorgung, Thiemig, 1977

/16.33/ C. Weizsäcker, Die Zeit Nr. 13 vom 24. März 1978 (Energie sparen illusorisch)

/16.34/ Neue Flüssigkeitsbatterie zur Energiespeicherung, Power Engineering 83 Nr. 5 (1979) 96

/16.35/ Energietransport unter der Erde, Energy Intern. Nr. 7 (Juli 1979)

/16.36/ Ökonomische Aspekte der Energiespeicherung, Energy Conversion 18 Nr. 3 (1978) 121

/16.37/ G. Smith, Storage Batteries, Pitman, 1980

/16.38/ ASSA, Groß-Speicher für Niedertemparaturwärme, Wien, März 1981

/16.39/ E. Attlmayr, Heizung-Lüftung-Haustechnik 31 (1980) 345

/16.40/ J. Staribacher, Pressekonferenz, April 1981, Wien

/16.41/ Power Engineering 83 Nr. 5 (S. 96)

/16.42/ Kordesch, ÖZE 33 Nr. 6 (1980) 227

17 Energiepolitik

/17.1/ Schweizerischer Bund für Naturschutz, "Jenseits der Sachzwänge", World Wildlife Fund, Schweiz

/17.2/ F. Cap, Das Zeitproblem bei der Einführung neuer Energietechnologien (Nettoenergiebilanz, Energieamortisationszeit, Erntefaktor, etc.), ÖZE, Herbst 1981

/17.3/ P. Lingens, Ende der Logik, profil, 28. April 1980

/17.4/ H. Lichtenberg, Substitutionsmöglichkeiten von Öl durch den elektrischen Strom, Elektrizitätswirtschaft 80 Nr. 7 (1981) 233

/17.5/ G. Schmidt, Problem Kernenergie. Eine kritische Information, Vieweg, Braunschweig, 1977

19 Bildquellenverzeichnis

Fig. 2.1: G. Neumann, A. Reichl, GTE, /2.36/, Springer Verlag, Wien

Fig. 12.2 - 12.22 und 12.28 - 12.30: M. Volkmer, Arbeitstransparente Kernenergie, Hamburgische Electricitäts-Werke AG

Fig. 12.31: K. Form, F. Cap, nach /12.6.12.10/, Springer Verlag, Wien

Fig. 15.1: nach H. Böck, /15.3.2/, Springer Verlag, Wien

20 Sach- und Namensverzeichnis